U0168548

国家社科基金重大委托项目“新中国70年社会治理研究”（批准号：18@ZH011）子课题“百村社会治理调查”阶段性成果

水利、移民与社会

河套地区的历史人类学研究

杜静元 / 著

中国社会科学出版社

图书在版编目（CIP）数据

水利、移民与社会：河套地区的历史人类学研究／杜静元著．—北京：中国社会科学出版社，2020.3

（中国社会治理智库丛书．百村社会治理调查系列）

ISBN 978－7－5203－6204－7

Ⅰ.①水…　Ⅱ.①杜…　Ⅲ.①黄河流域—水利工程—关系—移民—研究　Ⅳ.①TV882.1②D632.4

中国版本图书馆 CIP 数据核字（2020）第 054864 号

出 版 人　赵剑英
责任编辑　吴丽平
责任校对　王佳玉
责任印制　李寡寡

出　　版　中国社会科学出版社
社　　址　北京鼓楼西大街甲 158 号
邮　　编　100720
网　　址　http://www.csspw.cn
发 行 部　010－84083685
门 市 部　010－84029450
经　　销　新华书店及其他书店

印　　刷　北京明恒达印务有限公司
装　　订　廊坊市广阳区广增装订厂
版　　次　2020 年 3 月第 1 版
印　　次　2020 年 3 月第 1 次印刷

开　　本　710×1000　1/16
印　　张　20
插　　页　2
字　　数　272 千字
定　　价　89.00 元

凡购买中国社会科学出版社图书，如有质量问题请与本社营销中心联系调换
电话：010－84083683

中国社会治理智库丛书
百村社会治理调查系列编委会

开展百村社会治理调查
助力乡村振兴战略实施

魏礼群

乡村振兴战略，是新时代解决“三农”问题的总抓手和行动纲领。开展“百村社会治理调查”要全面认识乡村振兴战略的时代意义，并以此为遵循，认真总结、深入调查、深入研究，提出有效对策。

开展“百村社会治理调查”的主要目的，是服务于党的乡村振兴战略落地，服务于农村基层社会的治理与建设，服务于学校交叉学科的创建。“百村社会治理调查”将产生五大成果：一是为党政决策提供咨询服务；二是推进理论创新和学术创新；三是在交叉学科建设上做出成绩；四是在社会实践中培养和锻炼人才；五是搭建广泛和密切联系的合作平台。

做好“百村社会治理调查”需要把握七个方面：一是调查点选择要兼顾典型性和普遍性；二是调查内容要做到“四个结合”；三是调查设计要精心细致；四是调查工作要力求全面系统和可持续；五是调查团队要组织落实；六是调查成果要多样化和高质量；七是调查活动要做好统一保障工作。

我们决定开展百村社会治理调查活动，并作为一个重大研究项目，目的在于深入、全面了解和研究当代中国乡村社会治理的现状、趋势，服务国家的战略需求和学校的学科建设，促进社会治理智库建设与交叉学科创新建设密切结合，协同发展。

党的十九大开启了新时代中国特色社会主义发展的新征程。习近平总书记在大会报告中提出："实施乡村振兴战略。"这是着眼于决胜全面建成小康社会、全面建设社会主义现代化国家的重大战略选择。实施好这一战略，必须按照"产业兴旺、生态宜居、乡风文明、治理有效、生活富裕"的总要求，统筹推进"五位一体"建设，加快农业农村现代化。其中，加强乡村社会建设和社会治理是一项重大而艰巨的任务，对于全面推进国家建设和治理的现代化至关重要。北京师范大学中国社会管理研究院/社会学院（以下简称"中社院"）作为服务于国家战略要求的社会治理智库，应当义不容辞地担负起这个历史使命并有所作为。

在实施国家"十三五"规划开局的2016年，为了深入、全面了解和研究当代中国乡村社会治理的现状、趋势，服务决胜全面建成小康社会和推进社会治理现代化的决策部署，我们中社院提出深入研究乡村社会治理问题，决定开展"百村社会治理调查"活动。在充分听取各方面意见与论证的基础上，2017年，"百村社会治理调查"项目正式启动。该项目作为北京师范大学培育国家高端智库的重要抓手，被列入学校交叉学科创新工程总任务，旨在做出有深厚度、有时代感、有应用性的科研成果，既服务于党和国家战略决策、推进乡村社会治理，又助力北师大创办新兴学科，加强交叉学科平台建设。

现在看来，我们决定开展百村社会治理的调查活动，与党的十九大精神高度契合，是十分正确的。这个项目上接党中央的乡村振兴战略，下接农村基层社会治理的现实，实施一年多来，取得了初步成果，也发现了一些问题。我们要认真梳理与总结项目进展的情况，以利于下一步工作的推进。

一　开展“百村社会治理调查”的时代背景

马克思主义认为，城市与乡村发展差距拉大，是特定历史阶段的必然趋势，而生产力发展到一定程度后，推动城乡融合发展和一体化又是社会发展进步的内在要求，实现城乡共同繁荣发展是终极的目标。中国共产党秉持马克思主义基本立场，历来高度重视农业、农村、农民问题，将其置于革命、建设和改革的首要问题。特别是党的十八大以来，以习近平同志为核心的党中央将解决“三农”问题作为全部工作的重中之重，办了很多顺民意、惠民生的好事，解决了很多农民群众牵肠挂肚的难事，城乡发展一体化迈出新步伐，农村社会焕发新气象。党的十九大提出乡村振兴战略，回答了新时代乡村为什么要振兴、振兴什么、如何振兴、依靠谁振兴等一系列理论与实践问题，为新时代中国特色城乡融合发展和一体化发展指明了方向，是从根本上解决我国“三农”问题的新部署，是决胜全面建成小康社会进而全面建设社会主义现代化国家的新要求。

乡村振兴战略，是新时代解决“三农”问题的总抓手和行动纲领。乡村振兴的目标，是实现“产业兴旺、生态宜居、乡风文明、治理有效、生活富裕”。“产业兴旺”是首位，发展是第一要务，是乡村全面振兴的前提，要加快建立与完善现代化农业产业体系。“生态宜居”是核心，不仅要求环境美，更要求生态美与满足人民美好生活需要高度统一。“乡风文明”是境界，坚持物质文明与精神文明一起抓，这是乡村永续发展的支撑和智力支持。“治理有效”是关键，不仅要求加强和创新乡村社会治理方式，更要求治理效率的提升，要紧紧抓住乡村社会治理机制建设，把自治、法治、德治结合起来。“生活富裕”是根本。说到底，乡村振兴是为了让亿万农民生活得更美好，使农民在共建共治共享发展中有更多获得感。由此，产业兴旺、生态宜居、乡风文明、治理有效、生活富裕共同构成了乡村振兴的丰富内涵，它是一个系统工程，需要整体推动，才能相互促进、相得益彰。

在过去一个时期，中国现代化进程中工业化快于城市化，在一些地区城市繁荣与乡村衰落并存，乡村发展滞后成为中国现代化建设的突出“短板”。中国现代化不能走一些国家曾经走过的以乡村衰落换取工业化城市化突飞猛进的道路，而是要开创一条城乡融合发展、共生共荣、各美其美的新路。这是解决当代中国社会主要矛盾的关键，也是新时代社会主义现代化建设的根本要求。因此，习近平总书记反复强调，任何时候都不能忽视农业、不能淡漠农村、不能忘记农民；中国要强，农业必须强；中国要美，农村必须美；中国要富，农民必须富。

搞好“百村社会治理调查”要全面认识乡村振兴战略的时代意义，并以此为遵循，认真总结我国改革开放40年正反两方面历史经验，深入研究在当代中国社会大变革中，各领域、各方面变革发展给乡村基层社会带来怎样广泛而深刻的影响，深入调查农村基层社会治理领域发生了哪些变化，农民的要求是什么，农村发展趋势又会怎样，如何正确引导乡村振兴，这些都需要深入调查研究并提出有效对策。

二 “百村社会治理调查”的主要任务和做法

随着改革开放和社会主义现代化建设的持续推进，当代中国乡村已经和正在发生历史性变化。村落的布局与环境，村落的形态与结构，村落的人口与教育，村落的组织与秩序，村落的文化活动与生活方式，都面临着新的挑战与抉择。本项目通过对一些乡村进行全面、系统、深入的调查，着重调研不同地区特定自然条件、生活环境、产业发展的乡村，调查历史传承发展与当代社会治理结合的情况，要全面掌握调查对象的历史变迁、改革开放以来的变化和现状、成绩与问题。总结新经验，发现新问题，探讨乡村推进社会治理现代化的路径，研究解决乡村社会治理问题的对策，着力研究基层现代社会治理变革的特点和规律。总结中华优秀传统文化与现代乡村社会对接、融合的途径，探索民族文化在基层传承的有效方式，探索传统文化资源、传统社会治理对实现乡村振兴的实践意义，构建有利于现代乡村文明的治理模式。

经过一年多的工作，项目组探索了一套行之有效的工作思路，也积累了一些有益的工作经验。

（一）合理组建调查团队，充分发挥中青年作用

研究团队的组建是项目成功的重要保证。要优化调查力量，建立项目责任制。在前期阶段，一方面邀请了社会学、历史学、公共管理学、法学、经济学等不同学科具有深厚研究功底的专家学者参加项目组。另一方面，注重发挥中青年教学、研究人员的重要作用。在首批研究团队中，青年力量占70%以上，吸收了北京师范大学、中国社会科学院、中国人民大学等11所高校和科研单位的研究人员参加。具有一定研究能力的博士后、博士研究生等作为研究队伍的重要力量，通过参加项目工作，既丰富了对乡村变革发展实际情况的认识，又提高了进行具体调查研究的本领，增强了全面发展进步的素质与能力。

（二）精心选择调查地点，注重调研实际效果

项目调查工作本着积极进取、逐步推进的方针，2017年在全国选择了26个村落，涵盖北京、黑龙江、内蒙古、河北、山西、陕西、宁夏、湖北、四川、贵州、江西、浙江、广东13个省（自治区、直辖市），涉及非物质文化遗产传承与利用、优秀民俗传统与乡风文明建设、灾后重建、红色文化资源的挖掘和建设、生态环境保护与治理等多个有特色的村落。调研人员深入基层、深入群众，面对面了解实际情况，实地考察村落变化的面貌，倾听各方面人员的意见和诉求。

一年多来，参与调研的校内外专家百余人，共进行田野调查50余次，形成一批重要成果，包括调查报告26份，发表研究论文17篇，还有20余篇调研成果有待印发。在一些特色乡村设立了“北京师范大学百村社会治理智库基地”，为深入、持续开展乡村治理调查建立了稳定的调研基地。

（三）重视数据收集管理，确保调查可持续性

当今社会变革广泛深刻，信息化发展日新月异，互联网、大数据普遍运用，全面、系统、即时掌握相关数据至关重要。我们中社院社会治理创新信息库建设，紧密配合，致力于打造原创的乡村大型统计数据库。项目组数据库开发团队将百村社会治理数据库规划为两个子系统，分别对项目产生的结构化数据（调查问卷数据）和非结构化数据（文档、图片、音视频）进行统一存储、管理和应用，既可以满足本院本校的科学研究和教学使用，还可以服务社会各界和服务国家乡村治理的需求。所收集的数据库将成为国家社科基金特别委托重大项目“中国社会管理创新研究信息库建设”的重要组成部分。

三　“百村社会治理调查”的预期目标和成果

开展“百村社会治理调查”的主要目的，是服务于党的乡村振兴战略落地，服务于农村基层社会的治理与建设，服务于学校交叉学科的创建。改革开放以来，随着工业化、城镇化、市场化进程加快，中国农村成为现代化进程中问题最集中、最复杂的地域。基层社会发展过程中出现的问题只有通过深入调查才能真切认知。例如，如何从各地实际情况出发提升乡村治理水平，如何把社会建设与社会治理有机结合起来，“空心村”如何治理，资本进入村庄后如何治理，村庄合并后如何治理，有传统文化特色和优势的村落如何继承创新发展，党的组织如何做到全覆盖和有力发挥作用，如何才能使自治、法治、德治结合好，等等，这些问题已有不少地方进行了积极探索并取得了经

验，新生事物大量涌现，但也有一些问题需要深入研究解决。

开展“百村社会治理调查”将产生以下重要成果。

一是为党政决策提供咨询服务。要通过深入的社会调查，形成一批有价值、高质量的资政建言成果，向党和政府提供决策咨询建议。我们中国社会管理研究院/社会学院已经成为国家高端智库培育单位的重要组成，国家高端智库的核心要务就是为党和国家提供决策咨询服务。

二是推进理论创新和学术创新。推进社会治理的理论创新、学术创新，是建设高校智库的重要任务。社会治理既涉及社会学科，又涉及公共管理、民俗学、人类学、法学、历史学等多学科。运用多学科视角观察和研究问题，将会有效地推动社会治理理论创新和学术创新。

三是在交叉学科建设上做出成绩。新时代的社会治理需要发展交叉学科，包括推动社会学科、公共管理学科，以及民俗学、民族学、人类学等多学科融合发展。交叉学科建设致力于在传统学科的基础上产生新学科。期望通过百村社会治理调查在交叉学科建设创新上能够做出积极探索。

四是在社会实践中培养和锻炼人才。通过开展乡村社会治理调查，引导教师和学生走向社会、深入社会、了解社会，培养认知社会、洞察社会的能力和理论联系实际的能力。同时，要通过实施这一项目，吸引会聚校内外教研人员特别是地方农村基层社会治理人才，在共同调查中提升社会治理的现代化水平。

五是搭建广泛和密切联系的合作平台。在开展百村社会治理项目活动中，将推动学校社会治理智库密切联系部门、地方、企业，聚力聚智，优势互补，平等合作，建立稳固联系，共同促进发展，携手助力农村社会治理现代化建设。

四 做好“百村社会治理调查”的希望和要求

搞好“百村社会治理调查”，必须以习近平新时代中国特色社会主义思想为指导，全面贯彻党的十九大精神和近年来党中央关于实施乡村振兴战略的部署，运用辩证唯物主义和历史唯物主义的立场、观点和方法，注重理论联系实际，坚持问题意识和应用导向，深入乡村做全面、系统、翔实的调查，并做出科学分析和研究，务求产生一批多样性、有价值、高质量的调查研究成果。为此，需要把握以下几个方面。

第一，调查点选择要兼顾典型性和普遍性。中国农村发展极不平衡，历史文化传统也存在很大差异。因此，村落选点要紧紧围绕本项目实施的目的，通盘考虑、审慎确定。着力研究当前中国乡村变革中的热点问题和普遍性问题，以发现、反映和解决乡村现代化进程中社会领域出现的新问题为目的，特别要考虑村落的地区布局和类型，尽可能兼顾不同地区、各类村庄特色。本着“积极作为，量力而行，注重实效”的原则，选择好调查的村落。

第二，调查内容要做到“四个结合”。即定性调查和定量调查相结合、静态调查和动态调查相结合、人的调查和物的调查相结合、有形调查和无形调查相结合。在实际调查中，有的村落在改革开放前后有很大变化，这种变化不是单纯的数据分析可以体现的，要通过深入调查全面了解村落历史和变迁的过程。静态的调查内容包括历史遗留和传承下来的各类事物；动态的调查内容包含村庄人口流动、村庄经济社会发展的不断变化等。人口结构变动是社会变动的重要体现，要重点调查分析。通过深入调查要能够发现规律性的东西，整个国家发生变化，各类村庄也会随之发生变化，时代变迁对村庄经济、政治、社会、文化、生态发展所产生的影响是深刻的。有形调查可以是能够看到的村史、具体制度；无形调查针对的是意识形态的东西，比如价值理念、宗族、民俗文化等，这些方面都要考虑到。不仅要搞信息数据调查，更要着眼于认识规律、把握趋势。

第三，调查设计要精心细致。只有做好整体设计，调查的方向、对象、重点内容、方法等才能清晰。百村社会治理调查不是一般的调查，要为国家、民族和社会治理现代化提供实证性研究成果。因此，必须全面设计相关调查内容。比如，社会建设中的平安社会、小康社会、法治社会、健康社会、智慧社会、和谐社会、环境社会等，都要考虑到；传统文化中的家族文化、村史和乡贤人物的作用，都要考虑到。人口变化方面，可以选择具有典型意义的“空心村”，调查其成因和对策。村史馆、文化站、信息图书馆等公共服务设施建设也都是社会治理的重要方面。通过调研，对每个调查的村庄都应撰写出改革开放以来的变化历程、主要成就、存在问题、做法经验、对策建议等。项目组还可以帮助有条件的村落设计村史馆、文化站等并推进建设。

第四，调查工作要力求全面系统和可持续。调查方式可以灵活多样，做到传统调查方式与现代调查方式相结合。一方面，传统的调查方式不可少，包括田野调查、走访、个别座谈、问卷调查、文献收集、不同时段的对比调查等。另一方面，要充分利用信息化技术，包括录像、录音、统计，以及互联网、大数据等现代化技术手段。要重视走访不同阶层人员和不同年龄层次的人员，对村落情况进行全面系统的把握。调查问卷也要反映全面的动态情况，特别是反映改革开放以来的变化。要注重搞好具有社会治理典型经验的村落调研，注意发现新事物和新经验，通过举办研讨会等多种形式的活动，总结和推介新经验。要建立动态调查机制，入选百村调查项目的村落，要实行跟踪调查，持续提供新情况，不断产出新成果。

第五，调查团队要组织落实。这个调查项目主体是北京师范大学社会治理智库团队，也要组织多方面人员与力量协同参加。要吸引校内外专家学者和青年研究人员参与。同时，可以与企业合作，包括利用他们已经在一些村里建立好的调查系统，请企业协助调查；企业可以在技术手段方面为社会治理调查提供有益的帮助；可以接受企业提供的资金支持，包括招募本地人员协助调研，也可以考虑建立长期联系的调查基地。各方面调查人员要合理分工、密切合作，共建共享调研成果。

第六，调查成果要多样化和高质量。一是要紧扣党的十九大提出的“乡村振兴战略”，抓紧形成一批决策咨询成果。决策要反映普遍规律和趋势，不能只反映个别现象。二是撰写村落调查综合报告和系列专项报告，包括综合性成果，以及针对具体村落的若干系列研究成果。要系统总结调研村落的基本情况与分析报告，对每个调查村都应写出综合调研报告。三是举办研讨会、论坛和出版专著等。中国社会治理论坛每年举办一届，目前已经举办七届了，参加者既有党政干部，也有学界研究者，还有来自基层社区的工作者和一些企业家，大家围绕社会治理这个主题，从自己的研究领域出发来讨论和交流，收到良好的效果。要提倡搞专题性、接地气的问题研究。四是在公开刊物和报纸上发表调研报告等文章。《社会治理》杂志将开辟专栏，可以随时发表百村调查项目组的研究成果。发挥族谱、家训，地方乡贤的作用等，都是用传统文化助力当代社会治理的好做法。可以研究建立什么样的激励机制，引导各类人才返乡，服务乡村振兴，反哺农村现代化建设，这是一个值得研究的重要课题。中国所追求的现代化，必须是农村和城市共同发展繁荣的现代化，绝不是城市锦上添花、乡村凋敝衰败的城乡分化景象。五是充实加强社会治理创新信息库建设，提供丰富扎实的基础数据。可以把调研成果纳入已创建的中国社会治理创新信息库，作为以后调查、研究、教学的参考资料。

第七，调查活动要做好统一保障工作。搞好调查研究工作，是智库研究的基础，也是智库建设的基石；同时，加强调查研究工作也是学科建设的重要平台，是建设一流大学的重要平台，是发现人才和培养人才的重要平台。我们中社院领导成员、各职能部门都要积极支持调查项目工作。要加强组织协调，智库研究和教学人员要尽可能多地组织起来，还可以适当组织一些学生主要是研究生参加，参加调研的学生在不影响学习的基础上，到一个村里去搞社会调查，这会对他们成长进步更有帮助。还要从多方面争取支持，提供各种条件，保障调查活动持续有效地开展。

基层不牢、地动山摇。农村基层社会治理关乎中国社会主义现代化建设全局与进程，基层治理如果出现问题，国家发展就会遭遇挫折。本项目秉持为党、为国家、为人民做贡献的主旨，做好长期打算，持续不断搞下去。虽然项目调查初期还存在这样那样的问题，但办法总比困难多。只要大家不忘初心，坚定不移，认真搞好乡村社会治理调查，就一定能够在中国乡村振兴、在农村社会治理现代化进程中大有作为，做出积极的贡献。

（原载《社会治理》2018 年第 5 期）

目　　录

第一章　导论

第一节　问题的提出

从小就知道有一句民谚叫“黄河百害惟富一套”，意思是河套的富裕是得益于黄河的馈赠。却一直不知道为什么这样说，黄河对生长在这里的人们到底给予了哪些馈赠。直到上学之后才明白其中一部分原因，河套地区虽然年降水量不到 150 毫米，蒸发量却达 2300 毫米左右，在干旱少雨的气候下却出现了发达的农业，这都源于水利开发所带来的灌溉农业的形成。然而这仅仅是一层含义，另外一层含义在笔者进入人类学学科学习后才慢慢领悟到，水利的重要性不仅体现在农业生产方面，还体现在对当地社会形成方面的重要影响。河套地区是一个移民社会，水利的开发伴随着土地的开垦，土地的开垦伴随着人口的迁移，人口的迁移又伴随着土地的扩大垦殖，逐渐在这里形成一个以农业为主的移民社会，并且成为有名的“塞外米粮仓”。

本书主要以水利开发网络的形成过程和与之伴随的移民社会的形成发展过程作为两条主线来讨论三个问题。

首先，选择以“水利开发”为切入视角来考察农牧边界地带内蒙古河套地区的移民社会。从清末开始河套地区开始有较大规模的民间水利开发，这股民间力量与国家力量在此地形成了鲜明的对比，出于种种原因此地的水利开发在国家主导下几经兴衰难成规模，直至清末，民间的水利组织成功地开发了八大干渠，形成了初具规模的水利网络，进而形成了稳定的农业区。国内学界对水利社会类型的研究中，对“库域型”“泉域型”和“圩垸型”研究较多，其他水利社会类型尚待深入挖掘。本书试图提出一种位于黄河中上游流域河套地区的“河域型水利社会”类型，在这样一个农牧结合地带重点关注其水利社会形成的内在机制。

其次，着重分析了在水利开发过程中所逐渐形成的移民社会的特点。从春去秋回的“雁行人”到定居河套的“编户入籍”，从家乡变为故乡，来到河套的移民不论是自我推动型还是外力拉动型都像一粒粒种子逐渐在这片天地中生根发芽，这种“土”的魅力一直存在于移民心里，最初以地商为中心的社会组织促使他们在这里形成了村庄和社会，建立了农业社会的秩序，并将这种“土”传播出去，也将蒙古族人民拉出了他们的牧场，成为种地的庄稼汉。从移民与当地蒙古族之间以及来自不同省市的移民之间社会网络关系的建立和他们的生活方式的变化中，我们看到移民是如何在这个新的社会中扎根的。

最后，关注在水利开发和管理过程中所反映的国家和社会的互动关系。这是一种自下而上的考察国家与社会关系的视角。从清末强社会、弱国家的关系到民国时期强国家、弱社会的关系过渡，从1949年后强国家下的民间力量的隐藏到现在民间力量的复兴，让我们看到了从清末到现在一个较长的历史时期内国家和社会关系的演变。

第二节　水利开发和移民社会研究回顾

一　水利开发与国家和社会的关系

海外学界对中国社会中水利开发的研究大多偏重于强调国家对于水利开发的重要作用，而较少注意到民间社会对于水利开发的影响。例如，美国学者魏特夫（Karl August Wittfogel）在1957年出版的《东方专制主义》一书中阐述了他以传统国家的治水活动为视角分析东方专制社会的基本观点："国家参与治水的活动往往是一种较大规模的综合性劳动。在治水过程中，需要有一个综合规划，还需要大范围地调集和组织人力物力，细致分工。而这些活动要想统一协调、有条不紊地进行，一个统一集中的权威指挥系统显然是必不可少的。"① 当这种统一指挥系统进一步发展和复杂化并发展成为居于整个社会顶端的组织形式时，东方专制国家就形成了。魏特夫把水利灌溉和治水农业看成东方专制制度国家产生的原因。他认为水利灌溉工程需要的统一集中的权威非国家专制制度不可实现。在治水社会中，执政者阻止一切非政府性质的团体在组织上的结合，防止社会变得比国家强大。受到这一视角的启发，笔者开始思考河套地区的水利开发与国家和社会的关系。

在笔者调查的河套地区，民间社会的力量在清末特定的历史时期暂时比国家更为有效地组织了水利开发工程。因此，本书将采用从民间社会的角度来看水利开发，并对魏特夫的观点做出了一些反驳。其一，虽然国家的力量在汉武帝时期已经介入，开始修建水利工程，却一直难成规模无以延续，而以地商为中心的社会组织在清末却实现了对河套地区的水利工程开发。其二，河套地区处于农牧的结合地带，在清末河套地区属于蒙古王公的管辖范围，实行的是盟旗制度，在这个地方，非农业民族恰恰没有用专制的策略限制非政府组织的发展，而是给予他们发展的空间。出于多种原因，这个过程虽然很短却形成了当地基本的水利网络，稳定的农业区开始在此出现。在一个过渡阶段农业社会的管理秩序如何依靠社会组织建立起来是本书要解决的一个重要问题。

---

① ［美］卡尔·奥古斯特·魏特夫：《东方专制主义》，徐式谷等译，中国社会科学出版社1989年版，第17页。

本书采用的从民间社会的视角来看其对水利的作用在格尔茨的专著《尼加拉：十九世纪的巴厘剧场国家》中也有所体现，他通过19世纪巴厘岛的个案来展示一种基于表演而非强权的国家形态。他分析了为什么大规模农业灌溉在巴厘没有导致中央集权。从生计模式来看巴厘岛都以种植水稻的灌溉农业为基本生计，这符合魏特夫所说的“治水社会”的条件，而格尔茨的田野证明了塔巴南国家在灌溉社区中只是一个服务者而不是专制者。塔巴南的用水秩序是由一套仪式框架来协调的，根本不需要集权国家的强制，当日常运转中出现仪式不能解决的问题时，当地无所不包的习惯法使巴厘人几乎在任何小事上都有恰当的处理方法。因为“灌溉会社体系之特定结构而产生的大部分政治张力，都会通过灌溉会社之间私下的、随境而变的、非正式的协商而得以解决，而不是升级到体系更高的也更不易收拾的那些层次上”①。格尔茨所强调的这种仪式框架与习惯法实际上是在强调文化和社会在“治水社会”中的作用。笔者调查的河套地区和格尔茨研究的范例一样，都是从社会的角度来考察其对水利的影响，所不同的是河套地区是一个移民社会，水利开发与这个社会的形成过程是同步的，因此这个新的移民社会在处理水利开发和建立用水秩序的过程中其习惯法还没有完全形成，社会组织在初期采用的管理方式是较为简单的扁平化的管理方式，之后其社会组织在发展过程中逐渐形成了他们的习惯法，笔者的调查和研究将这整个过程考察在内。

此外，第二次世界大战以后尤其是20世纪六七十年代，日本学者对中国水利的研究转换了视角，在研究中注意从社会的结构、制度方面入手。日本学界主要经历了六七十年代的“共同体论”和八十年代以来的“地域社会论”。在此过程中，日本学者不仅注意到通过

① ［美］克利福德·格尔兹：《尼加拉——十九世纪巴厘剧场国家》，赵丙祥译，上海人民出版社1999年版，第97页。

水利这一“媒介”展现出的社会关系，而且注意到了生态变化以及资源与人口的关系等问题。这一时期代表性的成果有森田明的《清代水利史研究》[①]《清代水利社会史研究》[②] 以及《清代的水利与地域社会》[③]，好并隆司的《中国水利史论考》[④]，斯波义信的《宋代江南经济史研究》[⑤]，等等。

共同体的概念比较复杂，既指“原始共同组织”，也可以指资本主义以前“诸生产方式”[⑥]。除了民族国家这样的大共同体外，还有所谓的小共同体——一般是指农村具有高度认同感的内聚性团体，其具体形态多样，水利共同体就是其一。他们之所以突出这个概念是为了探讨水利组织的构造与村落、国家权力的关系，以及水利组织的构造中村落内部的阶级关系。日本学者对中国水利组织研究的开山之作是出自清水盛光之手，而热烈讨论由丰岛静英引起。[⑦] 丰岛静英以绥远、山西等地为例，阐述了“水利共同体”理论：水利设施是共同体的共有财产，而耕地则为各成员私有；灌溉用水是根据成员土地面积来平等分配，并据以分担相应的费用与义务；于是在各自田地量、用水量、夫役费用等方面形成紧密联系，即地、夫、水之间形成有机的统一。[⑧] 森田明进一步论证、阐发水利共同体理论，提出“地、夫、钱、水之结合为水利组织之基本原理”，并解释了共同体的解体

---

① ［日］森田明：《清代水利史研究》，亚纪书房 1974 年版。

② ［日］森田明：《清代水利社会史研究》，郑樑生译，“国立”编译馆 1996 年版。

③ ［日］森田明：《清代的水利与地域社会》，福冈中国书店 2002 年版。

④ ［日］好并隆司：《中国水利史论考》，冈山大学文学部研究丛书 1993 年版。

⑤ ［日］斯波义信：《宋代江南经济史研究》，方健、何忠礼译，江苏人民出版社 2001 年版。

⑥ ［日］大塚义雄：《共同体的基础理论》，于嘉云译，联经出版事业公司 1999 年版，第 4 页。

⑦ Mark Elvin, *Japanese Studies on the History of Water Control in China: A Selected Bibliography. With Centre for East Asian Cultural Studies for Unesco*, The Toyo Bunko, Tokyo, 1994, pp. 3 – 35.

⑧ ［日］丰岛静英：《中国西北部における水利共同体について》，《历史学研究》1956 年第 201 期。

的主要原因。[①] 森田明先后出版了《清代水利史研究》[②]《清代水利社会史研究》[③] 和《清代的水利与地域社会》[④]。他说:“随着明末大地主化的进展，原来水利组织之核心的中小地主阶层没落，遂造成与既有之秩序发生矛盾、对立的情形加剧”，明末清初，中小地主的衰落与乡绅土地所有制的发展，引起了“地、夫之结合关系的混乱与破坏”，田地与夫役、经费之间未能统一，因而以地、夫、钱、水为基本原理的水利共同体趋于瓦解。[⑤] 20 世纪后期以来，日本社会学在地域社会研究方面逐渐形成一个新范式——地域社会学。其中的有些观点对笔者的研究有所启发，如用地域社会的“共同性”“公共性”和“阶级性”来透视现代地方自治和居民自治的本质。[⑥] 在河套地区也有具有“地、夫、钱、水之结合”的水利组织，并在清末和民国初年形成了水利共同体，森田明和其他日本学者的论证无疑为笔者的研究提供了一些对比和联想的思路。

英国人类学家弗里德曼[⑦]曾在对中国东南地区的宗族进行深入考察的基础上，提出了水利灌溉系统有利于促进村庄宗族团结的观点。他的弟子巴博德在对台湾地区农村水利进行田野调查之后，却提出了不同于其师的看法。巴博德认为，水利灌溉系统能否促进宗族团结，与既定村庄灌溉的性质和土地分布的情形存在密切关系。他举例说:

---

① 从地权变化来解释水利共同体在日本学界具有学术传统，此前的今堀诚二即为代表人物之一。另外，水利组织及其变化还有其他解释路径，如用水权的商品化，里甲制、水利惯例、修治负担方式如“业食佃力”等。参滨岛敦俊《业食佃力考》，《东洋史研究》第 39 卷第 1 号，1980 年版，第 118—155 页。

② ［日］森田明:《清代水利史研究》，亚纪书房 1974 年版。

③ ［日］森田明:《清代水利社会史研究》，郑樑生译，“国立”编译馆 1996 年版。

④ ［日］森田明:《清代的水利与地域社会》，福冈中国书店 2002 年版。

⑤ ［日］森田明:《清代水利史研究》，亚纪书房 1974 年版，第 4—9 页。

⑥ 蔡驎:《地域社会研究的新范式——日本地域社会学述评》，《国外社会科学》2010 年第 2 期。

⑦ Maurice Freedman, *Lineage Organization in Southeastern China*, London: Athlone Press, 1958.

在台湾，“中社”（Chung-she）村在嘉南水利系统建成前，灌溉池塘能够起到促成宗族团结的作用；而在另一个村落——“打铁”（Ta-tieh）村的水利系统却促成了非血缘宗族村落群体间的联合。如果从土地的生产力上来做对比，打铁村的生产条件比中社村的条件好。虽然打铁村也有同姓家族相互合作共同捐献的祖产，但他们更倾向于将更多的生产剩余投资到超越亲族的组织中。中社村的生产力虽然要低于打铁村，但是在这里，共同财产的投资大部分集中于村中的主要家族赖姓，而且他们的投资几乎是集中于地域性的祖产上。①

可见，共同用水关系不能必然导致村庄宗族内部的自动团结，这一共同生产关系对于村庄社会关系的作用有可能是多方面的。巴氏对台湾地区水利的论述指出了水利灌溉体系与社会组织形式之间的关系。由于自然环境、地理环境，以及文化环境都与人们在生产协作中形成的有机联系以及人们的社会组成形式相关，所以传统社会中围绕水利开发和利用而形成的种种社会组织和水利文化样式必然多样化。

杜赞奇②在对邢台县的水利系统研究中重点关注了闸会的作用，闸会是几个村子的用水者联合会，控制着灌溉用水的分配。除了关注闸会的日常运行外，杜赞奇还关注另外一套祭祀仪式对闸会所起的作用，其一，祭祀仪式使闸会组织神圣化；其二，闸会内部由于各种力量的不平衡会产生分化和对抗。但与此同时也会产生联合，分化和联合的关系在祭祀过程中也体现得淋漓尽致。国家通过对当地神的认可和敕封，将自己的权威延伸到了村落社会当中。

国内学者对水利与社会的关系的研究当从冀朝鼎的《中国历史上的基本经济区与水利事业的发展》谈起。全书贯穿的是“基本经济

① Pasternak, *Kinship and Community in Two Taiwanese Villages*, Stanford University Press, 1972.

② ［美］杜赞奇：《文化、权力与国家 1900—1942 年的华北农村》，王福明译，江苏人民出版社 2003 年版。

区”这个核心概念。所谓基本经济区，是指“农业生产条件与运输设施，对于提供贡纳谷物来说，比其他地区要优越得多，以至不管是哪一集团，只要控制了这一地区，它就有可能征服与统一全中国”[①]。冀朝鼎认为，历代封建王朝基本上是通过控制基本经济区进而达成对全国的统治的。因而，搞清楚“水利事业发展的过程，就能用基本经济区这一概念，说明中国历史上整个半封建时期历史进程中最重要的特点了”。[②] 将水利与基本经济区相联系，体现了其宏观视野，这对我们将河套地区作为一个区域研究有一定的启发。历史上，围绕水利而展开的种种社会关系，不能仅仅从水利本身去理解，而应该放到一个更为广阔的视域，透过围绕水利的开发和管理展开的活动，进而透视社会关系的总体。将水利开发与管理放入宽广的社会历史背景中，并联系经济因素、社会因素、政治因素、文化因素、生态自然因素来综合考虑，才是本书对水利开发进行研究的目的所在。

傅衣凌先生在其遗著《中国传统社会：多元的结构》一文中对中国传统社会时期的水利状况作了宏观的论述和归纳，认为：“在中国传统社会中很大一部分水利工程的建设和管理是在乡族社会里进行的，强调不需要国家权力的干预。”[③]

郑振满在傅衣凌先生研究的基础上，对明清福建沿海农田水利制度与地方社会组织的关系作了较为系统的研究。[④] 熊元斌考察了清代浙江地区水利纠纷的发生、特征与解决的情况，揭示了该地区的水利状况及社会结构的关系等问题。[⑤] 王建革的《河北平原水利与社会分

---

① ［英］冀朝鼎：《中国历史上的基本经济区与水利事业的发展》，朱诗鳌译，中国社会科学出版社1981年版，第10页。

② ［英］冀朝鼎：《中国历史上的基本经济区与水利事业的发展》，朱诗鳌译，中国社会科学出版社1981年版，第14页。

③ 傅衣凌：《中国传统社会：多元的结构》，《中国社会经济史研究》1988年第3期。

④ 郑振满：《明清福建沿海农田水利制度与乡族组织》，《中国社会经济史研究》1987年第4期。

⑤ 熊元斌：《清代浙江地区水利纠纷及其解决办法》，《中国农史》1988年第4期。

析（1368—1949）》[1] 中，对河北滏阳河上游和天津地区农田灌溉水利的形态及其社会关系作了探讨，并提出在天津地区，国家权力是明显的，渠道的建设和日常管理都由政府负责。在滏阳河流域他发现渠道社会组织与政府层面组织不相吻合，通过对这两地的比较展现出水利开发的多种形态与模式。佳宏伟的《水资源环境变迁与乡村社会控制——以清代汉中府的堰渠水利为中心》[2] 中阐明了国家与社会之间呈现一种错综复杂的社会关系，不能用简单的二元对立模式来教条性地概括，必须考察具体的社会生态环境。钞晓鸿、萧正洪也分别讨论了关中水利共同体，以及汉中地区水资源环境不断恶化条件下的社会变迁等问题。[3] 张建民对农田水利经营中的官方和地方组织进行了探讨，认为地方社会组织在水利建设中发挥了重要作用，主要表现为官督民修的形式，地方士绅在其中的作用明显。[4] 张研、毛立平通过分析清代安徽的水利管理与组织得出水利作为一项公共事务活动对基层社会乡族组织的形成具有重要作用。[5]

这些成果大都表现出对水利史研究的社会史倾向，他们开始关注社会组织对水利开发和管理所起的作用。但是，专门探讨水利与地方社会关系的学术专著很少。正如行龙在《从"治水社会"到"水利社会"》一文中指出的那样："不无遗憾的是，水利史的研究虽然取得了相当的成就，但主要成果或主流话语仍限于少数水利史专家。水

① 王建革：《河北平原水利与社会分析（1368—1949）》，《中国农史》2002 年第 2 期。

② 佳宏伟：《水资源环境变迁与乡村社会控制——以清代汉中府的堰渠水利为中心》，《史学月刊》2005 年第 4 期。

③ 钞晓鸿：《清代汉水上游的水资源环境与社会变迁》，《清史研究》2005 年第 2 期；钞晓鸿：《灌溉、环境与水利共同体——基于清代关中中部的分析》，《中国社会科学》2006 年第 4 期；萧正洪：《历史时期关中地区农田灌溉中的水权问题》，《中国经济史研究》1999 年第 1 期。

④ 张建民：《试论中国传统社会晚期的农田水利——以长江流域为中心》，《中国农史》1994 年第 2 期。

⑤ 张研、毛立平：《从清代安徽经济社区看基层社会乡族组织的作用》，《中国农史》2002 年第 4 期。

利史研究依然没有脱出以水利工程和技术为主的‘治水’框架，将水利作为社会发展的一部分，从政治、经济、社会等多角度探讨水利及其互动关系的研究局面仍然没有显现。”① 而这种研究局面的出现，“进入我们视野的是一片水阔无边广阔无垠的学术领域”。② 另外，以上学者关注的区域大多集中在南方江河沿岸的洪涝之地或者是北方缺水严重的干旱地区。而对河套地区这个特殊的农牧结合地带的水利和社会关系的研究却不多见，特别是从人类学的视角出发结合当地个案和社区研究并用历史人类学的眼光和方法来实现历时性和共时性研究的民族志还没有出现过。

二 水利开发和移民社会的区域研究

首先，与此研究相关的区域研究是与河套地区相邻的山陕地区，该地大部处于干旱半干旱地带，自然环境较为恶劣。近年来国内外众多学者的研究兴趣集中在了这里，笔者认为是基于以下两点主要原因。其一，学者们对此的兴趣源于这些地区有比较丰富的民间史料。正如行龙所言：“愈是惜水如油的地区，愈会形成细致严密的用水惯习；愈是有细致严密的用水惯习，愈有可能保存更多的碑刻渠册等资料。”③ 其二，越是干旱少雨的地区，人们的节水意识就越强，对水利的需求也就越迫切，在对水的利用和管理中就越能形成复杂的管理制度。而这些制度研究对于当今水资源越来越紧张的现实而言可提供一定的借鉴作用。因此出现了一批关于山陕地区的研究成果，如韩茂莉的《近代山陕地区基层水利管理体系探析》和《近代山陕地区的地理环境与水权保障系统》两文对山陕地区基层水利管理体系中的渠

① 行龙：《从“治水社会”到“水利社会”》，《读书》2005 年第 8 期。
② 王铭铭：《水利社会的类型》，《读书》2004 年第 11 期。
③ 行龙：《从“治水社会”到“水利社会”》，《读书》2005 年第 8 期。

长以及水权保障系统中的地缘与血缘的水权圈进行了研究。[①] 行龙的《晋水流域36村水利祭祀系统个案研究》通过对晋水流域36村水利祭祀系统的个案研究，指出村庄在地方社会事务中有着不可忽视的地位，而宗族势力、乡绅集团则没有显示出特殊的角色功能，因此国家与社会的关系在中国传统社会存在时空差异。[②]

张亚辉对山西太原的晋祠灌区进行研究，从文化理性的视角出发，通过对宇宙观的探寻来解释当地的水利史和日常用水行为。[③] 张俊峰《介休水案与地方社会——对泉域社会的一项类型学分析》通过对山西介休水案的研究，提出资源禀赋的变化及其配置方式也是解释社会运行的一个视角。[④] 还有北京师范大学民俗典籍研究中心与法国远东学院合作进行的国际研究项目“华北水资源与社会组织”的前期成果《陕山地区水利与民间社会调查资料集》[⑤]，中法两国学者对黄河以北的陕西关中东部和陕西西南部的灌溉农业区和旱作农业区的乡村水资源利用活动进行了调查研究，并将之放到一定的历史、地理和社会环境中去考察，了解广大村民的用水观念、水资源的分配、共用水资源的群体行为以及村社水利组织和民间公益事业等。

再说对汉中地区的研究，汉水中下游地区，包括整个江汉平原以及光化、谷城、襄阳、宜城四个位于汉水中游的州县，在清代，隶属于荆州、襄阳、安陆、汉阳四府。明清时期，这一地区具有重要的经济与政治地位。经济上，这一地区是国家的重要粮仓之一。据张国雄的研究，“湖广熟，天下足”的谚语出现于明中后期，至中华人民共

① 韩茂莉：《近山陕地区基层水利管理体系探析》，《中国经济史研究》2006年第1期；《近代山陕地区的地理环境与水权保障系统》，《近代史研究》2006年第1期。

② 行龙：《晋水流域36村水利祭祀系统个案研究》，《史林》2005年第4期；《明清以来山西水资源匮乏及水案初步研究》，《科学技术与辩证法》2000年第6期。

③ 张亚辉：《水德配天：一个晋中水利社会的历史与道德》，民族出版社2008年版。

④ 张俊峰：《介休水案与地方社会——对泉域社会的一项类型学分析》，《史林》2005年第3期。

⑤ ［法］蓝克利等编著：《陕山地区水利与民间社会调查资料集》，中华书局2003年版。

和国成立方消失。[①] 政治上，这一地区是明清国家基本经济区之一的一部分。冀朝鼎认为元明清时期的基本经济区在长江流域，主要范围大致是西北至襄阳，东北至南京，西止沅江，东达上海，主要包括江汉平原、长江三角洲、洞庭湖平原与鄱阳湖平原所在的区域。[②] 由于这一地区的引人注目的政治与经济地位，这一区域历来受到研究者的关注。[③] 对这一地区水利管理层面关注的主要有森田明、魏丕信、张建民等学者。森田明《清代湖广治水灌溉的发展》一文主要讨论了垸堤的形成的地理基础、形态、管理、垸堤管理与业佃关系以及国家权力与垸堤管理的关系。[④] 法国学者魏丕信的两篇文章——《水利基础设施管理中的国家干预》《中华帝国晚期国家对水利的管理》——则主要探讨了水利管理中国家干预的问题，[⑤] 前者，魏丕信以湖北中部平原为例，分析了国家在水利基础设施管理中的角色的阶段性变迁；后者，作者以长江中下游为例，讨论了国家干预的不同程度——低限度的干预与对较大规模公共工程的干预。彭雨新、张建民《明清长江流域农业水利研究》第四章“两湖平原的堤垸水利与农业发展”，对堤垸的修防制度与组织、堤防修防资金的来源、修护中水利关系的冲突与协调，以及堤防修护中官民、官绅关系等问题都做了研究。[⑥]

以上的研究角度都可以作为研究的河套地区的参照，因为河套地区多是山陕地区的移民，他们的文化具有相似性，而汉中地区的政治

---

① 张国雄：《“湖广熟，天下足”的经济地理特征》，《湖北大学学报》（哲学社会科学版）1993 年第 4 期。

② 冀朝鼎：《中国历史上的基本经济区与水利事业的发展》，中国社会科学出版社 1981 年版，第 117—118 页。

③ 张家炎：《十年来两湖地区暨江汉平原明清经济史研究综述》，《中国史研究动态》1997 年第 1 期。

④ ［日］森田明：《清代湖广治水灌溉的发展》，《东方学》第 20 辑，1960 年。

⑤ 陈锋主编：《明清以来长江流域社会发展史论》，武汉大学出版社 2006 年版。

⑥ 彭雨新、张建民：《明清长江流域农业水利研究》，武汉大学出版社 1992 年版。

经济位置虽远远超过河套地区，却与之有相似之处，那就是两地都有着丰富的水资源和良好的水利建设。河套平原在近 200 年的时间内，成为有名的“塞外米粮仓”，其农业的发达程度和水利的配套程度在全国也排在前列。从灌溉面积上说，河套灌区是全国的三大灌区之一，同时也是亚洲最大的一首制自流灌区。因此，对山陕和汉中的研究成果的梳理有助于我们从“庐山”外洞悉河套地区可能有的某些特征，从而找到新的视角和解释框架。

已有对河套地区水利开发的研究主要集中在历史学界。顾颉刚先生在 1934 年 2 月，用个人的薪俸并从社会募集部分资金，创办了一份名为《禹贡》的半月刊，专门登载历史地理学研究论文。在此基础上随即创建了一个专门研究历史地理学的学术团体——禹贡学会，联络组织志同道合的学者，如谭其骧、史念海、侯仁之等人，做了大量历史地理研究工作，《禹贡》半月刊则成为学会的学术刊物。顾颉刚于 1924 年春到河套地区进程考察，之后撰写了《王同春开发河套记》[①]，他写道：“民国十三年（1924）的春天，我同家起潜书（廷龙）旅行到包头，在狂风中荡了一次黄河的船……游察哈尔和绥远约一个月，与当地人士往来稍多，就收集了许多塞外的故事。河套的开垦是我久已听说的……贺渭南先生把王同春说给我听，我才知道河套中曾有过这样的民族伟人，我就发愿替他写一篇传……王同春有开渠的天才，一件大工程，别人退避不惶的，他却从容布置，或高过下，或向或背，都有很适当的计划。他时常登高远望，或骑马巡行，打算工程该怎么做，比受过严格训练的工程师还要有把握。”[②] 除了对河套地商王同春个人的关注之外，在顾颉刚之后有一批学者对此地进行专门的研究，禹贡学会组织了一个后套水利考察团。1936 年，在

① 顾颉刚：《王同春开发河套记》，平绥铁路管理局 1935 年版，第 6 页。
② 顾颉刚：《王同春开发河套记》，平绥铁路管理局 1935 年版，第 6 页。

《禹贡》的第6卷第5期和第7卷中刊登了一系列关于河套地区历史地理及水利开发的文章，如王喆、蒙思明等就撰文写了河套水利的开发史。[①] 王喆对河套的水利开发历史进行梳理，并较为详细地描述了河套主要的八大干渠和一条支渠的开发过程，同时他也简略地描述了当地人所运用的民间修水利的技术并找到了一些难得的统计资料。侯仁之撰写了《旅程日记》，在其日记中对河套地区的一个民间社会组织“和硕公中”的运作方式甚为赞叹，称其是“在这边荒凉中崛起的‘新村’，这创建奋斗的精神，这崭新的社会制度的尝试，真是何等伟大的一件工作啊!”[②] 此外，他还关注此地的蒙古人的生产生活状况，并描述了一次其参与的蒙古人的“跳鬼”仪式。王日蔚的《绥远旅行记》[③]，侧重于对当地的地理环境的描述，并对一些农户的生产生活状况进行了较为详细的调查。对于他们的水费缴纳情况和日常开支有过详细的介绍。这些学者的研究多是偏重于历史地理方面的描述，对当地社会的分析仅以一些见闻为主，缺乏对当地社会的形成和运行情况的整体调查和思考。但是，他们留下了许多宝贵的线索和第一手的调查资料，对于笔者的研究有很大的启发作用。

1949年后，张植华研究了清一代河套农田水利与农业发展状况，认为康乾间河套农业虽有所发展，但灌田之利尚未兴起。鸦片战争后，由于大量内地农民流入和地商的投入，水利事业得到迅速发展。[④] 周魁一认为，河套地区水利和黄河河道的变化直接相关，同时也与清

① 王喆：《后套渠道之开浚沿革》，《禹贡》1936年第7卷第8、9合期；蒙思明：《河套农垦水利开发的沿革》，《禹贡》1936年第6卷第5期。

② 侯仁之：《旅行日记》，《禹贡》1936年第6卷第5期。

③ 王日蔚：《绥远旅行记》，《禹贡》1936年第6卷第5期。

④ 张植华：《清代河套地区农业及农田水利概况初探》，《内蒙古大学学报》（人文社科版）1987年第4期；《清代河套农业及近代农田水利的兴起》，《河套水利史论文集》，成都科技大学出版社1989年版，第15—26页。

政府的边疆政策有关。在《中国水利史稿》下册中，他对河套灌区的兴起、后套八大干渠沿革以及灌溉管理法规等都进行深入研究。[①] 地商在后套水利发展起到独特的作用，近年来一些学者围绕这一问题展开研究。如上面所提到的王建革，他探讨了晚清河套水利开发由地商主导到政府官营的转变过程，分析了地商管理水利与官营水利成败的原因。[②] 李茹的论文《河套地商与河套地区的开发》在系统研究地商产生的条件、过程及其对河套地区社会发展影响的基础上，认为他们使开发活动由零星的、无组织的行为变为有规模的、有组织的行为，促进了开发的进程，为河套地区的开发做出了重要贡献。[③] 日本学者铁山博从清代周边农业发展的角度探讨了后套水利开发的条件、过程、管理以及独特的地商经济。[④]

学者们的研究大概可以分为两个方向，一是从单纯的水利史的角度，从水利开发和管理的沿革演变来做一个梳理；二是从区域社会史的角度去理解水利开发和管理过程。诚然，区域社会史是史学界的新的发展方向，它比单纯的水利史更能让人们了解到整体的图景，可是他们研究的角度仍然与人类学者大不相同，历史学者的视野之宏大与他们讨论范围之宏大相一致，这就使他们不能放进太多的因素去讨论问题，因为其中必然不能有太多的不可控制的变量。而人类学的方法是从实地实景出发，更注重对一个小地方的研究，从而将这个小地方整体性地呈现在眼前，因此他们的研究范围没有历史学者的大，但是能将众多的因素都放入思考的范围之内，如在河套水利开发中的民族因素和宗教因素至今很少有人讨论，对移民中的不同人群之间的关系的研究，以及对在水利开发初期没有科学技术的条件下所表现出来的

① 水利水电科学院编写组：《中国水利史稿》（下册），水利电力出版社 1989 年版，第 341—347 页。

② 王建革：《农牧生态与传统蒙古社会》，山东人民出版社 2006 年版。

③ 李茹：《河套地商与河套地区的开发》，博士学位论文，内蒙古大学，2004 年。

④ ［日］铁山博：《清代农业经济史研究》，御茶の水书房 1999 年版。

民间治水知识体系的研究都较少涉及，这是历史学对区域社会史研究的局限所在，也恰恰是本书的意义所在。本书试图利用人类学、社会学、历史学等多种学科的方法，对围绕着水利管理所蕴含的地方社会的形成和发展进行更为细致的探讨。

三 历史人类学与区域研究

萨林斯（Marshall Sahlins）曾说：提及历史人类学，就是倡导这样一类人类学——它是一门广阔意义上的综合性学科。如果我们企图对此加以阐释的话，尽管称历史人类学为一门学科，其文本所指仍然说明历史人类学是一种综合了多种学科方法与内容的研究方式，这种综合性的研究方式使历史人类学成为一门独特的学科。同样，在史学界力倡历史人类学的法国年鉴学派亦有学者指出：历史人类学并不具有特殊的领域，它相当于一种研究方式，这就是始终将作为考察对象的演进和对这种演进的反应联系起来，和由这种演进产生或改变的人类行为联系起来。[①] 赵世瑜也认为历史人类学只是一种研究方式、一种研究趋向。[②] 而这种趋向和研究方式包括两个方向，一是人类学的历史学化，二是历史学的人类学化。[③] 这里主要谈一下“人类学的历史学化”，它作为一种观念是人类学界在反思功能主义人类学普遍缺乏历史感的基础上提出来的。到20世纪80年代人类学界重新认识到田野工作中“历史的缺失”，会阻碍人们更深刻地认识文化的诸多层次。开始重视历史对现时结构的影响，试图透过历史去认识文化。正是在这样的背景之下，历史人类学首先在人类学界得以萌发。[④] 其标

---

① ［法］勒高夫等主编，姚蒙译：《新史学》，上海译文出版社1989年版，第238页。

② 赵世瑜：《历史人类学：在学科与非学科之间》，《历史研究》2004年第4期。

③ 张小军：《历史学的人类学化和人类学的历史化——兼论被历史学抢注的历史人类学》，《历史人类学学刊》2003年第1期。

④ 黄国信、温春来、吴滔：《历史人类学与近代区域社会史研究》，《近代史研究》2006年第5期。

志是萨林斯在1981年出版的《历史的隐喻与神话的现实——桑威奇群岛王国早期历史中的结构》[1] 一书，其中的“文化界定历史”观念，通俗来讲就是每一人群均有自己的文化，每一人群的历史表达均由自己文化的“历史性”来决定。在各自的历史性中，时间与记忆各不相同，从而各自的历史观不同，对自己历史的言说亦不一致。[2]借鉴历史人类学的研究方式，本书对于河套地区的研究呈现出将人类学历史学化的思路，并且将其定位于区域研究和人类学个案研究的结合，既有历时性研究也有共时性的研究。

区域研究由来已久，法国年鉴学派的几位开创者及其后来的代表人物，比如费弗尔、布罗代尔、拉杜里等曾做过许多经典性的区域研究。在中国学术界，区域研究亦有相当长的历史。20世纪30年代，食货学派的中国社会经济史研究已开区域研究之滥觞，随后，梁方仲、傅衣凌、陈翰笙、汤象龙、李景汉等人的努力，使区域社会经济史研究蔚然兴起，成果斐然。[3]

人类学田野调查的方法对区域研究有重要的启示性。人类学者进行田野调查虽然在一个很小的地理空间之内，但他们的研究对象常常超越其居住空间，例如社区中的人要与外界进行经济交换，要与外界亲朋往来，要去外面的世界求学、考试、经商等，区域研究是跟随着作为研究对象的人的流动和作为研究者问题意识的问题之流动而进行的研究。因此，历史学得出关于区域及其边界的认识不再像以前那样局限，而且其观点也受到人类学的影响。

在区域史研究中，萧凤霞关于小榄菊花会的研究、科大卫和刘志

---

① 参见黄应贵《历史与文化——对于“历史人类学”之我见》，《历史人类学学刊》第2卷第2期；［美］萨林斯《历史之岛》，蓝达居等译，上海人民出版社2003年版。

② 黄国信、温春来、吴滔：《历史人类学与近代区域社会史研究》，《近代史研究》2006年第5期。

③ 黄国信、温春来、吴滔：《历史人类学与近代区域社会史研究》，《近代史研究》2006年第5期。

伟关于珠江三角洲宗族的研究、陈春声关于潮州地方动乱和民间信仰的研究、郑振满关于莆田平原的研究、赵世瑜关于华北地区的研究都显示出历史人类学的特色。以萧凤霞的研究为例，她阐释了一个区域从古代、近代至当代的历史变迁，透过这一变迁，她发现珠江三角洲真正整合到中国或者称为进入“化内”的历史过程发生在明清时期，进入晚清民国乃至中华人民共和国，这里旧有的传统被新的势力集团重新阐释、改造和利用。[①] 这一研究不仅将其完全置于中国“大历史”的思考之中，而且将地方社会与国家紧密结合起来分析。国家与社会不是简单的二元对立，而是在具体的表象上同时表达出来的一组概念与关系。这就是本书所期待能采用的方法和理解国家和社会关系的方式。

第三节 相关概念界定

一 农牧交错地带的划分

农牧交错带是我国传统农业区域与畜牧业区域相交汇和过渡的地带。河套地区地理位置上的特殊性在于它是我国历史上北部农业民族和游牧民族交界的地区，是一条农牧业的过渡带。由于天然水分条件的限制，由旱作不稳产区过渡到气候干旱致使无灌溉不适宜发展作物种植的地带是我国农业生产上一条很重要的界线，也是我国生态环境的一条过渡带和生态安全的重要屏障。所谓分界，是指为农为牧都不能过分超越这条分界线。过分超越就会促成这条分界线的移动，从而影响到生态环境的平衡发展，引起不良的后果。史念海研究黄河的溃决泛滥就与这条分界线的移动有关。[②] 那么农牧边界是如何划分的呢?

---

① 萧凤霞：《传统的循环与再生——小榄菊花会的文化、历史与政治经济》，《历史人类学学刊》2003 年第 1 期；萧凤霞：《文化活动与区域社会经济的发展：关于中山小榄菊花会的考察》，《中国社会经济史研究》1990 年第 4 期。

② 史念海：《司马迁规划的农牧地区分界线在黄土高原上的推移及其影响》，《中国历史地理丛书》1999 年第 1 期。

司马迁在《史记·货殖列传》中指出："夫山西饶材、竹、谷、纑、旄、玉石；山东多鱼、盐、漆、丝、声色；江南出枏、梓、姜、桂、金、锡、连、丹砂、犀、玳瑁、珠玑、齿革；龙门、碣石北多马、牛、羊、旃裘、筋角；铜、铁则千里往往山出棋置，此其较大也。"把当时的经济区划分为山西区、山东区、江南区和龙门、碣石以北地区。其中，龙门、碣石以北地区与其他经济区不同，它是司马迁规划的农牧分界线。

《后汉书·西羌传》征引顺帝时虞诩一段话，虞诩说："《禹贡》雍州之域，厥田惟上，且沃野千里，谷稼殷积。……水草丰美，土宜产牧，牛马衔尾，群羊塞道。北阻山河，乘陀据险，因渠以溉，水舂河漕，用功省少，而军粮饶足，故孝武皇帝及光武筑朔方，开西河，置上郡，皆为此也。"虞诩在其中虽然提到"水草丰美，土宜产牧，牛马衔尾，群羊塞道"，其落脚点却是"军粮饶足"，可见当时上郡、西河，兼及朔方，是一个农耕畜牧交界的地带，而且农业似乎更甚畜牧业。虞诩这段话是在汉顺帝永建四年（129 年）说的，上距汉武帝派军在河套地区移民戍边已经两百多年，可见西汉对河套地区的开发经过两百年之后已有一定规模和成绩。司马迁所言的农牧地区分界线已经发生北移，农业已经遍及上郡、西河以及朔方、五原各郡。用现在的地理来说，陕西北部全部包括在内，还兼有鄂尔多斯高原和河套平原各处都在司马迁规划的农牧地区分界线的正北①。

这条农牧边界由于政治的原因在东汉初年又有一次明显的推移。东汉初年，匈奴分裂为南北匈奴。南匈奴和汉朝交好，其国力却不及北匈奴强大。为了避免灭亡，在得到东汉王朝的许可后，就向南迁徙到

---

① 史念海：《司马迁规划的农牧地区分界线在黄土高原上的推移及其影响》，《中国历史地理丛书》1999 年第 1 期。

东汉的沿边八郡居住。这八郡为西河、北地、朔方、五原、云中、定襄、雁门、代郡。沿边八郡的汉人原来很多，但是随着匈奴人的迁入，汉人就渐渐返回内地，留下的汉人越来越少。汉人走了，从事农耕的人减少，但同时匈奴人的到来增加了从事畜牧的人。于是，在沿边八郡畜牧业又开始占上风，由农耕较强的地区转向畜牧较强的地区。

由此可见，农牧边界的推移和反复运动在大多数时候并不完全是一种生态的需要和人与自然关系的反映，而更多反映了人与人之间的关系。由于政治、经济等原因推动农牧边界的变动。

水利是农业的基础，水利开发的历史就是农业发展的历史，农业发展的历史就是农牧边界运动的历史。河套地区经过清末和民国开发后，现代有学者提出不同的农牧分界线的界定标准和实际范围（见表1－1）。

表1－1 **现有农牧交错地带界定比较**①

名称	范围	界定指标	提出学者
内蒙古及长城沿线、农牧林区、黄土高原亚区	内蒙古南部、长城沿线、亚陕甘黄土丘陵陇中青东丘陵	半湿润向半干旱过渡，农牧兼营	周立三等（1981）
北方农牧业交错沙漠化地区	东起松嫩下游，西至溥海共和的农牧交错地区	年降水量250—500毫米，降水变率25%—50%，7—8级大风日数30—80天	朱震达、刘恕等（1981）
半干旱地区农牧过渡带	蒙古高原东缘和黄土高原北部	≥400毫米/年出现频率50%为主导标志，日平均风速≥5m/s的平均日数为次要指标	李世奎等（1988）
农牧过渡带（气候敏感带）	大兴安岭东南—坝上—大同—榆林—环县北—兰州南的一条狭长地带	年降水量300—400毫米，降水变率15%—20%	张丕远等（1992）

① 肖鲁湘、张增祥：《农牧交错带边界判定方法的研究进展》，《地理科学进展》2008年第2期。

续表

名称	范围	界定指标	提出学者
季风属间区	温带风沙草原与暖温带黄土草原区	西北界 250 毫米，东南界 450 毫米，集二线为东西分异的重要界线	张兰生、史培军等（1993）
生态过渡带	贯通黑河—腾冲方向的狭长地带	胡焕庸人口分界的方向线	王铮、张丕远等（1995）
长城地带（农牧交错带）	内蒙古高原边缘、河套、长城沿线区域	明长城与秦长城之间	田广金、史培军（1997）
北方季风边缘半农半牧类型	内蒙古高原东缘、黄土高原北部	≥400 毫米降水出现频率 5%—20%。10 年中有 8 年以上不能满足旱作要求，降水量 200—450 毫米	张林源等（1994）
长城沿线区、半农半牧和农牧交错亚区	蒙古东南部、辽西、冀北、陕西北部和宁夏中部	年降水量 300—600 毫米，耕：草：林面积比为 1∶0.5∶1.5	吴传钧、郭焕成等（1994）
三北交界区与陕甘青黄土区	内蒙古东南部、辽西、冀北、（西北与东北）华北交界，晋陕甘宁黄土丘陵区	半湿润、半干旱，年降水量 400 毫米左右，耕/草林用地交错分布	国家土地局、北京大学
华北、黄土高原农牧交错带草地—耕地转换区	贯穿黑龙江西南部、吉林省西部、内蒙古东南部、陕西省北部和南部、宁夏和甘肃南部的典型农牧交错带	土地利用变化主体方向的一致性和区划单元空间位置的连续性	刘纪远等（2003）
北方农牧交错带	东北、华北与天然草地牧区分隔的生态过渡带	年降水量 250—500 毫米的半干旱地区	王静爱等（1999）
北方农牧交错带	北起内蒙古呼伦贝尔市，向南至内蒙古通辽市和赤峰市，再沿长城经河北北部、山西北部和内蒙古中南部向西南延展，直到陕西北部、甘肃东部和宁夏南部的交接地带	降水量 300—450 毫米，降水年变率 15%—30%，干燥度 1.0—2.0 范围内	赵哈林、赵学勇等（2002）
中国农牧交错带	从大兴安岭南部经由内蒙古的锡林浩特，辽宁与内蒙古接壤处，进入河北大马群山，山西北部，陕西北部到甘肃东部，秦岭以北，六盘山以东，新疆、云南、四川、贵州有零星分布	年降水量 300—600 毫米，耕、草、林面积比为 1∶0.5∶1.5	邹亚荣、张增祥等（2003）

续表

名称	范围	界定指标	提出学者
中国农牧交错带	涉及黑龙江、吉林、内蒙古、辽宁、河北、山西、陕西、宁夏、甘肃、青海、四川、云南、西藏等13个省（区）的234个县（市、旗），总面积813459平方千米	东全功、张剑等（2006）	

以上依据的标准有很多，以下分别根据统计资料、气候指标和牧草适宜生长的生态因子界定三个标准来看一下它在地图上的分界线（见图1－1、图1－2、图1－3）。

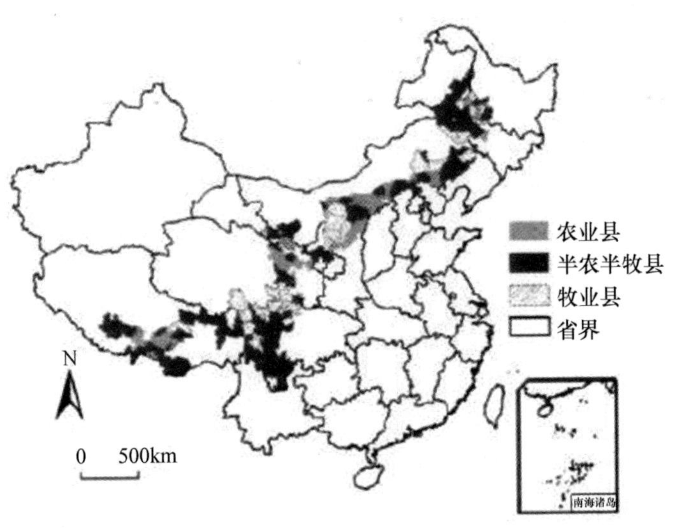

图1－1 根据统计资料界定的农牧交错地带①

① 肖鲁湘、张增祥：《农牧交错带边界判定方法的研究进展》，《地理科学进展》2008年第2期。

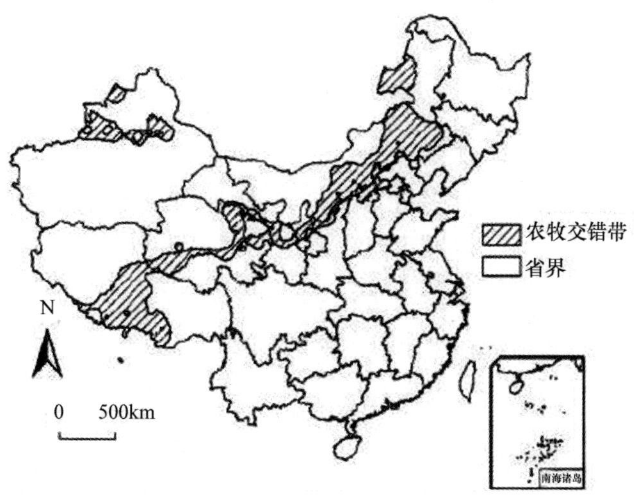

图 1－2　根据气候指标（年降水量 250—400 毫米）界定的农牧交错地带①

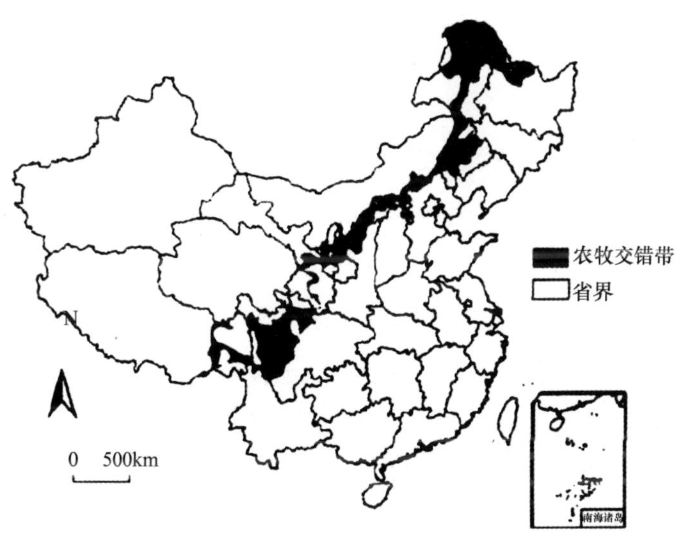

图 1－3　根据牧草适宜生长的生态因子界定的农牧交错地带②

① 肖鲁湘、张增祥：《农牧交错带边界判定方法的研究进展》，《地理科学进展》2008 年第 2 期。

② 肖鲁湘、张增祥：《农牧交错带边界判定方法的研究进展》，《地理科学进展》2008 年第 2 期。

农牧交错带是一条生态脆弱带，目前该问题主流的研究是从气候角度来进行的，辅以其他指标进行确定[①]。但是，以上的划分标准均有一定的局限性，如根据农业调查等统计资料方法获得的农牧交错带，其统计是以行政县为单元的。在西部干旱区，有的县内大部分地区为沙漠化地区，但是为了方便起见，统计时会将其整体划分为农牧交错带。另外的两项指标虽然其科学性不容置疑，但是它们均没有考虑到人类行为对该地带所造成的影响。人类的活动不会依据这条分界线而止住脚步，农牧过渡地带迁移与否，除了自然的条件限制之外，还要考虑政治、经济、民族等因素。因此，我们有必要从各个方面全面、综合、系统地认识这个区域，充分认识到农牧交错带具有异质性、动态性、复杂性的特点。本书所说的河套地区暂时采用图1－1的根据统计资料界定的农牧交错地带的划分方法。

二　关于移民的概念界定

国内外学者对移民的定义有很多，根据在迁入地居住目的的不同，移民的定义也有所不同。一类强调以定居为移民的标准，“移民”是以重新定居为最终目标，这是“移民”区别于人口流动或人口迁移现象的主要标准；[②] 另一类则不强调以定居为目的，认为只要在迁入地停留一段时间即可称为移民。[③] 目前学界对移民的分类大致有以下四个标准。第一，根据移民迁移的区域可以分为国内移民和国际移民。国内移民指在同一国家之内从一个地方（省、地区或市）

---

① 肖鲁湘、张增祥：《农牧交错带边界判定方法的研究进展》，《地理科学进展》2008年第2期。

② 文军：《论我国城市劳动力新移民的系统构成及其行为选择》，《南京社会科学》2005年第1期。

③ ［澳］斯蒂芬·卡斯尔斯：《21世纪初的国际移民：全球性的趋势和问题》，凤兮译，《国际社会科学杂志》（中文版）2001年第3期。

迁居另一个地方；[1] 国际移民主要是指离开原籍国前往其他目的国学习、工作和生活的人口，包括技术移民、低技术移民和家庭团聚移民、难民以及避难者和非法滞留、偷渡、被拐卖等人口。第二，根据移民在迁入地投入资本的性质可以将移民分为劳动力移民、知识移民和投资移民。劳动力移民指在迁入地主要以从事体力劳动为生的移民；知识移民是指通过考学、分配和工作调动等的移民，他们一般掌握着较高的技术；投资移民是指通过在迁入地投资办厂，兴建合资或合作企业等的移民。[2] 第三，根据移民的原因和目的不同，可以分为工程移民、生态移民、扶贫移民、灾害移民。工程移民即工程建设引起的较大数量的有组织的人口迁移，具有非自愿性质，涉及社会、经济、政治、人口、资源、环境、文化、民族、工程技术诸多方面，是一项庞大而复杂的系统工程。[3] 生态移民是因为生态环境恶化或为了保护生态环境所发生的迁移活动，以及由此活动而产生的迁移人口。[4] 扶贫移民指国家对一部分生活在自然条件严酷、自然资源贫乏、生态环境恶化地区的贫困人口，实行搬迁异地安置的人口迁移。第四，根据移民是否主观上愿意迁移，可以分为自愿移民和非自愿移民。自愿移民的搬迁是自己做出的选择，是主动且甘冒风险的。在采取行动前，他们对故土和准备迁入地的生存条件有一个反复思量、权衡利弊得失的心理过程。而非自愿性移民是指在违背自己愿望的情况下被迫从移民居住和工作的地方迁移到另一个地方所产生的移民。

---

① ［澳］斯蒂芬·卡斯尔斯：《21 世纪初的国际移民：全球性的趋势和问题》，凤兮译，《国际社会科学杂志》（中文版）2001 年第 3 期。

② 钟涨宝、杜云素：《移民研究述评》，《世界民族》2009 年第 1 期。

③ 施国庆、陈阿江：《工程移民中的社会学问题探讨》，《河海大学学报》（社会科学版）1999 年第 3 期。

④ 包智明：《关于生态移民的定义、分类及若干问题》，《中央民族大学学报》（哲学社会科学版）2006 年第 1 期。

关于水利与移民的研究，学界关注的多是由水利工程建设引起的移民问题的研究，而本书要研究的移民与水利的关系问题与这类型的研究有两个明显的不同，表现在，其一，水利与移民不是绝对的因果关系，即不是由于水利工程建设引起当地人的迁出。二者的关系恰恰是互为因果，水利工程建设推动了外地移民的迁入，外地移民的迁入又推动了水利工程的进一步完善和开发。其二，学者们关注的多是由于水利工程建设迁出的非自愿移民，而本书要研究的多是由于水利工程建设而引入的自愿移民，而且这个移民过程是个很漫长的历史迁徙过程。

第四节　研究思路、研究方法及选点依据

一　研究思路

本书以水利和社会为两条线索，在说明水利网络的形成过程的同时，说明以水利工程开发为背景下所形成的移民社会，以及社会结构和社会关系以及移民社会的特点。然后在主线的两侧延伸出两个相关的问题。其一是在水利开发过程中农牧边界的推移和从较长的历史时期来看表现出的农牧边界的反复运动所带来的生态的变化和对当地人生活的影响，而这个过程背后所反映的就是蒙汉民族边界的模糊和民族融合的过程。其二是整个移民社会中所逐渐形成和体现出的水文化或水利文化，表现在人们对治水技术从传统到现代的认知体系变化过程，不同信仰包括佛教、天主教、萨满教以及儒家传统文化在此地的共存和对人们思维观念的影响，以及在把文化传统和社会结构相结合的过程中所表现出的河套地区的文化性格特点对于处理当地社会矛盾的分析。这两个问题成为我们更进一步地认识水利与移民社会的关系以及移民社会的特点的视角和方法。

二　研究方法

研究方法主要以“水利开发和移民社会”的人类学研究为分析视角，以人类学的田野调查为基础，将河套地区的水利开发的区域研究和内蒙古杭锦后旗牧业队这个移民社会的形成和发展的社区研究相结合。

选择以“水利开发和移民社会”为切入视角来考察河套地区社会的特殊性是根据以下三点原因。

第一，“水利开发”对此地的重要性。河套地区在清朝中期时还是以牧业为主，水利开发在当地不成规模，而到了清末，这里的水利开发以民间的社会组织力量为主导，对当地的草场和荒地进行了大面积的开垦，从此移民不断从各省蜂拥而至，部分人在此定居，形成一个移民社会。河套平原在150多年的时间内从一个牧区发展为现在有名的“塞外粮仓”，其农业的发达程度和水利的配套程度在全国赫赫有名。这种变化从灌溉面积上说，河套灌区是全国的三大灌区之一，同时也是亚洲最大的一首制自流灌区。这些都得益于在清末就形成的基本水利网络。而河套地区的水利开发并非始于清末，它兴起于汉武帝时期，中经北魏和隋唐，虽相继有序但是几经兴衰，遗迹难稽。可为什么在清末却能形成规模，之后又进行了大面积的土地开发呢？我们注意到移民中所形成的民间社会组织起到了关键的作用。因此，要讨论河套地区的水利开发，就必须了解河套地区的移民社会。河套地区的移民社会是一个历史较短的社会，因此同质性不强。在水利开发的整个过程中移民充当了什么样的角色，移民社会中民间的精英以什么方式诞生，民间治水模式和国家治水模式的不同导致管理方式上出现了哪些差异？这些都是我们需要通过历史资料和个人记忆或集体记忆来用“深描”的方法进行重新审视的。

第二，河套地区是蒙古族和汉族杂居的地区，在这里体现了长期的民族融合。河套地区水利发展的重要阶段在清朝中期到清末，当时一直归蒙古王爷管制。汉人来此多是租地，由开始的“雁行人”到后来的地商，汉人大量移入，而蒙古人有的迁徙到山上，回到游牧的生活方式，一部分留下来学习汉人的农耕技术，过着农耕生活。经济利益的联动，有机的合作，使民族团结变成一个很实在的过程。

第三，对河套地区的研究一直被边缘化，没有得到应有的重视，该地区在田野调查基础上形成的专著也一直未出现，因此，对河套区域社会的研究还具有抢救资料的意义。

本书的研究时段跨度较大，从清末到现代，因此，在研究过程中分为几个时段，在不同时段采用的方法也有所不同。从清中后期（1860 年）到中华人民共和国成立（1949 年）这一段历史主要依靠历史文献研究法，并通过深入访谈的方式依靠当地人的历史记忆来获得线索，然后从历史文献中找到证据。1949 年到现在这段时间主要依靠深入访谈，调查问卷和参与观察，同时结合心理学中的倾听、释义、共情等方法来深入了解人们的思维方式和理解方式，另外直接引入访谈者的语言，并对之进行语言语义语境的分析来撰写民族志，当然在进入现代的这段时间笔者也利用了当地的地方志、民间文学作品等文献资料来丰富对当地的整体认识。

本研究的田野调查主要分为七个时间段：2008 年 7 月中旬—9 月上旬，2009 年 7 月上旬—10 月中旬，2009 年 12 月底—2010 年 2 月下旬，2010 年 7 月下旬—8 月中旬，2011 年 9 月上旬—2012 年 1 月上旬，2017 年 7—8 月，2018 年 7—8 月。

2008 年 7 月中旬—9 月上旬，笔者开始对当地的水利建设情况有一个全面深入的了解，参观了河套地区重要的水利工程，如三盛公水利枢纽、解放闸、机缘渠、扬水站、杨家河和总排干全程等。经过访谈笔者初步确定了选取杨家河整个流域为调查对象。在这之后，分别选取了杨家河上游的三个村落，中游的三个村落和下游的三个村落，做了较为短暂的调查，然后确定最后的调查点。

2009 年 7 月上旬—10 月中旬，笔者确定田野调查地点之后在此做了接近三个月的调查，初步了解了当地的生产过程和生活现状。同时开始关注村子的历史和与水利有关的事项。2009 年 12 月底—2010 年 2 月下旬，笔者首先到当地旗政府的计生局、公安局和民宗局收集当地的人口资料，又到档案馆和方志办去收集当地的历史资料，然后到牧业队的所在乡的各部门收集牧业队的生产情况和收入情况的资料，最后去了水利局、财政局和农业局等地方收集相关的资料。进入 1 月中旬之后，笔者边做田野边看资料，发现有很多新的事件在资料中出现，于是在调查中开始通过访谈现任的和卸任的村干部、当地的教师、德高望重的老人以及从不同省份迁移过来的农户进行对相关事件的回忆，来完成对于 1949 年之前这段历史的描述。其间和他们一起过了祭灶神节和春节。

2010 年 7 月下旬—8 月中旬，由于要准备出国访问，因此在短短一个月的时间内着重调查了当地宗教信仰方面的问题。2011 年 9 月上旬—2012 年 1 月上旬，回国之后，就到牧业队开始田野调查，虽然与上一次田野的时间相隔较长，但是由于之前在此做过田野调查，所以基础很好，与当地人熟悉的时间明显缩短。在此期间还采访了从当地搬走进入山里放牧的蒙古族，严寒中让你觉得之前的保暖措施基本无效，进入山里由于没有路，只能依靠太阳和向导的指挥，途中也没有任何手机信号，结果差点迷路。可是这一次的访谈之后让笔者更能体会，牧业队里生产方式从牧业转变为农业的蒙古族与山里的蒙古族之间的差别。另外，还访谈了几户从牧业队搬到城市里生活的人，从他们身上来看他们对现代化的适应过程，以及在这个过程中所反映的代际的情感、择偶、生活方式的变化。2017 年到 2018 年的两个暑假，笔者重新回到牧业队，并对沿河流域进行调查，重点关注了农村的社会组织，比如用水协会和农民专业合作社的发展。

三 选点依据

本书的研究定位于河套平原，因此首先来介绍一下河套地区的地理位置和生态环境。河套地区是指黄河“几”字弯和其周边流域，位于北纬37度线以北，一般指贺兰山以东、吕梁山以西、阴山以南、长城以北之地。包括银川平原（宁夏平原）和鄂尔多斯高原、黄土高原的部分地区，今分属宁夏、内蒙古、陕西。黄河在这里先沿着贺兰山向北，再由于阴山阻挡向东，后沿着吕梁山向南，形成“几”字形，故称“河套”。《明史》记载：“北有大河，自宁夏卫东北流经此，西经旧丰州西，折而东，经三受降城南，折而南，经旧东胜卫，又东入山西平虏卫界，地可二千里。大河三面环之，所谓河套也。”① 可见河套之名来源于对其地形的直观描述。河套平原一般分为青铜峡至宁夏石嘴山之间的银川平原，又称“西套”，和内蒙古部分的“东套”。有时“河套平原”仅指东套，和银川平原并列。东套分为巴彦高勒与西山咀之间的巴彦淖尔平原，又称“后套”，应和包头、呼和浩特和喇嘛湾之间的土默川平原（即敕勒川、呼和浩特平原）的“前套”。有时河套平原称河套—土默川平原。“巴彦淖尔”是蒙古语，是“富饶的海子”的意思，地处中国北部边疆内蒙古自治区西部，东与包头市为邻，西与阿拉善盟毗连，南临乌海、宁夏，隔黄河与鄂尔多斯相望。北靠阴山与蒙古国交界，国界线全长368.89公里，是连接华北、西北的桥梁和纽带。位于北纬40°13′—42°28′东经105°12′—109°53′，属中温带大陆性气候，海拔1030—2040米，由山地、沙漠、平原三种地形构成。

笔者的田野地点为巴彦淖尔市杭锦后旗团结乡联合村牧业队。牧业队位于杨家河的末梢，紧靠总排干，年平均气温7.4℃，年降水量

① 《明史》卷42《地理志三》，中华书局1974年影印本，第1012页。

171.6毫米，无霜期157天。牧业队的总人口257人，其中蒙古族49人，移民多来自甘肃、陕西、山西、山东和河北。农作物以小麦、玉米、葵花、番茄、葫芦为主。在调查的过程中发现，牧业队是个很有代表性的村落，因为很多村子由于杨家河的开发时间较早现在已经找不到当时挖渠的影子了，而下游的牧业队位于杨家河的末梢，开发时间较晚，这里北边是乌加河，是黄河的故道，南边是总排干，是河套地区重要的退水渠道，1949年后的河套水利开发中起到非常重要的作用，彻底解决了土地盐碱化的问题。而且这里是蒙汉交界的地方，在乌加河的北边就是绵延的阴山山脉，当地人把它称为“后山”，是农牧边界推移的地理极限，农业向北的推进、农业如何替代牧业在这里可以找到很多个案。而且这里不仅有蒙古族移民或者土著，还有来自各省的汉族移民，他们在这个村子的时间并不算长，于是，可以在这里采访到人们从各地迁移过来的真实经历，也可以了解到这个村落社会是如何形成的。

第二章　天赐河套
——河套水利开发的历史与现状

河套地区的开发历史已久，最早可追溯到秦始皇时期。但是后套土地皆由河水淤积而成，质软而具碱性，得水则土膏腴美，无水则坚成石田。所谓“天赐河套”，也恰恰是当地人对黄河之眷顾的感恩。还有一句俗语也说明了人们的这种心情，“黄河百害惟富一套”。然而黄河泛滥的历史已久，且不断改道，“三十年河东三十年河西”的说法也早有耳闻。对于河套地区而言，虽然开发历史已久，但是从未有稳定的农区。1865 年黄河在此地由北河变为南河才为该地变为稳定的农业区奠定了得天独厚的自然条件。本章将介绍河套地区水利开发的历史，包括古代史和近代史两部分，以求对河套水文化的历史性有个明确的认识，另外，本章还要简要介绍一下目前河套地区的现状，包括水利建设、民族构成、社会生产和生态环境等方面，这将作为后面分析这四者之间关系的铺垫。

第一节　古代河套地区的水利开发历史

一　“河套”地区的范围界定

《明史》记载：“大河三面环之，所谓河套也。”[①] 可见河套之名

---

① 《明史》卷 42《地理志三》，中华书局 1974 年影印本，第 1012 页。

来源于对其地形的直观描述。河套平原位于北纬 37 度线以北，一般指贺兰山以东、吕梁山以西、阴山以南、长城以北之地。包括银川平原（宁夏平原）和鄂尔多斯高原、黄土高原的部分地区，今分属宁夏、内蒙古、陕西。河套平原一般分为青铜峡至宁夏石嘴山之间的银川平原，又称“西套”，和内蒙古部分的“东套”。有时“河套平原”被用于仅指东套，和银川平原并列。东套又分为巴彦高勒与西山咀之间的巴彦淖尔平原，又称“后套”，和包头、呼和浩特和喇嘛湾之间的土默川平原（即敕勒川、呼和浩特平原）的“前套”。有时河套平原称河套——土默川平原。本书所研究的河套地区仅指狭义上的河套地区，即后套地区（见图 2－1）。

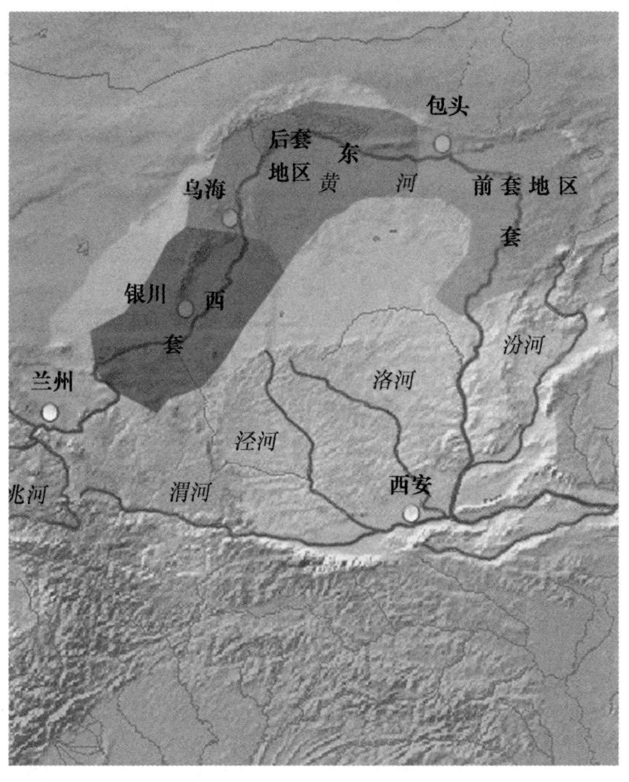

图 2－1　河套地区

二　河套地区农业的不同开发阶段

河套地区的农业开发历史已久，学界大多数的史料认为其大规模的开发最早可追溯到秦始皇时期。根据史念海的考证，秦始皇在取得“河南地”之后，设置郡县。汉代又继续迁徙“关东贫民”到“河南地”，于是这里呈现一时富庶，获得“新秦中”的美誉。从现在的地理来说，“新秦中”相当于今天后套的临河、杭锦后旗、五原县和鄂尔多斯高原。①

根据冯际隆在《河套调查报告书》中的记载，“河套是禹贡雍州之域，春秋时戎狄所居，战国时属赵，史记赵武灵王二十六年复攻中山攘地，北至燕代西至云中九原，二十七年西北略地从云中九原直南袭秦，后赵衰，匈奴强入居河南，秦始皇三十二年使将军蒙恬将三十万众，略取河南地，以为三十四县徙民，实之号曰新秦，是为河套垦植之始”。②

该书还将秦之后河套地区农业开发的历史很鲜明地分出几个阶段，它说：“秦始皇死后，匈奴复夺该地，到汉武帝时，卫青、霍去病收取河南地立朔方郡筑朔方城，实行引河灌溉，东汉顺帝时，虞诩上疏谓三郡沃野千里水草丰美，进行进一步的开发。魏晋以后中原多故，该地沦为异域。隋文帝时，设置丰盛二州于河南。开元中，移安北都护府于此，后置屯田。唐末，拓拔思恭镇此，后历五代，元朝时，归属蒙古，明时，李文忠定大同西略丰州城，胜州以统全套，使军士耕牧其中。清遂为伊克昭一部七旗合以为乌拉特土默特阿拉善各旗之边境以及宁夏三属之地总名为河套。”③

---

① 史念海：《司马迁规划的农牧地区分界线在黄土高原上的推移及其影响》，《中国历史地理丛》1999 年第 1 期。

② 冯际隆编：《河套调查报告书》，文海出版社有限公司 1971 年版，第 39—41 页。

③ 冯际隆编：《河套调查报告书》，文海出版社有限公司 1971 年版，第 39—41 页。

由上我们看出，河套地区农业开发的兴盛阶段，分别在秦、汉、唐、明、清。下面我们分别介绍一下这几个时期河套农业开发的历史。

1. 秦始皇时期

《史记》卷110《匈奴列传》记载：秦灭六国，而始皇帝使蒙恬将十万之众北击胡，悉收河南地。因河为塞，筑四十四县城临河，徙适戍以充之。而通直道，自九原至云阳，因边山险堑溪谷可缮者治之，起临洮至辽东万余里。又度河据阳山北假中。上面我们已经提到这里的“河南地”，就是指后套地区。由此可知，秦始皇时代已经开始利用黄河水利资源的便利在此地从事农业生产。但是，蒙恬死后，中原地区的农民战争和四年之久的楚汉战争，使该地的军士如鸟兽散，这里刚刚兴起的农业经济区变为匈奴族的牧场。

2. 汉朝时期

汉武帝时期对匈奴发动了三次大规模的军事进攻，公元前127年，汉武帝派卫青出兵云中至高阙，收复河南地，设置朔方、五原郡（今巴彦淖尔乌梁素海以东为五原郡，以西为朔方郡）。汉武帝采取了一系列的开垦措施，首先，迁徙内地居民10万余人到朔方郡实施屯田。其次，汉武帝时期开始的全国范围的大规模农田水利建设对于北部边疆地区也产生了积极的影响，然而，这里并没有发展出卓有成效和一定规模的农田水利网络。本书将在清末的水利开发的条件中对此作进一步的讨论。最后，汉朝时期，在沿黄河地区也就是当时屯田密集的地区设立管理机构，这样的设置看出其对于水利开发的重视，以便调解有关水利开发和农业开发过程中的纠纷。

东汉初年，河套地区面临着匈奴的威胁，“和帝永元中，大将军窦宪遣右校尉耿夔击破匈奴，北单于逃走，鲜卑因此转徙据其地。匈奴余种留者尚有十余万落，皆自号鲜卑，鲜卑由此渐盛。”① 东汉末

① 《后汉书》卷90《鲜卑传》。

年，五原、朔方、云中、定襄被合并为新兴郡。汉王朝对此地已是一种弃而不管的政策。后为鲜卑族所完全占领。

3. 唐朝时期

唐朝的河套地区濒临抗击突厥的前线，所以唐朝设置了丰州和胜州府，在《新唐书·地理志》中有明确记载在这里开挖的灌溉渠道有三条。《新唐书·地理志》载："有陵阳渠，建中三年（782年）浚之以溉田，置屯，寻弃之。""有咸应、永清二渠，贞元中（约796—803年）刺史李景略开，溉田数百顷。"[①] 唐朝中央政府设置了专门的水利专管机构——都水监，掌管河渠修理和灌溉事宜。

4. 明清时期

北宋时期，河套地区分别被西夏和辽占领，后又为金所占领。元代河套地区属于中书省管辖，设立了大同路云内州。明代河套地区西部属于陕西宁夏卫所辖，东部属于山西东胜卫所统领，清代从康熙西征噶尔丹之后河套地区开始有较为稳定的农区出现，牧业也明显退缩，清末随着河套水利渠系的开发完善，土地得到大面积的开发，移民使这里逐渐成为汉族新的生活空间。

然而河套地区的土地呈碱性，得水则土膏腴美，无水则坚成石田。因此，没有一定规模人工渠道的开修，农业难见成效，河套水利开发的历史虽然很早，但是诚如以上所言，费用和人工都是所耗不起的，而且这里又是少数民族和中央王朝经常引起战事的地方，朝廷不可能拿出大量的资金和人力在此地开发水利和开垦土地。直到清朝时期这里还是沿用传统的"桔槔取水"方法来种很少的土地。但是到清末这里开始有大规模的水利开发并且形成了河套地区大的水利网络。而这些大型工程的组织者并不是清政府，而是以地商为中心的民间的社会组织。下面我们就具体看一下近代他们是如

---

① 《新唐书·地理志》丰州九原郡条注。

何开发河套的。

第二节　近代河套地区的水利开发历史

一　清朝对河套地区在政策上的三次较大转变

1644年清军入关，清朝为了恢复、发展和保护蒙古高原的畜牧业，划定蒙古各旗盟的游牧界线，禁止越界放牧。更为重要的是清朝为防止汉蒙联合反清，对蒙古地区实行封禁。顺治十二年（1655）下令“各地口内旷土，听兵垦种，不得往口外开垦牧地”①。到了康熙年间国内政治稳定，政府开始提倡开垦荒地。康熙二十二年（1683）清政府又规定：“凡内地民人出口，于蒙古地方贸易耕种，不得娶蒙古妇女为妻。”② 此处已承认赴口外耕种的合法性。雍乾时期，内地人口激增和土地兼并严重，流民问题趋于尖锐，于是清政府采取了“借地养民”的政策，允许内地人出关谋生。这属于对河套地区封禁政策的第一次转变。

但是鉴于大片草场被开垦，致使游牧地窄，影响到牧民生计。自乾隆十四年（1749）起，清政府实施了自顺治元年以来最为严厉的封禁令：“喀喇沁、土默特、敖汉、翁牛特等旗以及察哈尔八旗，嗣后将容留民人居住、增垦地方严行禁止。”③ 嘉庆十一年、道光四年清政府又重申禁垦令：“内地农民私自前往口外蒙古地区垦种者，轻则驱逐出境，递解回原籍，已垦的土地，或者撂荒，或者退回原主；重则交地方官员处以枷号、杖、徙等刑罚。”道光年间政治腐败，土地兼并严重，在此情况之下，道光帝修改了以前乾隆帝的禁令，准许开放缠金地（今临河以北以西的地方），招商垦种。从此，商人包租

---

① 《大清会典事例》卷166《户部十五》“田赋二”。

② 《大清会典事例》卷978《理藩院十六》。

③ 《清高宗实录》，乾隆十四年九月丁未。

垦荒就成为合法的了。这是对河套地区封禁政策的第二次转变。

自1902年起，在严重的边疆危机面前，清朝被迫放弃了沿袭二百多年的禁垦政策，在内蒙古地区大规模的放垦蒙地。这是河套地区封禁政策的第三次转变，这次转变彻底放开了对于汉移民的限制，促使他们在蒙地兴修水利、开发田地，形成了自己的移民社会。

从政策上讲，清朝在对农牧边界地区的政策是随着其政治利益和经济利益的驱动在封禁和解禁之间来回变动的，而在民间这种政策上的变动并未严格地限制移民的流动，由于附近省的灾荒和河套地区的廉价地租促使灾民和其他有经济头脑的人来此谋生。因此在正式解禁之前，也有移民进入河套地区租地种田，河套地区的土地开垦也在此之前就已经开始进行。中央对边陲地带的控制并没有那么严格，蒙古王公作为清政府在此地的代表，对移民的政策比较宽松，下文在讨论蒙古王公和地商之间的关系中会有所介绍。

二 黄河改道和气候变暖为清末河套地区的水利开发提供了“天时”

道光三十年（1850）河套自然条件发生了变化，黄河改道，北河断流，南河成了黄河河道。据《水经注》记载：黄河流入后套盆地后，又由北向东，分为南、北河。在磴口县西侧黄河折向北，于哈腾套海处分出一处流向东去，谓之“南河”（今黄河河道），其主流仍北上，至高阙（今狼山大巴图口）而受阻，呈抛物线形沿狼山脚下折向东流，称之“北河”（今乌拉河、乌加河），新构造运动使阴山山脉持续上升，后套平原相对下陷。近代，由于周期性的干旱，草原植被遭破坏，乌兰布和沙漠东侵，色尔腾山与乌拉山山洪携带泥沙的大量堆积，使河床不断淤高，终于在清道光年间将乌拉河—乌家河间一段河道淤塞，逼使黄河南移，成为现今之黄河。北河断流后，在乌拉山南部的旧河道处尚留两处水凹地，就是现今乌梁素海中较深的

“大泊洞”和“海壕”[①]。谭其骧对此有专门论证。他指出自《水经注》后，传世历代图籍鲜有详载河套黄河河道具体方位，唯以北河为主流，以南河为支流，此一基本形式不变，至明代后期犹有明征，以后变化在清代[②]（见图2-2）。

这一变化对开发河套水利非常有利，因为河套的地形是西高东低、南高北低，北河干涸、改流南河才有可能利用自然地形由南向北地开渠引水灌溉，在当时只能依靠人力和畜力的情况下，这无疑为大规模的开发提供了一个千载难逢的天机。它既使河套平原上若干沼泽化地段有条件疏干，便于开垦；又可以利用河套地形，布置渠道，自南向北从黄河上开挖渠道，引水灌溉。

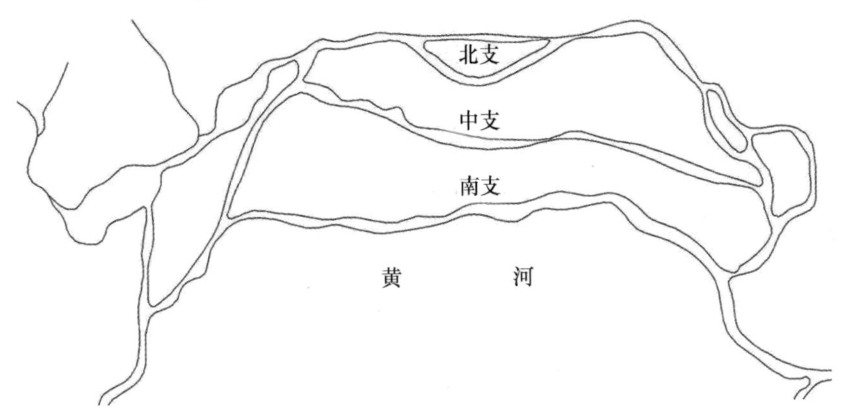

图2-2 清初黄河形势示意（根据康熙皇舆全图绘制）

从历史资料来看，在14世纪中叶至20世纪初的明清时期，在农耕区和牧业区之间的农牧过渡带有过一定的变化。14世纪开始全球进入小冰期，在我国也有所反映。譬如与我国北部农牧过渡带最

① 王伦平、陈亚新、曾国芳等编：《内蒙古河套灌区灌溉排水与盐碱化防治》，水利电力出版社1993年版，第64页。

② 禾子：《北河》，《中华文史论丛》第六辑，中华书局1965年版，第8页。

近的黄淮海平原从14世纪开始至18世纪就有一个寒冷期[①]。康熙末期至乾隆中叶的18世纪，我国北方气候有一段转暖时期，因此农牧过渡带的北界有可能到达了无灌溉旱作的最西界。20世纪开始又有一个转暖期，其程度较康、乾为弱。光绪末年大力开垦蒙地，将农田推至大青山、西拉木伦河以北与气候条件有一定关系[②]。但是，最关键的自然条件还是黄河改道对河套水利开发所起的关键作用。

三 移民从“雁行人”变为定居者为河套水利开发提供了“人和”

河套地区的移民大多是“走西口”的人，“西口地区”[③]，是指包括呼和浩特市在内的内蒙古西部地区，具体地说基本相当于今内蒙古自治区西部的乌兰察布市、呼和浩特市、包头市、鄂尔多斯市全部及巴彦淖尔市（除磴口县）和乌海市（除乌达区）的大部。最早的走西口者，大多春至秋回，并不在西口地方过冬，因此有了一个形象的比喻——“雁行人”[④]。那么是什么促使这些人成为“雁行人”的呢？在清朝，除顺治五年（1648年）大同发生兵变外，山西二百多年再也没有发生过大的战乱。特别是康、雍、乾三朝以后，社会安宁，人口增殖较快，山西人多地少的矛盾就更加突出。于是山西人特别是晋北、晋中人，或因蒙古王公私垦而来，抑或不请自来，耕商塞外。道光年间水旱灾害频繁，使冀、晋、陕、甘一带的许多农民流离失所、食不果腹。而河套地区由于蒙人不懂种植，不重农耕，所以地价非常低廉，因此到河套谋生者络绎不绝，为后来河套的水利开发提供了充

① 邹逸麟主编：《黄淮海平原历史地理》，安徽教育出版社1993年版，第44—62页。

② 邹逸麟：《明清时期北部农牧过渡带的推移和气候寒暖变化》，《复旦学报》（社会科学版）1995年第1期。

③ 刘忠和：《“走西口”历史研究》，博士学位论文，内蒙古大学，2008年，第40页。

④ 侯仁之：《旅程日记》，《禹贡》1936年第6卷第5期。“雁行”也叫“雁行客”，后套的“花户”都是指“雁行人”。

足的廉价的劳动力。

清朝继康熙后的雍正、乾隆、嘉庆以至道光中期的110多年内，到河套谋生的“雁行人”继往开来，逐渐演化为开发河套水利的三股力量。第一股力量是“预置公主菜园地”[①]的人。在后套地区开辟土地，虽然名义上由蒙古族负责开垦，可是由于牧民不懂种植，因此，私底下雇用汉人来此耕种收租。这时有很多山西、陕西的雁行人考虑在此种地定居。第二股力量是为打鱼而来的“桔槔取水”。乾隆时有汉人到河套打鱼，看到黄河北岸洪水漫溢之处，土质肥沃，可以耕种，便用“桔槔取水”办法，试行种植，大获其利。遂捕鱼者从陕西、宁夏、甘肃等地纷纷而来。第三股力量是来河套做蒙古生意的“旅蒙商”[②]。这些人渐渐地在河套定居下来做生意，多以包头为据点，开设商号，而后与蒙古王爷联合开发水利，投资开垦土地，与蒙古王爷同分地租。这部分人后来被称为地商。

随着“雁行”人的增多，一部分“走西口”者就由“候居”变成了定居，并且由散落蒙旗的各处地方逐渐形成了汉族村落。在自然条件较好的地方，如土默川平原、察哈尔右翼南部和伊克昭盟近边地方，及河套的前套地区，出现了汉民村落。“至清乾隆间，私垦令除，秦晋沿边州县移垦之民遂日众。汉种蒙地，蒙取汉租，互相资以为生，渐由客籍而成土著，年久蕃息，而汉族生齿之繁，遂远非蒙族所可及。”[③]阎天灵把汉族的定居归纳为“雁行沉淀、举家迁移、展界定居”三种主要模式[④]。从“雁行人”到定居者的变化与清政府解禁

---

① 相传在乾隆初年，河套地区正式恢复少部分土地的垦种。阿拉善王爷娶了清公主，公主欲置菜园地，此后，蒙古上层假借“公主菜园地”之名，雇用汉人在河套开发土地、兴修水利，收取租金。

② 按清朝的规定，起初是带货来卖，一次贸易期间不得超过一年即要返回，所以称为旅蒙商。

③ 《绥远通志稿》第七册，卷五十，内蒙古人民出版社2007年版，第3页。

④ 阎天灵：《汉族移民与近代内蒙古社会变迁研究》，民族出版社2004年版。

的政策变化有关，也与雁行人在河套地区开发中日益提升的经济地位有关，在接下来对于河套地区水利开发的讨论中将进一步说明。

四 蒙古人对移民的接纳为河套地区的水利开发提供了“地利”

在蒙古人心中，牧业是其“惟一本业”[①]。由于地广人稀，蒙古人在出租、出售土地给汉族人耕种时，也不仔细丈量土地亩数，“因此普通买地，亦不以亩计算，而是以山脊水沟为界”[②]，“租地面积，不计顷亩，乃以地物为标帜，即如东自那匹梁子（即山岭），西至这个疙瘩，南至那条阱沟，北达这棵矮树是也”[③]。当蒙古人意识到土地可以作为商品的重要性时，他们就试图重新丈量土地、增加租税，而这常常就会引发蒙、汉间的冲突。比如在归化城一带，土默特蒙古人与汉族人因土地问题引发纠纷，清政府为避免再发生这类争执，便教土默特人怎样丈量土地[④]。但有的时候取决于双方的力量对比。在汉族农民相对分散，蒙古人的力量相对占优的情况下，蒙古人会采取把一块土地租给两个农民或数个农民的手段使汉族人吃亏[⑤]。在汉族人较为集中的区域，他们会以暴力威胁的方法阻止蒙古人丈量土地[⑥]。而事实上，蒙古族在晚清时期处于衰落之中，蒙古骑兵在内外战争中屡屡败北，蒙古贵族在清政府中的作用每况愈下，清王朝实行的盟旗制度也使蒙古民族相互隔绝，享有特权的喇嘛教不断扩展势力，不仅吸引了越来越多的蒙古青年去当喇嘛，还消耗了大量社会财富。草原上的汉族人越来越多，在与汉族人的经济互动中，蒙古民族总的说来

---

① 胡朴安：《中华全国风俗志》下篇卷9“蒙古”，河北人民出版社1988年版，第49页。

② 王守礼：《边疆公教社会事业》，傅明渊译，上智编译馆1950年版，第13页。

③ 陈庚雅：《西北视察记》，甘肃人民出版社2002年版，第54页。

④ 波兹德涅耶夫：《蒙古及蒙古人》（第2卷），刘汉明等译，第157—158页。

⑤ 李文治编：《中国近代农业式资料》第1辑，生活·读书·新知三联书店1958年版，第836页。

⑥ 汪国钧、马希、徐世明校注：《蒙古纪闻》，“喀拉沁王府之财政”篇，《赤峰市文史资料选辑》第7辑，赤峰市政协编，第44—45页。

处于下风。[①]

五 圣母圣心会为河套水利开发提供了资金支持

1840年，罗马教廷将内蒙古划分为单独教区，“专设蒙古教区”。1864年，罗马教廷正式指定中国长城以北蒙古地区为比利时、荷兰两国的“圣母圣心会”传教区，以接替法国遣使会在内蒙古传教。1865年12月，圣母圣心会派南怀义（Theeph Vilist）和韩默理（Hame）等传教士来到西湾子，正式接管了教务。一直到中华人民共和国成立，内蒙古地区的天主教教务一直由圣母圣心会管理。圣母圣心会接管内蒙古教务以后，起初主要是劝蒙古人信奉天主教，但是，由于蒙古人普遍信奉喇嘛教，所以改信天主教者寥寥无几。另外，天主教的许多教规，如教徒需要到教堂做礼拜等，很难适应分散居住、逐水草而迁移的蒙古人的生活方式。1874年，几名传教士在向导的指引下，来到伊克昭地区进行传教活动。可是经过整整20年的传教活动，仅发展“蒙古教徒十余家”[②]，根本的原因在于传教士针对蒙古人的传教势力侵犯了蒙旗当局和喇嘛们的切实利益。在盟旗制度下，蒙古人的领主制在盟期内仍然实行，在领主制下，普通的平民（阿勒巴图）与蒙古王公、贵族有强烈的依附关系，他们必须缴纳实物贡赋、承担繁重的杂役、兵役和驿站差事。未经领主许可，阿勒巴图无权离开主人的领地到其他地方游牧，违者以逃亡论罪。其他领主也不得容留、隐匿逃人，违者要受到严厉的处罚。阿勒巴图还要向喇嘛寺院施舍财物和提供无偿劳动。因此，蒙古牧民对天主教的信奉绝不单纯是宗教信仰问题，同时也意味着牧民对领主所有的人身控制权

---

① ［美］费正清编：《剑桥中国晚清史（上）》，中国社会科学院历史研究所编译室译，中国社会科学出版社1985年版，第383—384页。

② 丁治国：《伊南边区调查报告》，南京第一历史档案馆编，代号141，档号854，1944年，第9页。

的“侵犯”。对于喇嘛也是如此，蒙古牧民对天主教的信奉不仅意味着提供劳役者的数量减少，还会影响蒙古人对寺院的布施。所以，传教士们最终不得不将传教的目标转向进入蒙古的汉族移民，选择了在汉人移民聚居的地区传教，避免和蒙古王公的正面冲突。19 世纪后半期大量移民涌入河套地区，传教士们利用该地地价低廉、土地所有权不分明的特点，从蒙旗大量租买土地，然后转租给急于得到土地的汉族移民，并以此吸引他们入教。圣母圣心会在内蒙古地区购买土地的大致情况在王守礼主教所著的《边疆公教社会事业》中有所反映（见表 2－1）。

除了购买土地之外，他们还利用帝国主义的特权占有大量的赔教地，无偿得到上万顷的土地。这种传教方法收到了显著的效果。天主教很快在众多的汉族移民中广泛传播开来，教堂、教民数量日趋增多。当时流传下来的顺口溜形象地解释了人们入教的情况：

天主圣母玛利亚，热身子跪在冷地下，神父！哪里拨地呀？噢来！红盛义去种吧！你为什么进教？我为铜钱两吊。为什么念经？为了黄米三升。

传教士们还通过兴修水利，吸引许多农民前来耕种。清末庚子赔款后，河套地区的教民人数急剧增加。几十年内教堂所挖成干渠，计有黄特劳河、准格尔渠、沈家河、渡口渠、三盛公渠等。由于水道畅通，水量充足，每年有数十万顷荒地增开，于是关内的移民成群结队而来。

表 2－1　　**圣母圣心会获得土地**

时间	地点	数量
1869 年	南壕堑	102 顷
1875 年	哈拉互烧	102 顷

续表

时间	地点	数量
1880 年	二十四顷地	100 顷
1885 年	香火地	150 顷
1888 年	小淖尔	360 顷
1888 年	三盛公	60 顷
1888 年	平定堡	150 顷
1890 年	小桥畔	50 顷
1890 年	山湾子	40 顷
1895 年	大羊湾	100 顷
1895 年	大发公	50 顷
1896 年	玫瑰营	600 顷
1903 年	千金堡	500 顷
1908 年	巴林旗	100 顷

几十年后，除三盛公外，总计在河套出现了 16 个大村庄，居民人数达十万有余，其中信天主教者约占一半[①]。天主教的传教方式决定了其信教者日盛的现象。河套地区处于边界地带，属于中央集权控制较弱的地方，天主教和地商势力在清末和民国初期占据了该地的一部分权力空间。

清末，由于清王朝在政策上的解禁和邻近地区的自然灾害鼓励了大量的破产农民跨过边界，涌入牧区，而黄河改道和气候变暖无疑为河套地区发展水利和开发耕地提供了有利的自然条件。加上蒙古王公对于开垦土地的宽松政策，使地商和圣母圣心会的势力得以扩张，这为河套的水利发展和土地开发提供了资本和技术上的准备，雁行人的定居为水利工程的开发提供了劳力保障，而且他们中的地商成为水利开发的主导者。所有的自然条件和历史条件在这个特殊的边界地带在

① ［比］王守礼：《边疆公教事业》，傅明渊译，上智编译馆 1950 年版，第 29 页。

这个特殊的动荡的历史时期为水利工程的开发做了充分的准备。河套地区在此一阶段形成了八大干渠，基本形成了现代的水利网络框架（参看表2－2、图2－3）。

表2－2 **八大干渠的长度和灌溉面积**

干渠名称	长度	灌溉面积
永济渠（缠金渠）	160 里	771 顷
刚目渠	70 里	255 顷
丰济渠（中和渠）	90 里	315 顷
沙河渠（永和渠）	85.5 里	270 顷
义和渠	83 里	82 顷
通济渠（老郭渠）	102.5 里	45 顷
长胜渠（长济）	190 里	212 顷
塔布渠	97.5 里	50 顷

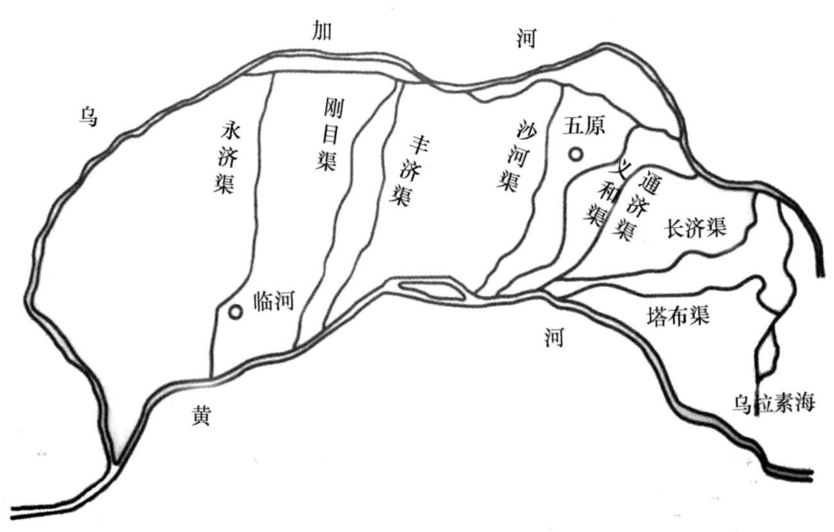

图2－3 光绪末年后套八大干渠分布

水利的开发伴随着土地的开垦，土地的开垦伴随着人口的迁移，人口的迁移又伴随着土地的扩大开垦，成为牧业向农业转变的途径。河套平原逐渐成为有名的“塞外米粮仓”。

第三节　河套地区的水利发展现状

到1949年后，“河套”一词的外延逐步缩小，演变为仅指境内的河套地区，或以这一地区为中心的一个更大的范围。因而在1954年国家撤销了绥远省建制后，就批准了内蒙古人民政府以“河套”命名境内一级行政区的申报，即改陕坝区为河套行政区。本书所研究的河套地区仅指狭义上的河套地区，即后套地区，也就是巴彦淖尔平原。

在1949年之前形成的水利网络基础上形成了河套水利灌区，该灌区属于全国三大灌区之一，另外有都江堰灌区和淠史杭灌区。同时，河套灌区也是亚洲最大的一首制自流引水灌区，近年来河套灌区年引黄水量约50亿立方米，占黄河过境水量的七分之一。1949年以来，河套灌区水利建设大致经历了三个阶段。

从1949年年初至20世纪60年代初期，重点建设了引水灌溉工程。1959年至1961年，兴建了三盛公枢纽工程，开挖了输水总干渠，使河套灌区引水有了保障，结束了在黄河上无坝多口引水、进水量不能控制的历史，河套灌区进入一首制引水灌溉的时期。

从20世纪60年代中期开始，灌区进入了以建设排水工程为主的第二个阶段。1975年疏通了总排干沟，1977年建成了红圪卜排水站，1980年打通了乌梁素海至黄河的出口，其间还开挖了干沟、分干沟和支、斗、农、毛沟，使灌区的排水有了保障。80年代，国家水电部正式批准《内蒙古黄河灌区河套水利规划报告》同意引进外资，1985年灌区引进世界银行贷款6600万美元，8年间总值6.4亿元人民币投入灌区水利建设。[①] 重点开展了灌区灌排配套工程建设，完成了总排干沟扩建、总干渠整治“两条线”和东西“两大片”八个排域的315万亩农田配套。从此，河套灌区结束了有灌无排的历史，灌排骨干工程体系基本形成。

从90年代开始，随着黄河上游工农业经济的发展和用水量的增加，上游来水量日趋减少，再加上河套灌区和宁夏灌区用水高峰重叠，以及灌区内复种、套种指数的提高，灌溉面积的增加，使灌区的适时引水日益困难，从1998年开始灌区进入以节水为中心的第三个阶段。在国家实施西部大开发的机遇面前，积极争取国家对灌区节水改造项目的投资。同时，减少了阴渗，降低了土地盐碱化程度，促进了周边生态环境的好转。

纵观历史，从灌溉面积、粮食产量和人口数量来看，拥有两千多年灌溉史的河套地区可谓经历了空前的社会变化和生态变化。河套灌区最为兴盛的唐代（7—8世纪）灌溉面积达到38万亩，清末（20世纪初）达到近100万亩，20世纪40年代达到400多万亩，目前灌溉面积1020万亩。盛唐时期产粮2.5万吨，20世纪20年代中叶产粮15万吨，2018年产粮300万吨以上。人口从汉代（前2世纪）的5万，到20世纪中叶增长到近40万（1946年），2018年河套灌区人口约150万。[②] 河套灌区的兴建和不断完善促进河套平原由游牧社会向农耕社会的转变，创造了干旱荒漠地带灌区农业与生态环境的和谐发展的伟大历史。

---

① 张玉岭、郭东胜：《大河作证——河套水利建设的前瞻后顾》，《实践》1996年第11期。

② 数据来自内部资料《2019年世界灌溉工程遗产申报书（河套灌区）》遗产申报书。

第三章　地随水走，人随地走
——移民何以涌入

河套水利开发的特殊性在于，清末河套地区这个农牧过渡的边界地带出现了一个民间社会组织，它暂时比中央集权更有效地组织了水利工程，而就是这个暂时的犹如昙花一现的力量改写了整个河套地区的历史，使这里形成了基本的水利渠道网络，进而形成了稳定的农业区，最后这里从一个牧业为主的社会变为一个有序的农业社会。本章就具体介绍一下这个过程是怎么发生的。

第一节　水资源如何变为一种社会资源
——地商如何开发河套水利和开垦土地

河套水利开发和土地开发是结合在一起的，这是因为水渠通过的地方，石田才能变为耕地，因此，在修水渠之前，地商、天主教会先要和蒙古王爷协商开渠之后的土地问题，他们一般会获得土地的经营权，然后将所得租金按比例上交给蒙古王爷。那么地商是怎样向蒙古王爷取得这种水利开发和土地开垦的权利的呢？

首先，我们先回忆一下地商的由来。在第二章中我们介绍过来河套做蒙古生意的“旅蒙商”逐渐在河套定居下来做生意，多以包头为据点，开设商号，而后与蒙古王爷联合开发水利，投资于开垦土地，与蒙古王爷同分地租。这部分人后来被称为地商。

一 旅蒙商变为地商的动力

旅蒙商的本业在清末这个动荡的时期没有发展的空间，他们由于受到俄、英、法、美、德等商业势力的排挤，纷纷破产。那时，他们有两条出路，一是在城市里转变为洋行的买办；二是将资本转移到农村，投资开渠，垦荒收租。如果在城市里转变为买办依然要受外国势力的欺压，而在农村虽然天主教势力已经进入但是仍有很大空间扩展的潜力，相对于城市里外国势力的渗透要少得多。而且这些旅蒙商在蒙古做生意多年，熟悉和蒙古王公的交往方式，因此在协商租地的过程中有一定的谈判技巧，容易达成共识。蒙古贵族不重视农业发展，厅府也没有财力和动力去开发水利工程，因此他们都不可能去承担水利开发的任务。而旅蒙商有资金，有协调才能和管理才能，因此，对于这项大型水利工程能够实行精细管理。再者在他们中还有一些谙熟水利技术的人如王同春等，能够设计渠线、计算土方、计算人力。另外，黄河改道使开发者可以借助地势之便减小引黄灌溉的难度，这样将会节省不少资金。总体来看，虽然开发水利工程有一定的风险，但是一旦开发成功，他们所获得的地租和水租可以说是一本万利的，因此将资本转移到农村开发土地变为地商是他们在当时条件下的最优选择。毋庸置疑，地商及以地商为中心的社会组织的形成对河套地区的水利开发起到了关键作用。他们是怎样获得水利开发的权利和土地的租种权？首先介绍一下清朝对蒙古的管理体制。

二 清末盟旗制度和府厅州县的双轨制管理

清朝对蒙古的管理实行的是盟旗制度，后来清政府在内蒙古地区又设立了许多府厅州县，但这些机构只是用来管理汉族移民的。府厅州县与蒙旗的关系基本上是旗管蒙古人，厅县管汉人。蒙古人之间的纠纷，由蒙旗官员自行审理；汉人之间的纠纷，由厅县官员处理；蒙古人与汉人之间的纠纷，由蒙旗官员与厅县官员会审处理。河套归萨拉齐厅辖治，事实上却鞭长莫及、无人管理。从盟旗制度上说该地归阿拉善王爷管理，所以地商先分别向蒙旗王公上层承租包地，然后投资开渠开地。这里要先介绍一下地权的问题。

在康、雍时期河套地区还没有农田水利，雁行人的农耕属小块农田，多沿河滩地和沼泽地，有水则种，无水转徙。农民与蒙民以私人友谊约地而耕，不纳地租，但要向蒙旗地方官员或蒙民送些茶酒、布帛，秋后请人吃饭表示人情，此谓之“办地人情”①。清朝实行的盟旗制度规定蒙古人的游牧地以旗界为准，这样可以分割蒙古人的势力。由于以游牧为主，虽然划定旗界，但是蒙古人对土地所有权的认识在这时其实还不明显，直到大面积的土地开垦之后，他们才意识到以前的领地权利必须转化为土地所有权，以适应农业生产的需要，然后出让土地的使用权来收取地租以保证他们的收入。许多旗在道光年间设立了地局，发放地照，理顺了租佃关系，控制了土地的租放②。蒙租出现后，蒙古族的阶级分化日益明显，直接侵占领有权的现象随处可见，“公共游牧地”被蒙古上层侵占私放。其牧地多数已被开垦，民国时期的牧养地只剩下不适合农耕的山地、河边地和沼泽地。

三　清末土地所有权和经营权占有方式的三种类型

那么蒙民和汉移民之间的租佃关系是怎么样的呢？在内蒙古一般有三种形式来区分所有权和经营权的不同占有程度。第一种类型，在察哈尔的王公牧场，清政府发给移民开垦许可证，农民直接开垦土地，行政机关直接向农民收取地租后又转交给蒙古王公，即所谓“四

---

① 《伊克昭盟准格尔旗河套地土地关系的特点》，满铁调查资料第65篇，昭和十七年四月，第10—11页。

② 刘海源主编：《内蒙古垦务研究》第一辑，内蒙古人民出版社1990年版，第17页。

厘私租”。这时的农民可称为自耕农。第二种类型实施于归化土默特地区，这个地区的户口地是清早期分给蒙民的农业地，以后转租给移民，蒙民收租。乾隆年间政府重新对土地进行整理，农民须持国家发给的许可证耕种，土地亦可出卖转让，但出卖过后新佃民的纳租责任是不变的，蒙民直接向承佃者收租，土地的权利类似于田骨与田面之权的划分。第三种在部分未公开招垦的蒙地上实施。蒙古上层为了自身的利益，自行招垦，河套地区就属于这种类型。因为在这个地区，蒙古王公仍有很大的自治权。“汉移民在这些地区获得土地的永佃权，这是因为永佃权的取得与土地的熟化和水利开发有关，水利开发需要很大的投资，因此如果得不到长期使用土地的权利，地商是不会轻易投资的。”①

四　地商如何获得“永佃权”

在河套地区，地商的永佃权的获得并不是那么容易的，他们通过人情关系网络维持其与蒙古族的关系。例如，在开挖沙河渠之前，蒙古上层发生斗争，河套地商王同春亲为调解，费时月余，耗银2000两。达拉特旗王公感念他的帮助，将隆兴长以西的土地租给他，他才得以开挖沙河渠。为了能和蒙古王公建立良好的关系，王同春还专门学习了蒙语，博得了蒙古王爷的青睐。地商在为他们带来了巨大的利益同时，蒙古王爷也为地商提供一个很好的政治环境。随着地商势力的增大，他们在与蒙古王爷之间的利益纷争中渐渐取得主动的地位，例如由于地商积蓄了私人武装，在土地争夺的斗争中，地商有时也会占上风。在达旗台吉秦四的驱汉活动中，由于汉人开垦活动对自己生计的影响，达旗台吉秦四带领蒙民开始将汉人驱逐出境，他们借武力

① ［日］安斋库治：《蒙疆に於ける土地分割所有制の一类型——伊克昭盟准噶尔河套地に於ける土地关系の特质》，《满铁调查月报》，昭和十七年［1942年］五月号，第31—98页。

趋杀单身或三五成群的汉人，以地商王同春为首的汉民与其抵抗，最终以秦四的败北而结束[①]。所以在地商势力壮大后，蒙旗在原有租种关系中的主动权开始有所丧失，反而为一些大地商所取代，例如大地商王同春就曾与蒙民强立借契，契上写着租地期限为一万年[②]。随着地商和蒙古贵族之间势力的消长，他们之间的关系也在发生变化。

五　天主教会对地商开发水利的影响

此外，我们还要注意到这里另外一支很特殊的力量在对河套水利开发起着作用，那就是天主教会的势力。1840 年，罗马教廷将内蒙古划分为单独教区，“专设蒙古教区”。1864 年，罗马教廷正式指定中国长城以北蒙古地区为比利时、荷兰两国的“圣母圣心会”传教区，以接替法国遣使会在内蒙古传教。1865 年 12 月，圣母圣心会派南怀义（Theeph Vilist）和韩默理（Hame）等传教士来到西湾子，正式接管了教务。一直到中华人民共和国成立，内蒙古地区的天主教教务都由圣母圣心会管理。

圣母圣心会接管内蒙古教务以后，最初的传教策略主要是劝蒙古人信奉天主教，拟订了“以蒙民之归化为目标”的传教计划。[③] 南怀义为同清朝地方官员搞好关系，提高自己的声誉便于传教，他们也穿当地人的服饰，脚踩马靴，头结假发辫子，熟悉蒙古族风俗习惯，学习蒙语，到 19 世纪后半期，内蒙古天主教会已有一些传教士精通蒙文，开始用蒙文翻译天主教教义，更有从事蒙文著作的传教士出现。20 世纪二三十年代，传教士还将《圣经》译成蒙文，出版发行。[④] 这

---

① 内蒙古自治区委员会史志资料研究委员会编：《王同春与河套水利》，《内蒙古文史资料》第三十六辑，内蒙古自治区委员会史志资料研究委员会出版，1989 年版。

② 顾颉刚：《王同春开发河套记》，平绥铁路管理局 1935 年版，第 9 页。

③ 常非：《天主教绥远教区传教简史》，内蒙古图书馆藏抄本。

④ 牟钟鉴、张鉴：《中国宗教通史（修订版）》，社会科学文献出版社 2003 年版，第 1202 页。

些都反映了教会对蒙古族传教的重视。但是，由于蒙古人普遍信奉喇嘛教，所以改信天主教者寥寥无几。另外，由于天主教的许多教规，如教徒需要到教堂做礼拜等，他们很难适应分散居住、逐水草而迁移的蒙古人的生活方式。1874 年，几名传教士在向导的指引下，来到伊克昭地区进行传教活动。可是经过整整 20 年的传教活动，仅发展"蒙古教徒十余家"[①]，然而根本的原因在于传教士针对蒙古人的传教努力侵犯了蒙旗当局和喇嘛们的切实利益。在盟旗制度下，蒙古人的领主制在盟旗内仍然实行，在领主制下，普通的平民（阿勒巴图）与蒙古王公、贵族有强烈的依附关系，他们必须缴纳实物贡赋、承担繁重的杂役、兵役和驿站差事。

这点在笔者的访谈过程中也有所反映，阿德亚老人今年 83 岁了，他回忆说："在三四十年代还没有解放的时候，这里实行的还是蒙古王爷统治的制度，在这里生活的蒙古族全部是达拉特旗王爷的奴隶，每年每户要交七两五钱银子纳税，一块银元当时是相当于五到七钱银子。蒙古族的男子必须每三年给王爷交一块现洋，一直到你死为止，因为蒙古王爷害怕这些奴隶'阴财'，就是有积蓄的意思。这么重的赋税和男丁需要缴纳的钱加在一起，这里的人一般负担不起，所以如果生下儿子就会送去当喇嘛，喇嘛不用交钱。"此外，如果未经领主许可，阿勒巴图无权离开主人的领地到其他地方游牧，违者以逃亡论罪。其他领主也不得容留、隐匿逃人，违者要受到严厉的处罚。阿勒巴图还要向喇嘛寺院施舍财物和提供无偿劳动。因此，蒙古牧民对天主教的信奉绝不单纯是宗教信仰问题，同时也意味着牧民对领主所有的人身控制权的"侵犯"。对于喇嘛也是如此，蒙古牧民对天主教的信奉不仅意味着提供劳役者的数量减少，还会影响蒙古人对寺院的

---

① 丁治国：《伊南边区调查报告》，南京第一历史档案馆编，代号 141，档号 854，1944 年，第 9 页。

布施。

所以，面对如此局面和情势，传教士们最终不得不将传教的目标转向进入蒙古的汉族移民，选择了在汉人移民聚居的地区传教，避免和蒙古王公的正面冲突。而其传播方式也有一个转变的过程，对于传播方式的选择是仿效中古世纪欧洲隐修院那样，还是像耶稣会在巴拉圭建立"集体农场"一样？根据贝文典的分析，该会的传教模式可以归纳为"同时结合欧洲隐修士与拉丁美耶稣会的经验"。[①] 因为他看到的是圣母圣心会在传播教义的时候也购置土地，但与其说是借鉴了别人的经验，不如说是圣母圣心会根据当地的实际情况和帝国主义在中国的势力看到一个简单的可以达到其扩展教众目的的方法。这个方法就是"以土地换教民"。

1875 年，开始有传教士在河套地区传教。随后有桑桂仁神甫从甘肃、宁夏等地带领部分教民来到此地传播教义，1893 年，天主教于三盛公建起主教府，次年，在大发公建起教堂，除了建有大教堂外，又下设若干个送弥撒点进行传教，在教民中又设若干会长。面对蒙古族的散居和喇嘛教的信仰，面对传教士的匮乏，面对文化的碰撞，面对经济的拮据，圣母圣心会面临着巨大的挑战。而在此同时，由于清末的灾荒迫使大批河北、山西、陕西难民逃往河套地区，传教士们开始关注在汉人中传教的事宜。正如，传教士贾名远曾说："荒欠是天主的丰收。"他们抓住了这个机会，将教会拥有的土地租给教众，还为教众提供牲畜、籽种、粮食等用品。这些无依无靠的难民出于生存的目的成为"糜子教友"[②]。为了吸引更多的移民入教，传教士们必须想办法获得更多的土地，而河套的土地开发和水利建设紧密相连，这是因为河套土地皆由河水淤积而成，质软而具碱性，得水则

① 贝文典：《塞外传教史》，台湾大学出版中心 2008 年版，第 292 页。

② 《杭锦后旗志》，中国城市经济社会出版社 1989 年版，第 575—577 页。

土膏腴美，无水则坚成石田。没有一定规模人工渠道的开修，农业难见成效，所以为了有更多的良田，传教士们开始在此兴修水利。

1904 年，西南蒙古教区闵玉清主教从杭锦旗王爷手中租了一大片土地，这块土地属河套低洼处，挖去灌溉较为理想，于是，教会开始投资开渠，他们把陕坝渠和三道桥渠挖通，而且修了一条新的运河把南陕坝和黄土拉河渠两地连接起来，因此这条运河叫作“南渠”，他还将后来修建好的杨家河以及周边渠道挖通，形成以蛮会教堂为中心的灌溉网。在闵玉清主教租地后的近 20 年时间里，教会自筹经费挖出了大约 378 公里的渠道，可以让帆船行驶其上，运载货物和粮食。圣母圣心会在清末河套水利渠系开发的过程中不仅自身开挖渠道，而且为开发渠道的地商提供资金上的“援助”，从而获取高额利息和地租收益。这里须介绍一下地商在河套水利开发中的重要作用。清末，地商在河套地区的水利开发中其实占主导地位，他们完成了河套地区大部分的水利工程，在八大干渠中，除了缠金、刚济两大干渠修于道咸年间，其他六大干渠均修于 1864 年到 1903 年。地商所修的大小干渠总长 1543 里，支渠 316 条，灌溉面积达 1 万顷。圣母圣心会虽然也组织过教民开挖了几条水渠，如黄特劳河、准格尔渠、沈家河、渡口渠、三盛公渠等，但是长度很短。他们更愿意坐享其成，或从清政府那里直接廉价获得土地，或为地商提供资金后与地商分享地租所得。

笔者调查的杨家河的开发过程能很好地反映出庚子赔款之后的天主教与地商之间的关系。杨家河位于河套灌区西部，1917 年开挖此渠，1927 年基本修成，历时十年，属于河套主要干渠中完工最晚的水渠，归绥远省管辖，现为内蒙古自治区巴彦淖尔市杭锦后旗境内的一条主要干渠。

筹开杨家河的杨氏三代当从杨满仓、杨米仓兄弟俩算起。他们原为山西河曲人，于光绪末年随父母逃灾来后套谋生。杨满仓有 3 个儿子：茂林、文林和云林，杨米仓有六个儿子，其中比较精干的叫春林。杨茂林在永济渠承包渠务三年，积累了一定的资金，这几个人成为杨家开渠的第二代。其中杨春林有两个儿子叫杨义和杨孝，是为杨家的第三代。

杨氏早于民国四五年前就开始暗中考察和收集资料，为了确保万无一失，便请当时河套灌区著名的水利技术权威王同春前来帮助勘定渠线，并用土办法测量地形。杨家河灌域的土地大部分属于天主教堂的势力范围，杨春林经过与当地教会比利时籍邓德超神甫的交涉，双方达成协议，规定渠开成后，教堂租的地可以退给地商，但是不能由地商吞并，即所谓的“准退不准夺”，土地淌水后要分30%的水浇地给教堂做堂口地。

杨家河开发的资金大概有三个来源，一是向当地的地商借款；二是向教堂借款；三是自己的积累。杨家当时积攒了一万石糜子可做工食，同时向王同春借钱，由于王同春刚从狱中被释放，所以能借的钱也很有限，于是，大部分的借款来自教堂。杨茂林分别向陕坝、胜家营子、黄羊木头、乌兰淖尔、新堂、蛮会以及磴口的教堂借钱，共得开渠经费银五万两。但是到了开渠的第三年杨家的经费困难又出现了，为了尽快回笼资金，杨家实行分段开挖渠道，分段放水浇地的办法。这样凡浇过水的地，年终每顷征收水费银洋12元，用作工程费，以维持施工。虽然稍解燃眉之急，但也是杯水车薪。于是杨家不得不再次向当地地主借钱、借物资，以维持工人工资开支。又与各教堂再次商洽高利贷款，“向磴口天主堂的邓德超神甫请求借款，以三道桥能灌土地二百余顷为抵押，借来银元一万余元”①。1920年，杨家河再次因资金不足停工，又向陕坝天主教堂借银八万两，工程才得以继续。天主教会除了收取高额利息，还提出将杨家河以开挖部分以东的

① 张启高：《杨家河与杨家》，杭锦后旗政协文史资料委员会编，杭锦后旗文史资料选编，1990年。

地大部分归于教堂。最终杨家做出让步，同意了他们的苛刻条件。

由此可见，在河套地区，私有财产的持有人——地商通过以财产为基础的组织和行动来与国家权力相周旋，获得自己的发展空间。地商获得了蒙古王爷出让的土地长期租赁权，将水权和地权集于一身，这是在中央集权严格控制的中心地区所不可能实现的，也是水利工程在社会组织主导下得以开发的最重要的条件。

第二节　水资源如何变为一种知识资源

——河套地区的民间水利技术与水利开发

地商之间的竞争在当时非常激烈，而要在这个竞争中获胜，除了资本、劳动力和土地的优势之外，还有一点也非常关键，那就是治水的技术。地商的杰出代表王同春就以精通开渠引水技术而著名，被当地人称为“独眼龙王”。因为他的一只眼睛有眼疾，只能用另一只眼睛看东西，但是他的开渠技术很精湛，所以大家都称他“独眼龙王”。在河套水利开发的过程中有很多的民间技术是当地移民经验和智慧的结晶，堪称民间知识体系中的一朵奇葩。本章就单独介绍这一朵奇葩——关于治水和水利开发的民间知识体系。

一　桔槔取水

桔槔取水的方法古已有之，桔槔始见于《墨子·备城门》，作“颉皋”，是一种利用杠杆原理的取水机械。桔槔的结构是在一根竖立的架子上加上一根细长的杠杆，当中是支点，末端悬挂一个重物，前段悬挂水桶。一起一落，汲水可以省力。当人把水桶放入水中打满水以后，由于杠杆末端的重力作用，便能轻易把水提拉至所需处。桔槔早在春秋时期就已相当普遍，而且延续了几千年，是中国农村历代通用的旧式提水器具。这种简单的汲水工具虽简单，但它使劳动人民的劳动强度得以减轻。

在河套地区采用此法的记载，根据顾颉刚的研究是在“乾隆年间，有几个汉族渔夫捕鱼到此，在近河处用桔槔取水，试行种植，大获其利”。[①] 这是利用河套的天然壕沟、坑洼、池塘来浇地的一种较为简便省力的原始取水方法。这种浇地的方法多是傍水选地下种，只管当年的收获。

二　测定地势的民间方法

进入田野的时候笔者得到过一位老水利专家的帮助，下文会称呼他为李老师，他提起王同春的治水故事可以说是滔滔不绝。他说自己出生于水利世家，很小的时候就经常听父母给他讲王同春的故事。而且同样的故事在东方红村调查的时候也有耳闻。李老师介绍，王同春曾五次到宁夏灌区考察。他每开渠前必会考察很长时间，然后选择开渠的位置和路线。观察地势是第一步。那时河套的人都认为河套是东北高、西南低，王同春经过全面的考察后发现，河套的地势与人们的“常识”恰恰相反，实则是西南高、东北低，这一判断对开渠的影响可谓巨大，不仅在劳动力和资金上要节省不少，而且在开渠后清理河道淤泥，保持河道通畅等方面也有很大的影响。此外，王同春还认为不仅要了解总体地势，还要了解局部地势，布置渠道不求平直，该曲则曲，挖渠深度不求一律，随地形决定其深浅。这里有两个民间的测定地势的方法很有创意。

1.“三盏灯法”

这是由王同春总结出的，用于黑夜测定地势的高低走向。所谓“三盏灯法”就是夜里在勘定的渠线上，叫人点上三盏灯，放在地面的一条直线上，然后他趴在地上，一段一段地倒换观测地形高低，并

① 顾颉刚：《王同春开发河套记》，《禹贡》1934 年第 2 卷第 12 期。

打桩标记，以决定渠道开挖的深浅。因为开渠要想让水流得好，就得让渠道有坡度。测定路线就是起这个作用。

2. “十柳筐法”

用于白天测定地势的高低走向。它的原理与三盏灯法相似，首先叫人把十个柳筐用白粉土涂成白色，然后把十根长棍子标好刻度。准备工作完毕后，就开始测定线路，王同春让每个人拿一个柳筐、一根棍子，将柳筐挂在等高的位置上，称为标准尺度。每人相距五丈至十丈不等，王同春来回观察，命人调整柳筐的高度，直到他觉得柳筐是处于水平直线的位置。然后根据原始的标准尺度和调整后的高度之差来确定此地的地势高低。地势较平坦的地方，人与人之间的距离就大一些，地势起伏大的地方，人与人之间的距离就小一些。这样会更加精确，其原理与微积分甚为相似。

王同春的办法在当时缺少测量仪器和科学知识的情况下起到了非常重要的作用，虽然这种办法在现在看来比较简单，但是对于没有受过任何现代科学教育的人来说已是十分难得。他还精于心算渠道的断面和土方，以及渠道的纵坡等。冯际隆①用现代科学测量方法验证王同春设计的老郭渠的渠口坡度为1/3500，而王同春的测量结果与之相差无几。经王同春计算新整修后的渠道一昼夜能行水120里，渠中流量可日灌田4000亩。冯际隆都惊讶其精细程度。

三　辨别水流运动的规律的民间方法

李老师还为笔者提供了一句碑文，虽然现在这个碑已遗迹难觅，可是这句碑文却是他几经考证而得的，其中就是对王同春开渠的评

① 1919年北京政府派冯际隆等勘查河套，历时数月，归后编成数十万言的《调查河套报告书》，为西北水利建设留下了宝贵文献。但北京政府只是为西北水利做了一些前期工作，法规建设更是鲜见。

价，开始有些不解，现在听罢之后就豁然开朗了，“高不病旱，卑不病涝，耕者咸获其利”①。以前开渠，水大在渠口的地则涝，水小在渠尾的地则旱，现在王同春因地制宜，因势利导，渠两边的土地都可以丰收了。这与大禹治水的方法其实是一致的。李老师还讲了王同春辨别水流运动规律的一些土方法。他说：“王同春说过两句话一直流传至今，‘水流三湾自急’‘水流百步上墙’，意思说渠道在平面上的转弯处不平顺，或弯曲过多，会被水流冲毁渠背，发生决口等情况，还指渠道纵剖面上的局部突然升降也会造成水流过急不利于渠道和建筑物的稳定。但是反过来，我们也可以利用弯道处的壅高水位，便于引水浇地。”

四　辨别土壤的民间方法

在东方红村和梁爷爷聊天时他给笔者讲了王同春是如何用土办法来“辨土壤”的。他说：“要是看见地鼠穿洞时说明土是湿的，你就知道地下不深的地方就会有水。要是看见黄河边的蚂蚁穴口那有沙子，就知道地下有明沙不好开引水渠。要是看见黄河水中起泡了，就说明黄河要涨水了。这些关于咋利用动物来看水的事，小时候听得可多了，都是以前的人传下来的，现在（虽然）都用不上了，不过我们小时候听得这些事都觉得挺有意思。王同春可是个好人，他自己有技术也教别人。”

王同春多年来的实践成为他最好的老师，上述经验无不来源于他细致入微的观察和善于总结的思考方式。可见，虽然那时现代技术根本没有传到当地，民间仍能利用人力和自然现象来做出较为准确的判断，其中反映出的农民的探索精神和特有的智慧不能不让人惊叹。以

① 见四大股庙碑文。此为外地人王建勋所写。四大股庙原为合作开挖短辫子渠［通济渠］的四大股东，张振达、王杰、郭大义、王同春所修，光绪二十八年王同春又出资重修，建有正殿和东西二偏殿。

上以王同春的治水经验为例，说明当地对水的利用有自己一套很有趣的民间知识体系。

此外，在民间所形成的水利经验和知识还有很多。比如，下面介绍的渠道的基本担挖法就是在当时缺少现代水利技术和机械设备的情况下，用途很广的人工开挖方法。

五　渠道担挖的民间技术

挖土的基本工具是长把平板西锹，它的优点是挖土时不用脚踏，仅用臂力便可探进土中，挖成土块，出土迅速。担土的工具是扁担。用一根粗 17—18 厘米、长 2 米左右的光滑柳木即可，担杖两端用较粗麻绳各拴榆木枝杈做成的勾或铁的钩子各一个。然后，挂上两个红柳条子变成的萝头（筐子）。装土时表层干土较硬可散装，湿土可裁成长条，每只萝头仅装两锹，一旦十重量可达 70—100 斤。担土的要领是双手抓牢萝头系子，正腰切忌说笑，稳步行走，防止闪腰岔气，担土者和装土者可互相调换。若担土工期较长，刚进工地的一两天中，可少装慢走，群众中叫“打熬身子”，一两天后逐渐增加担土重量，这样身体软了才会适应担土劳动。挖土法有以下十二种。

1. 倒拉牛

在大渠底划清中线，在中线挖开“码口”，从中线开始，分层向近处的渠坡一侧担挖，把土担出到近侧渠背外面，沿渠底中线向身后方向担挖，挖完一侧再挖另一侧。

2. 褪蛇皮

这是在倒拉牛的基础上，同时挖两层或三层，我们定义一锹深为一层，大概深度为 35 厘米。这种挖法可减小爬坡阻力，担土时脚下比较好走（见图 3 -1）。

3. 大揭盖

这种挖法适用于窄渠担挖或先将大渠底的冻皮、冰坡等硬层揭开

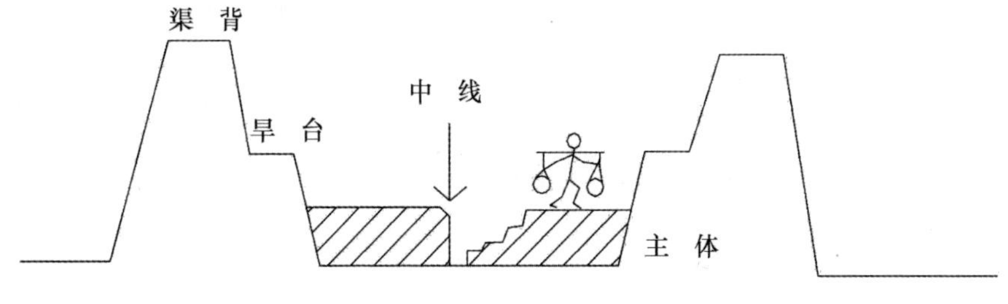

图3－1　褪蛇皮

担出渠外，再进行深挖的办法。

4. 凤凰单展翅

集中人力先从渠底划定的中线一侧担挖。挖完一侧再挖另一侧。

5. 凤凰双展翅

人多时，以渠底中线为界，分为两组，同时在中线两侧担挖。

6. 撩沙

因为河套地区春季大风天气较多，所以借助大风天气集中人力用铲形锹、木锨等将沙土扬出渠外。这种方法适用于靠近沙窝的大渠段落，经过一年的行水落淤，冬季停水期间，大风将干沙吹入渠槽，在春季开灌之前一定要清淤，这时箩头不易将细沙担出，于是用这种办法。

7. 取湿垫干

这是在无风时撩沙办法没法实行的情况下对渠底干沙土层清淤采取的一种应急办法。即在渠底的较高部位拨开一小片土层，将底部的湿土装箩头担出渠外，然后将四周的干沙放入取出湿土的深坑内，必要时用湿土盖顶。

8. 洗淤

在春季放水前，用一对蓄力（马或牛皆可）套上犁杖顺渠底耕深，翻虚表土，晒干后，借助渠口放下猛水，依靠冲力将渠底的虚土冲向下游或地里。这是减少人力的办法，但是需要流速很快的猛水，否则效果不好。

9. 清淤加背

将渠底行水后淤高的土层，按需要深度取出，并架高在渠两岸的背顶上面，使渠道挖深流水畅通，并使渠背加固。这种适用于险工段的渠道。

10. 二接担

老乡们还有一个不雅的叫法，叫雀顶蛋（担）。一般适用于担土运输距离较远的情况。第一个人将装满土的重担，运到中途放下，接过第二人倒土后的空担返回装土处。第二人以空担换第一人刚放下的重担，爬上渠背倒土后，担空担返回与第一个人碰面。如此往返，上下担运土者和装土者均可互相调换。

11. 三接担

和“二接担”的做法一样，只不过多了一个人，当然还可以添加更多的人，适用于口面宽，运输距离远的大渠开挖。

12. 叠窖子

窖子一般长3—5米、宽2—3米，每个窖子四周必须留下较牢的隔墙，防止互相串水（等全部挖够深度，最后将隔墙挖倒担出渠外），边挖边将窖子里渗出的水通过“倒窖子”办法，用桶、盆等工具将水舀到排水沟，窖子里挖出的湿土，装入箩头，用“三接担”办法担到10米高的渠背顶上，用“双展翅”法，将土倒到渠背外面。“叠窖子”应靠近排水沟并列叠，但是第一个窖子应该比第二个窖子深0.5—0.7米，这样，在将第二排窖子的水放入第一排窖子后，淤积下来的泥土的深度就会和最终的深度吻合了（见图3-2）。

六　治理大渠弯道和束窄断面的民间技术

1. 馒头状吊墩

在连续多弯的大渠段落，因流水受阻形成淘岸，在一时无力将渠道裁弯取直的情况下，为防止冲破河岸的隐患，民间采用了柴草吊墩护岸。他们用较长的木杆在河渠顶水处，面向渠心搭成半圆形围栏状，杆子上端应留出适当高度，然后用白茨等硬柴，根部向外，沿半圆形杆子平铺，每铺一层均压土一层，务必使柴土连接处平整（以黏土为佳）弥合并夯实。做好后柴草墩子形似半个馒头紧贴锅帮处（见图3－3）。

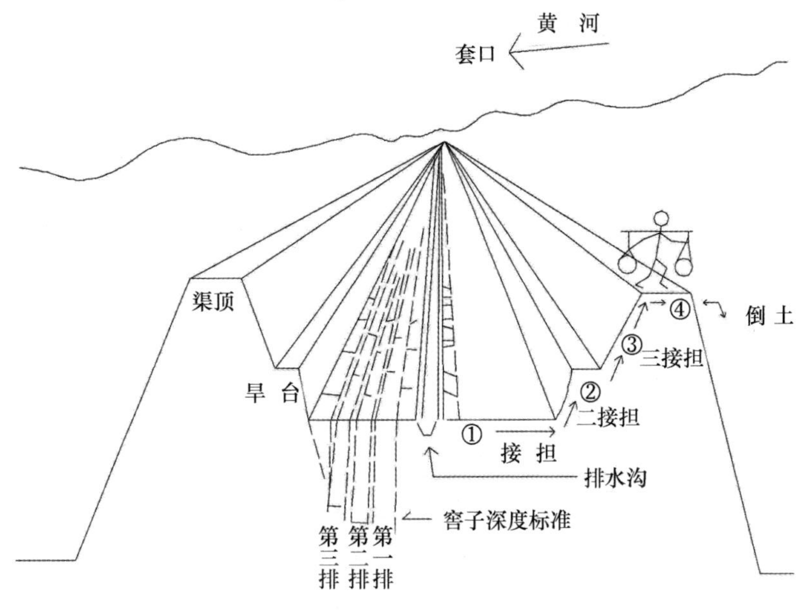

图3－2　叠窖子

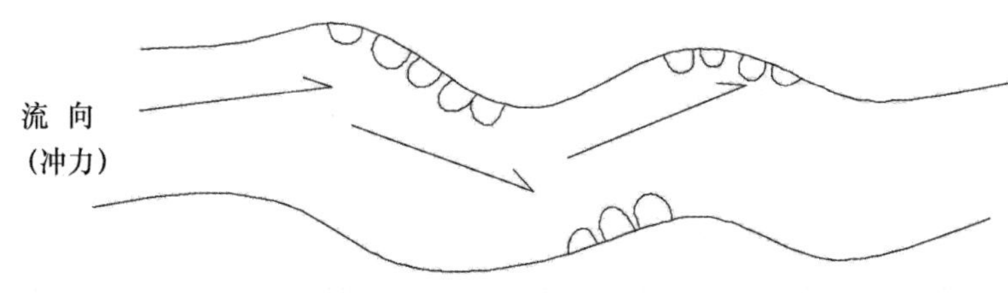

图3－3　馒头状吊墩

2. 挂柳

在大、中型渠道沙土段落，因为水流速度快，为防止渠槽被水拉宽，或者缩小已经被水拉宽的渠道，我们用所谓的“挂柳”的方法来解决这个问题。具体做法是，将砍伐的带枝叶的柳树按适当间距，将树头朝下倒挂在渠坡上。树的根部绑在位于旱台上的钉好的木桩上，以防流水将树头冲走。这种方法不但可减轻水对渠坡的冲刷，且能通过柳梢阻水沉淀泥沙，将渠坡加固，断面变窄，减少隐患（见图3－4）。

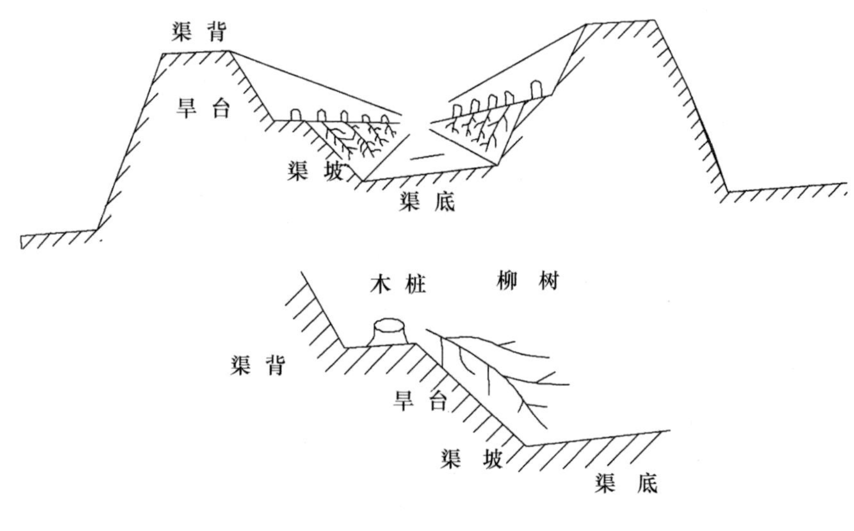

图3－4 挂柳

3. 透水坝

这种方法适用于对大渠上面已被水冲成较宽的渠槽段落，并且已经由于淤积泥沙变得较浅的段落。具体做法是，垂直于渠背，横向并排打桩，编成柳梢篱笆墙，起到阻水落淤，培厚渠堤的作用，使水流集中形成强的冲刷力，将渠道拓深（见图3－5）。

4. 打罗圈

这种方法和做透水坝的方法相同，只是在垂直于断面打桩时排成

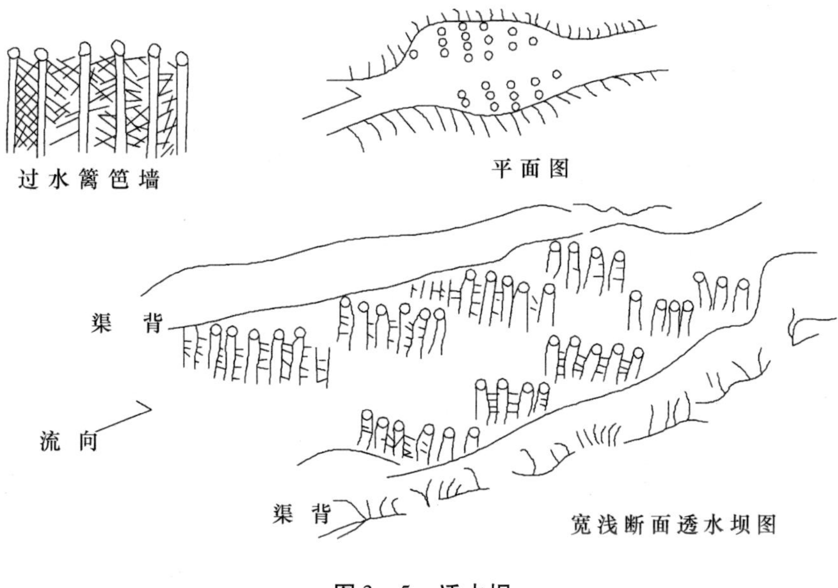

图 3－5　透水坝

一个半圆形“篱笆”，像空心的柴草墩子，经过落淤，使拓宽的渠道变窄。

七　民间治水技术的创举——草闸的制作技术

河套地区的草闸可谓一项重要的发明，它是河套水利发展史上一门独特的水工建筑。这是笔者在开始走访的十几个村子当中，被当地水利专家和老人们提到最多的一个关于水利的民间技术。在没有钢筋水泥的条件下，当地人就地取材，用红柳、白茨、麦柴等材料做闸，在当时起到了分洪泄洪分水提水等作用，下面介绍一下草闸的历史和制作方法。

1. 草闸的历史

（1）草闸的由来和第一批草闸

据李老师和村里的老人们介绍，在没有草闸之前，凡是轮水灌溉，多是用打土坝挡水的办法。打坝是用土填筑和柴土混合填筑。如此一来，在分水浇地时，打坝放坝非常频繁，一渠数坝，每坝每年打放三次到五次，每次用柴几万斤及上百人工。而且打坝容易，放坝难。

1931年，山西地方军阀阎锡山派部队来后套垦荒，至1937年共经营土地60万亩，他开挖了不少渠道。为克服打土坝分水浇地的困难，随行的屯垦队的技术人员根据当地人采用以柴草码头堵口的经验，进一步在渠道上试建了草闸，取代了土坝。1932年，他们在临河永济干渠二喜渡口处试建了第一座草闸，用以为新开挖的两道支渠分水。这座草闸经过一年多的使用证明比打土坝强得多。1933年，屯垦队在乌加河北刘蛇圪旦新建了一道乌拉拦水大坝，中间联接以筑有草码头的固定过水断面。1934年，屯垦队在杨家河上游修建一座名为“屯垦闸”的正式草闸，为新开挖的清惠渠节制分水。

这个草闸由渠工负责施工，这里对渠工进行介绍，渠工在历史上先后叫“大长工”“渠夫”“渠巡”等，每条干渠有渠工30人、50人至上百人不等。其中多数人会修做草闸，一些技术高明的人成为渠工代表，升为“骑马头”（上工时可以骑马）、“领人头”（领人做草闸的班长）、“渠头”、“副渠头”、“渠巡队长”、“渠巡班长”等。1949年后一律改叫渠工。杨家河上的草闸除了在渠工的施工下完成外，还得到了屯垦队技术人员王文景的指导。他对做草闸技术有所提高，即在修“屯垦闸”时先用扫棒铺底，后做闸箱，这样就初步解决了闸底板的处理问题。屯垦闸的经验很快传播开来，至1937年，建成了第一批草闸，总计10个，其中有杨家河4个。以上草闸都建在河套地区的西部，因为西部渠道水量大，建闸要求迫切。所以当时渠工们有流传一句话：“西部的渠工会做草闸，东部的渠工会插扦子。”总体来说，第一批草闸的做法还不统一，经验还有待积累。

（2）第二批草闸的改进

进入20世纪40年代后，草闸的结构才算初步定了型。1943年，绥西水利局在河套灌区修建了一大批水利工程，傅作义将军命令军队参加施工，新建了28座草闸。同年，复兴渠开挖，在该渠上一次就新建了四座大型草闸。经过技术人员之手，这四个大型草闸第一次上了设计图纸，并按照图纸施工，所以工程质量较好。复兴渠草闸有如下的改进：埽棒铺底上面压有底梁；闸墙上架有上拉梁关口或调水可通过插扦子，不再用在闸孔里跌埽或压码头；闸箱有五六米的短码头发展到十多米的长码头，并添筑有上下游闸翼墙，形状似上下“八字”翼墙。这样复兴渠草闸就成为当时第二批草闸中成功的典型，起了初步定型和示范的作用。随着草闸数量的增多，绥西水利局于1944年制定了《绥西渠道灌溉工程施工细则》①，总结了各地做草闸的经验，划分草闸的种类为：进水闸、分水闸、提水闸和泄水闸等，在此期间又出现了多孔草闸的形式。例如复兴干渠因开挖时合并了11个渠口，干渠流量大，分水关系复杂，便在1、2、3、4闸旁各挖1—2个转水渠，并修一个闸，名叫转水闸。实际这就是多孔草闸。其他干渠尚未发现有这种转水闸的形式。《绥西水利管理处三十八年岁修工程项目》中只有复兴渠有如下的记载：“整修第一闸北转水闸、整修第一闸南转水闸、接长第二闸下正闸、新建第二闸转水闸……彻整第三闸北转水闸、新建第四闸转水闸。”②

（3）第三批草闸的改进

1952年为便于关口，陕坝专署水利局对草闸技术进行了一次总结完善工作：一是改进对闸底的处理，普遍用些柴土混合填筑，要一米多厚，分层铺砌，上铺以红柳笆子，再压以底梁，一米间隔；二是在底梁两边打进抱头扦子，以加固底梁和整个闸底的整体性。在提高

---

① 绥西水利局编印：《绥西渠道灌溉工程施工细则》，1946年，在内蒙古水利厅资料室有保存。

② 绥西水利局编印：《绥西水利管理处三十八年岁修工程项目》，1949年，在内蒙古水利厅资料室有保存。

草闸技术的基础上，每年总要修建几十个新草闸和整修旧草闸，年用柴约达1200万公斤。至1958年统计，1949年后共先后建起干支渠草闸257个。斗渠口闸7926个，草闸已成为渠道上主要的控制建筑物。河套行政区水利局（原陕坝专署水利局），于1955年至1958年对草闸进行了一次系统的调查总结，将各地草闸按实际通过的流量大小划分为三类：大型草闸，通过流量60—75立方米/秒；中型草闸，通过流量15—50立方米/秒；小型草闸，通过流量10立方米/秒以下。按草闸的大小，规定了建闸材料消耗定额和工时定额。同时规定了《关于草闸的施工顺序》。对草闸的管理操作方法，也规定了相应改进方法。这时的草闸技术已经从民间的技艺变为系统化、模式化的成熟的国家规定的专业技术。

1949年之后，傅作义任中华人民共和国水利部部长，他对河套地区的水利工程十分重视，国家聘请苏联水利专家帮助河套灌区于60年代初建成了三盛公黄河大型水利枢纽，并修成180多公里长的总干渠和相继建成四个现代化的分水闸，各干渠一律改从总渠上引水，取消了自流口，这也意味着草闸的历史使命已经完成，最终被淘汰。至1980年前后，大小渠道上的水闸桥涵基本上改为钢筋混凝土结构，草闸从此消失了。

但也有例外，三湖河口还有一座中型草闸，至1984年还在使用，有人建议保留这座草闸，使这项古老的水利建筑显现其真实的历史面貌，供世人参观（见图3－6）。

2. 草闸的具体制作技术

（1）大渠草闸的制作

首先需要准备一下施工材料，1米多长的尖头木杆，用来做抱头钎子铺底；带根的白茨，用来砌闸箱盒前后八字；底梁，铺底用；粗铁丝，用来捆绑抱头钎子；大铁钉；红柳笆子；过闸粗横梁，用来拉闸和当作人行桥；立插拉水钎子，拉闸、打口用；麦柴，砌闸墙衬缝

图 3－6 三湖河口草闸遗址

和拉闸用；各种工具。

大渠草闸的具体做法是，选好做闸地点，开挖基坑，基坑最好在红泥土质上开挖，夯实后，用红柳笆子顺水流方向接茬、铺底。然后铺闸底横梁和打抱头钎子。用白茨将根部整理齐整后，按尺寸砌做闸箱和前后八字墙，边砌墙边用红泥土填平、夯实。将柴土连接处缝隙堵平，以防从硬柴根部往里串水。砌闸墙时注意外表平齐和留有一定坡度。闸箱背上所填土质要好，认真夯实。将闸底抱头钎子用大铁钉和底梁管住。大梁两边抱头钎子交叉的顶端用粗铁丝绑牢，使全闸各部位成为一体。完成后先放少量渠底水将新闸“阴”好，没有毛病再放水使用（见图 3－7）。

（2）小渠草闸的制作

小渠草闸一般用在大渠停水期，将需要做闸的大渠背处，挖开一道深沟，记住一定要大于小渠的尺寸。具体做法是将大渠背挖开的口子底部摊平夯实。按过水口宽度将较粗的长木钎子细头削尖，分两排

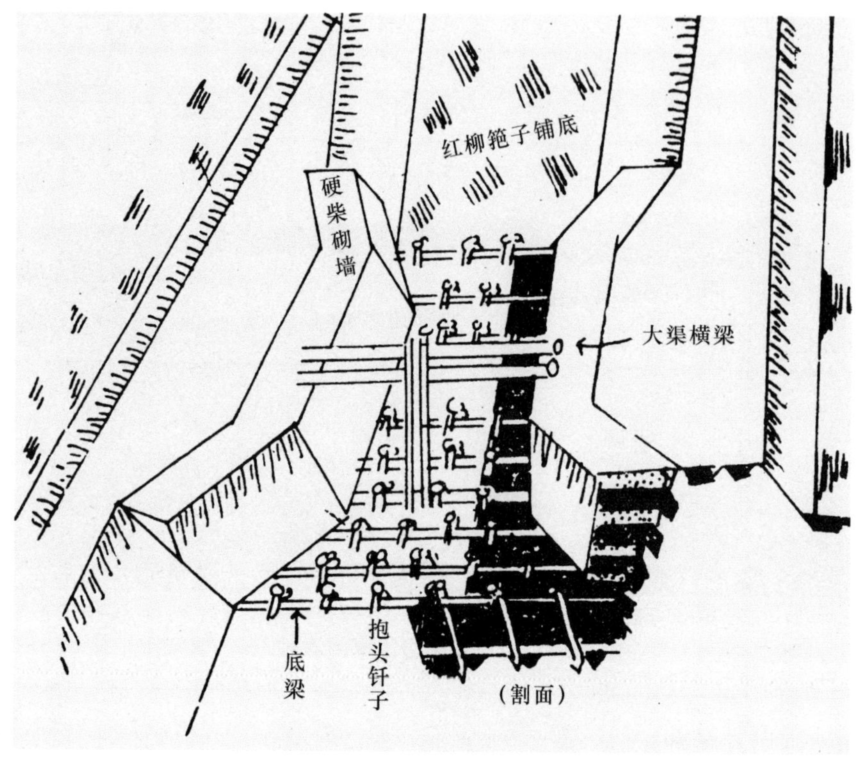

图 3－7 大渠草闸示意

打入土层，打好的钎子上端应略高于大渠背顶，为防止钎子被打劈，要事先用粗铁丝绑住。可以看到在小渠口和大渠口的交叉处，钎子成内外八字形（见图 3－8）。

然后将麦柴或柳梢拧成麻花状齐头朝外沿钎子边缘砌成草墙，在一定坡度下保持外部平齐，每一层要用红泥土垫平夯实，一层一层砌到与大渠渠背高度一样。闸的两面顶部用红泥土压牢，使其与大渠背成为一体，放水后，先用水“阴闸”，防止串水。小渠草闸的做法简单，用工用料均少。闸箱两旁的麦柴或柳梢一旦腐蚀，就会串水，所以一般两到三年重做一次。

3．草闸的作用

首先，草闸可以控制洪水进渠，减少决口灾情。在自流口时代，

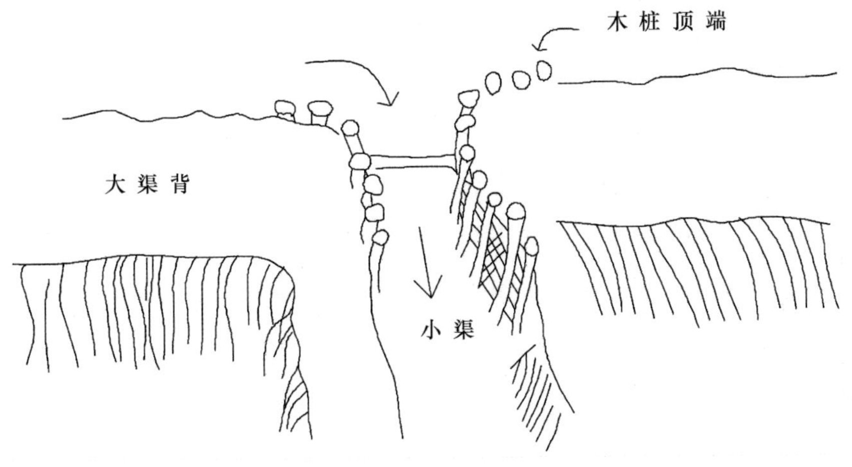

图 3－8　小渠草闸的制作

汛期渠道决口不断发生，每年淹地总在几十万亩以上。比如，根据《绥远省后套灌区初步整理工程计划概要》（1946 年）记载，1935 年七月发洪水，永济渠口被冲宽 130 多米，临河县城以南一带尽数被淹，“由于洪水淹及五原、临河两县面积的五分之二，遂于民国二十四年（1935 年）先在丰济渠口建闸，翌年又在永济渠口建闸。此后仿建束水草闸者日众，干渠内作坝灌溉之害日减。渠口需闸，闸胜于坝”。

其次，草闸可以分水提水，提高灌溉效益。用于分水提水的草闸多建筑在干支渠中间，形成分水枢纽。原先干支渠分水都是临时在渠中打土坝，既费工、费时、费料，又很难保证灌溉，自在渠中改建草闸分水后，问题暂得到解决，灌溉效益大为提高。例如 1943 年，由于建筑了黄杨束水草闸，杨、黄、乌集中分水，不但防止了杨家河的水灾，而且在当年黄济渠、杨家河、乌拉河就增加了灌溉面积 60 多万亩。

最后，草闸可保证关口后不流冬水，防止土壤盐碱化。中华人民共和国成立前，各干渠一律流冬水，抬高了灌区地下水位，引起了土壤盐碱化。

在笔者调查的过程当中无意间注意到七八十岁以上的老人都会说起当时的治水技术，这使笔者对这部分有了浓厚的兴趣，在查找资料的过程中，幸得李老师和河灌总局的几位工程师的指点才能完成这部分的写作，深感对于知识的敬畏态度可以让我们做得更加扎实系统，更能深入理解。在其中笔者常常感叹这些知识的得来不易。每一个经验的总结都经过了千百次的尝试。人类的认知在实践的过程中获得刻骨铭心的记忆，而这些记忆随着时间的推移和技术的发展在今天虽然不能起到促进生产的作用，但仍能为我们保留一种精神和文化的多样性，激励着后人的前行。

八 “河神”王同春的治水技术

隆兴昌有个独眼龙，大名就叫王同春。
大家都称他老财主，开渠筑坝是河神。
后套由他来开发，五谷丰登享太平。
若非禹王再重生，哪有这样好光景。①

前面两句是笔者在调查中听到的顺口溜，后来当地作家书中查到了全文。根据我们前面描述的内容，地商在清末河套水利开发史上的关键作用毋庸置疑。河套十大干渠的形成成为后来河套水利网络的基础，而这十大干渠中有五条是与王同春相关，自己开挖的有三条干渠，集资合作两条干渠，参与指导一条干渠。因此说到河套水利说到地商没有人不提起王同春的。王同春还有几个特别的名字，一是独眼龙王，二是王善人，三是民族英雄。我们就从这三个方面介绍此人。

---

① 杨怀世：《王同春河套传奇》，作家出版社 2010 年版，第 226 页。

所谓独眼龙王，是对王同春治水修渠技术的赞美，有人说因为他五岁时生病瞎了一只眼睛，所以人们叫他独眼龙王，也有人说是因为长大后他和别人打架，被挖了一只眼睛。[①] 他的修渠技术不仅得到当地群众的认可和神化，而且让一些来这里调查的专业人士佩服不已，赞不绝口。冯际隆在《河套调查报告书》中这样记录王同春："1919年王同春68岁。1919年考察团与王同春一起验收老郭渠时，王同春目测渠低斜度，可说出自渠口以北二十余里处，渠底似稍高，恐于行水有碍。在渠口，当时因黄河水弱不能放水入渠，王同春备以两羊及馒头食品等物祭祀河神，虔诚求水，旁待一人以清水频浇羊身，羊兀立不为动，跪祈许久，羊身为之一抖，则起告曰，神已许我矣，数日间必有水至。看起来像儿戏一般，但是当地人说王同春在后套几十年，常以此法求水，屡试不爽，习俗所尚可以被观风焉。其实王同春深黯黄河消长之机，视水愈涨时乃作此法，这样可以愚弄别人，而只有他知道其中的奥妙。谓之，独智。"[②] 顾颉刚曾亲自到河套地区调查并见到了王同春，他在《王同春开发河套记》中写道："民国十三年（1924）的春天，我同家起潜书（廷龙）旅行到包头，在狂风中荡了一次黄河的船……游察哈尔和绥远约一个月，与当地人士往来稍多，就收集了许多塞外的故事。河套的开垦是我久已听说的……贺渭南先生把王同春说给我听，我才知道河套中曾有过这样的民族伟人，我就发愿替他写一篇传……王同春有开渠的天才，一件大工程，别人退避不惶的，他却从容布置，或高过下，或向或背，都有很适当的计划。他时常登高远望，或骑马巡行，打算工程该怎么做，比受过严格训练的工程师还要有把握。"[③]《临河县志》[④] 也有这样一段评论：王

① 顾颉刚：《王同春开发河套记》，平绥铁路管理局1935年版，第6页。
② 冯际隆：《河套调查报告书》，文海出版社1971年版，第164—165页。
③ 顾颉刚：《王同春开发河套记》，平绥铁路管理局1935年版，第6页。
④ 吕咸等修：《临河县志》，1931年版。

氏修水利有经验。每有大工，他人咋舌束手，退避不遑者，先生从容措置。高下之宜，向背之势，得失顺逆之局，均能测于机先，定于临时。一时造门请者，得其片言一语，大用之大效，小用之小效。是其果操艺术者，盖其经验有独智者然也。由此看出，他的治水开渠技术在当地极为推崇甚至神化。

除了上面介绍过他测定地势、辨别水流运动规律和辨别土壤的方法之外，我们还可以从他后来的经历中知道他的治水技术的精湛。1914 年，北洋政府农工商部总长张謇，派地理学家张相文考察西北水利，得知王同春治理河套水利取得成就，张謇于是聘请王同春为农商部水利顾问，并召他去北京共商导淮事宜。王同春遂与张謇视察淮河，当时北京政府已组成导淮委员会，聘请了比利时和美国工程师二人勘察设计，与王同春一起视察。随后比利时、美国的工程师与王同春提出了不同的导淮工程方案。前者主张入江，后者主张入海，双方意见不统一，事遂中止。王同春后又陪张謇去了海门，参与组织海门垦务公司。该公司接受王同春意见，沿海筑坝。利用潮汐引水至渠，然后进行灌溉，因为地碱上浮，等到退潮的时候将田水入海。如此可以，围海淤田 300 余顷。一年种草，两年可种豆，三年可种稻。1916 年，王同春应晋北官商之请，去晋北指导治理桑干河。他提出：河北永定河的水患，往往威胁北京的安全。以往与其治理下游与水争地，不如治理上游以地与水。若能如此，晋北荒地和田，利用桑干河之水流，开凿几条渠道，以分永定河的水量，施以灌溉，则上游可收利富之功，下游减少了水源，可以根绝威胁北京之水患。王同春为富山水利公司勘定渠道，当渠建好之时，王同春主张先应引水渗渠，一可以检验渠身之高低和容水与宣泄是否畅通，并借水固堤，以杜绝隐患，再行放水浇田。当时王同春购有一片土地在渠稍，而公司之田则多在渠口，他的引水渗渠主张被公司的人误会，像是先要浇他自己的地，于是，没有听他的意见，这样导致田水冲溢，逆流入渠，所带泥沙都淤积在渠内，使渠废不能使用，后来该公司向山西省银行贷款，按照王同春原来的设计，重新疏浚，并筑新坝，收到了好的效果。

在河套地区，很多人不知道王同春的大名，而只知道“王善人”这个名字，顾颉刚提道：“王同春的势力渐渐雄厚，流氓跑向他那边去，犯罪的也逃到他那边去，三教九流，他都容得下。直鲁豫三省的贫民去的更是不少。本来茫茫的荒野，给他一干，居然村落相望，每天下厨的和担土的有数万人了。清末的革命党需要金钱的接济，常去访他，也受过不少的恩惠。他对金钱一点都不吝啬，凡是去依赖他的人，他每每给这人娶媳妇，再给以百亩或千亩的田地。光绪十七八两年，京北大旱灾，他捐了粮米一万多石，而十七年又是闹荒，他再捐了六千多石。给他救活的总有五万人以上。这时候人人感激他。河套中人更只知有他，不知有国家，彼此说话，提到他时，不忍称他的名字，只说王善人。”①

除此之外，王同春虽然与蒙古人相交甚好，但是他不与教徒往来，因此五原无教民。另外在当地人的心目中王同春还有另外一个形象，就是民族英雄。《绥远通志稿》中有一段记录：“尔时套境中部，自广漠之田产，以至密如蛛网之渠道水利，悉为王同春独具势力范围。苟非王之所许。虽西人具有超政治之伟力，终不能越雷池一步，而妄想所有染指也。是以外籍教士，经四五十年之努力，亦仅能于近西至临河发展，而于五原东部，则无可托足……”② 五原、安北一带在清末和民国初期基本未设教堂，与王同春抵制殖民势力是分不开的。在后套地区东部水利开发比西部快了 20 多年。③ 等到清政府实行放垦政策之后，王同春的财产被催促上缴，这时天主教田神甫趁机劝说王同春，为何不将所置归入教堂，并信了天主教，那时教会一定会保其余年无虞并给予丰厚的报酬。王同春一笑置之，说：“我是一个

---

① 顾颉刚：《王同春开发河套记》，平绥铁路管理局 1935 年版，第 6 页。

② 绥远通志馆编纂：《绥远通志稿》，内蒙古人民出版社 2007 年版。

③ 陈耳东：《河套灌区水利简史》，水利电力出版社 1988 年版，第 88 页。

中国人，将土地渠道交给国家总比交给你们要好！”1913年，五原设置为县，知事范书林命王同春组建民团，以保卫地方，王同春被举荐为五原县的民警长。当时，哲布尊丹巴王同春亲率地方团队和家丁配合晋军四团赵守钰和统领谭涌发的大部队，选拔精干勇士，阻止了一支百余人的敢死队，突击敌人的前线据点梅力更召。牛犋、公中多被乱军劫掠焚烧，损失财产甚重。

王同春生前家财万贯，但是一生节俭，绸缎不上身，家里吃菜自己在院子里种，吃白面自己磨。每年到了开渠放水之际，家里男女老少都要下地干活。民国十四年（1925），冯玉祥的军队开驻河套，石友三派王同春督查水利，王同春已是“古稀”之人，仍屡赴黄河沿岸督修水利工程，在督修河口时中暑，之后又感染痢疾，终致不治，于农历六月二十八日病逝于五原的隆兴长，终年74岁。王同春死后葬于五原城北，子女们为其建了一座祠堂，每年六月二十八在祠堂前演戏三天。冯玉祥在包头为他办了追悼会，表彰他一生兴修水利的功绩。民国二十五年（1936年），傅作义拨款50000元重修了祠堂。祠堂落成后，冯玉祥、阎锡山等送了挽联。重修的王同春祠堂成为一个院落，在北房内设有香案，王同春的墓就在案后，香案上供着景德镇制作的王同春的一尊瓷像，瓷像前供一道神主。上书：清赏戴花蝈即补都司农商部水利顾问显考浚川府君之神主。落款署名：孝男琢、玉、英、璟、喆敬立。香案一侧又供一道神牌，写有：供奉绥西河渠总河神王君同春之神位（见图3－9）。河套一些群众每遇到河水暴涨、决口成灾或天降大旱时期就到祠堂拜祭王同春，白天设牲摆供，晚间到河渠放灯，祈祷降福消灾。1941年，河套大旱，临河县有百姓在马道桥搭起戏台，供奉起王同春的神牌，唱了几天祈水供神戏。可见人们相信王同春生前治水有功，死后变成“河神”。“文化大革命”之后，王同春的祠堂已经不复存在，现在只剩一个空置的院子，没有人居住也没有人修缮。笔者在调查时经常听到老人们说王同春的故事，王同春留给河套的不仅仅是一种死后人们对他的信仰和崇拜，他对河套人的文化性格也有很深的影响。我们在第七章中将会有更进一步的讨论。

图3-9　王同春祠堂内景①

第三节　地随水走，人随地走
——农业社会秩序的初步形成

地商从蒙古王公那里租到土地后，集中资金修筑渠道。而在修渠开地的过程中最难做到的就是动员迁移过来的大批移民参与水利开发，并将他们牢牢控制在土地上，这是水利组织和农业社会组织的重

① 现在的王同春祠堂已经不存在了，"文化大革命"时被破坏后，再没有复建。这是笔者从五原县档案馆找到的资料。

合，地商的这些方法促使移民社会变为一个有序的农业社会。从以前的离土不离乡的“雁形人”到离土又离乡逐渐在此地扎根的“地户”，笔者总结了几点地商在此的管理特点从而反映出农业社会在此地的形成方式。

一 地商集水权和地权于一身，形成以地商为中心的共同体

在河套地区地商开发的渠道系统的社会网络与华北内地有所不同。华北内地的渠道经营往往是几个村庄共营一条水渠，水权分散地归各地户所有，土地所有权与水权一般是统一于地户的。但河套地区的水权却一直处于集中状态，地商取得了永佃权和水权，自行收取水费和地租，然后将地租按比例交给蒙古王爷。各地户从地商那里租种土地，地户有富农、中农、佃农和雇农之分。地商与地户之间形成以地商为核心的共同体。地商既是地主，又是承包商，也是商业资本家兼高利贷者。他们的权力随着土地的开发而不断壮大，不仅拥有自己的家丁甚至还有自己的武装。这种共同体在一定程度上与蒙古族王爷的领有权相对抗，在这种地商为核心的共同体中，社会以水利共同体为主①。

二 “公中”和牛犋的扁平式的管理方式

地商除了将土地承包给地户收取地租这种管理方式之外，还以一种特别的管理方式来管理移民，就是设立“公中”，又称牛犋，这是一种雇工直接经营的方式。开渠时，地商沿渠设置公中（即为大牛犋或中心牛犋）和牛犋。一个公中管数个牛犋。一条渠道由数个公中分片分段管理。他们的组织管理形式在初期十分简单，每个公中设有一个渠头，每个牛犋设有跑渠的。专门负责所谓的渠务，如开挖渠道、

① 天野元之助察：《绥农业经济の大观》，“满蒙”昭和十六年［1941 年］第 7、8 号。

巡查养护、打坝分水和征收水费。民国时期，公中设“掌柜的”管理一切事务，用“先生”管账。另设工头管理放地，工头的权力很大，佃农常给他们供奉。虽然这种管理方式层级很少，却实现了将移民紧紧控制在某一区域的目的。为当地村落社会的形成打下了基础。

三　地商对地户的控制和照顾

地商对汉族地户的管理有着自己长远的眼光，许多农民只身来到河套，无生产资料，地商就为其提供资金、粮食和工具。地商控制下的农户多为小农户，是因为规模愈小愈易于控制。除了通过灌溉控制以外，地商还利用高利贷控制地户。据《五原厅志稿》记载，地商招佃有放租与伴种两种，“定价招佃，每岁于春苗出土时派人丈量，视苗稼之优劣定折扣之等差，秋收后，佃户纳于地商，每顷二三十两不等，是谓放租；又有佃户出资耕种，地商三分其岁所入之粮者谓之伴种。水田一亩之入可抵关内山田十亩。收获粮食，即由黄河运赴包头河曲碳口一带行销”①。由此我们可以看到，地商通过各种手段将移民牢牢地控制在当地。

四　渠务由渠头管理，邻里间的监督防止了“搭便车”行为

如浇地时会出现农民“搭便车”的行为，如果由政府管理则成本较高，从经济学的角度来解释就是很难将这个公共产品进行产权划分，而作为管理渠务的渠头则能轻松地解决这个问题。除了地商给他们的权力之外，他们在移民中的威望也较高，因为只有这样才能被选为渠头。哪个村子里有谁没有交水费，渠头就会给他们一定的惩罚，而且这个惩罚还可以交托给他的邻居进行，有很多交了水费的人监督不交费的人，当开始淌水的时候，他们的地就没有水浇了，因为巡渠

---

①　陈耳东：《河套灌区水利简史》，水利电力出版社 1988 年版，第 61 页。

的人或与其土地相邻的人就会把他们的出水口堵住，不让他们浇水。因此，这种“搭便车”的行为通过有效的低成本的监督而消失了。正如格尔茨所言，“通过私下的、随境而变的、非正式的协商和监督解决，而不是升级到体系更高的也更不易收拾的那些层次上”①。格尔茨所言的这种解决方式是依照当地的习惯法而不是政府来解决问题，河套地区的在土地开发和水利开发中所产生的与移民之间的矛盾，也寻求了一条不依照政府来解决矛盾，而把矛盾化解于社会组织之中的方法，在移民组成的牛犋或村落中形成化解矛盾的机制。

五　农业与商业的结合减少了地商的收租难度和利润损失

一般的地商都是粮商，有粮食销售能力。例如，王同春在开义和渠成功后，随着灌溉面积的不断扩大，又开设了隆兴长商号，经营皮毛和粮食业务，以农助商，以商促农②。地商在向农民收租时交银、交粮皆可，这样农民不会因为粮价低廉而交不起租，调动了他们的积极性，而地商也不会在粮食价格的波动中损失过多。

地商组织所具有的管理能力、协调能力和自我监督的能力在水利工程的开发中发挥了重要作用。他们兼具地主和商人的双重身份，使他们对于移民的管理机制非常灵活，克服了地主的死板经营模式。他们想尽办法将移民固定在土地之上，通过各种协调监督方式建立了农业社会的管理秩序，使移民新组成的社会得以形成。而最重要的是他们清楚地意识到自身的不利条件，在水利工程开发之前就把地权和水权集于一身，这样才占有了主动权，能够将自身的优势发挥出来。

清末，在河套地区所进行的水利工程的开发和土地开发的过程反映了一个在农牧边界地带上，社会组织的力量会变得暂时比国家中央

---

① ［美］克利福德·格尔兹：《尼加拉——十九世纪巴厘剧场国家》，赵丙祥译，上海人民出版社 1999 年版，第 97 页。

② 陈耳东：《河套灌区水利简史》，水利电力出版社 1988 年版，第 64 页。

集权的力量更有效地组织水利工程的个案。在这个从牧业向农业的转变的过渡阶段，农业社会的管理秩序不是依靠政府而是依靠社会组织建立起来。地商利用私人资本和以地商为中心的社会组织来开发河套地区的水利工程并最终形成河套地区的水利网络。该组织形成的管理方式和协调机制充分调动一切资源，并将移民牢牢固定在土地上，在此基础上渐渐形成了当地的村落和社会。

人们对社会与国家问题的思考经历了“社会混同国家”的古典国家主义、“社会先于国家”的近代自由主义、“国家决定社会”的国家理性主义、“市民社会决定国家”的马克思主义。本章所要讨论的是移民社会是如何形成的问题，从一个人烟稀少的地方经由移民建立一个新的社会，但它所具有的特征并不是一个古代社会刚建立时的雏形，虽然他是一个从无到有的汉人社会，但是并不能用“社会先于国家”的理论去理解，因为这是嵌入蒙古族社会当中的，在这个区域内，汉人如何建立自己的社会秩序是我们关注的问题所在，汉人有原来的社会模式作为依托，因此这个社会不同于摩尔根所写的古代社会，它不需要从头开始，而是直接在一个已有社会中植入自己的社会组织方式和社会文化形式，从而在这个新的地方实现“适者生存”。不过也有与氏族社会类似的特点，例如，摩尔根在古代社会中说：“最古老的组织是以氏族、胞族和部落为基础的社会组织；氏族社会就是这样建立起来的，在氏族社会中，管理机关和个人的关系，是通过个人对某个氏族或部落的关系来体现的。这些关系是纯粹人身性质的。”①

而代替氏族社会的是以地商为中心的民间社会组织，虽然他们并不是依靠着血缘关系建立了一种个人与氏族的关系，而是依靠一种劳动合作的形式去实现一种社会组织方式。但是，与氏族社会类似的

---

①　马克思：《古代社会史笔记》，人民出版社1996年版，第200页。

是，在氏族社会中，管理机关和个人的关系，是通过个人对某个氏族或部落的关系来体现的。在以地商为中心的社会组织中，管理机关和个人的关系也是通过个人对某个地商组织的关系来实现的，在这个地商组织里，你在哪个村庄或还未形成村庄的牛犋中定居下来，你就不能轻易地流动，这是因为移民没有任何的生产工具，地商给移民提供劳动工具和土地，移民给他们交租和提供一些劳役，这与单纯的地主和雇工之间的组织方式不同，他们之间存在的依附关系比地主与雇工之间更加紧密，地商既是地主，又是承包商，也是商业资本家兼高利贷者。除了通过灌溉控制以外，地商还利用高利贷控制地户。地商比地主在收取地租方面具有更大的灵活性，如在向农民收租时交银、交粮皆可，这样农民不会因为粮价低廉而交不起租，调动了他们的积极性，而地商也不会在粮食价格的波动中损失过多。

而国家在这里是如何作为的呢？代表国家的有两种力量，一种是蒙古王公；另一种是清政府直接派驻的官员，在边界地区和较短的时间内，蒙古王公利用了当地的地商这股社会力量，在一个移民社会中开发水利和土地，继而形成农业村落。这样的村落不同于边界以内的其他汉族村落，这是因为历代的王朝虽然维持着“皇权不下县”这条贯彻始终的通例，他们采取了一系列间接统合乡村社会的制度设计，来实现维持其统治对乡村社会政治和经济上的双重需求。这些间接手段大致有行政化的乡里保甲制度、士绅阶层、宗族组织、儒家意识形态等几种。但是在这个边界地区，这些所谓的制度失去了用武之地。在从牧业到农业的转变过程中，盟旗制度虽然仍在实行，但蒙古王公对这些迁移来的农民的治理早已不是像对牧民的阿寅勒、鄂托克、兀鲁思式的管理办法，而是找地商代理，而保甲制度在此也没有实行，而是按照地商的治理方式。这里也没有传统意义上的士绅阶层，最多只有一些地主，所形成的移民村落的农民来自四面八方，因此也没有像华南宗族组织那样严格意义上的宗族组织。而儒家思想的传播在边界地区的接受程度更为有限，佛教和天主教在此地却盛行起来。因此，这个社会是个处于很像一个“封建社会”的形式，却又与之有所区别。而另一种国家力量，清政府却在其形成一定的规模之后极力地将它划入清王朝统治下的农业社会秩序中来，我们在第五章中就会看到地商的没落过程，国家是如何介入当地的社会的。因此，本章在此边界地区的特殊性的讨论是想突出以地商为中心的社会组织，在清朝即将覆灭的时刻对河套地区的水利开发和当地的移民社会的形成和发展所起的关键作用。

第四章　水利与社会的关系
——移民社会的特点

费孝通在《乡土中国》中说："农业和游牧或工业不同，它是直接取资于土地的。游牧的人可以逐水草而居，飘忽无定；做工业的人可以择地而居，迁移无碍；而种地的人却搬不动地，长在土里的庄稼行动不得，侍候庄稼的老农也因之象是半身插入了上里，土气是因为不流动而发生的。我们很可以相信，以农为生的人，世代定居是常态，迁移是变态。这结论自然应当加以条件。……大旱大水，连年兵乱，可以使一部分农民抛井离乡；即使像抗战这样大事件所引起基层人口的流动，我相信还是微乎其微的。因为人口在增加，一块地上只要几代的繁殖，人口就到了饱和点；过剩的人口自得宣泄出外，负起锄头去另辟新地。可是老根是不常动的。这些宣泄出外的人，象是从老树上被风吹出去的种子，找到土地的生存了，又形成一个小小的家族殖民地，找不到土地的也就在各式各样的运命下被淘汰了，或是'发迹'了。我在广西靠近瑶山的区域里还看见过这类从老树上吹出来的种子，拼命在垦地。在云南，我看见过这类种子所长成的小村落，还不过是两三代的事。"① 笔者调查的地方正是处于主要以迁移为主的"变态"之中，而且这个迁移过程持续了很长的时间，从清

① 费孝通：《乡土中国　生育制度》，北京大学出版社 1998 年版，第 7—8 页。

末开始到20世纪90年代，河套地区的村落人口数量才稳定下来。那么这种迁移有哪些类型呢？我们从这迁移的背后又能看到哪些特点呢？本章将分三节来讨论这些问题。

第一节　水利开发影响下移民的迁移类型

在笔者调查的过程当中，当问及老乡们为什么迁来此地时，几乎每个人说同样的一句话，因为早就听说河套地区是可以“吃白面，烧红柳”的地方，这里吃不用愁，烧柴不用愁，“吃白面，烧红柳”被认为是对河套地区最形象的写照。在移民的过程中，表现出很多的迁移类型，有的是因为亲戚的“拉扯”，有的是因为同乡的照应，有的是因为来此做生意，有的是因为饥荒逃难等，根据他们搬迁动因的不同，把这些情况总体分为两大类——自我推动型和外力拉动型，当然在现实生活中更多的是二者相结合的情况，但是为了更清楚地认识这些迁移类型故采取此分类的方法。

一　自我推动型

阎天灵在研究汉族移民与近代内蒙古社会变迁研究时，也提出推动型移民和拉动型移民的分类，另外他还提出了一种自发性移民。[①]他关注在一个动态的历史过程中，在不同时段人们迁移的动因。推动型移民主要是指清末的灾荒移民、战乱移民和贫困移民，拉动型移民主要是指因听说河套地区的富庶而迁移过来的人。自发性的移民主要是相对于政府移民、社团移民等组织型移民而言的。他认为自发性移民一直是塞外移民的主流，这一点与清代东北的移民和台湾的移民相

① 阎天灵：《汉族移民与近代内蒙古社会变迁研究》，民族出版社2004年版，第5—12页。

似，与当时在新疆、甘肃河西走廊等地的官方屯田移民不同。他的这种分类虽然在名称上和笔者的比较类似，但所站的角度和分类标准是不同的。如果从他的角度来说，本书集中在自发性的移民上，关注的都是自发性来此地的个人。本书立足的是对个人迁移动因的具体调查，从而根据个人迁移的内外动因分为自我推动型和外力拉动型两类。

牧业队的村民中迁来此地的绝大多数是二次或三次迁移，也就是说他们的祖辈或他们这一代从其他省份迁来时第一个选择落脚的地方并非此地。因为这个地方在河套地区至今还是一个农牧的边界地带，而农业开发较早的地方是人们迁移河套的第一选择。可是，了解1949年前那段历史对我们了解整个村落的发展历史以及整个河套地区具有重要的意义，我们可以通过个人记忆或集体记忆可见一斑。我从老乡的口中去探知他们如何迁移至河套，如何搬迁到此地的过程。

在这个村子住的一位老人回忆当年她父亲来后套的情形：

> 我的爷爷是甘肃民勤县人，是个骡马成群、牛羊满圈的人家，土地也有上千顷，可以说是大户财主人家。但是我的爷爷却没有珍惜这样的家庭，也没有福气经营这些财产，整天在外面赌钱，有时，一夜之间，十二只骆驼就输给了人家，地里什么事都不管了，大小事留给我的奶奶支撑着，就这样有时输了钱，回到家里还大发脾气，对我奶奶不是打，就是骂，我奶奶也敢跟他大吵大闹，但无济于事。我的大爷爷去世的早，丢下我的大奶奶，她就跟我爷爷奶奶一起过日子。大奶奶看到我奶奶受这样的气，过来劝我爷爷，可是我爷爷不但不听我大奶奶的话，反而把大奶奶按倒在地，打得鼻口流血，从此以后大奶奶也不敢再劝我爷爷了。这些事情，我的大爹、我的父亲看在眼里，泪往心里流。我的大爹看到这样的一个家庭，真是气极了，后来跟上他们那里的

穷苦人，来到了后套，到了现在临河的隆胜乡。和他一块来的那些受苦人，就在一个地主家里给人家当长工。

大爹来了后套一直没有给爷爷去信。我的大爹走后，我奶奶就更难过了。我的两个姑姑也出嫁了，我的奶奶心里就另有打算。有一天，我的爷爷又去赌钱了，奶奶就把我父亲叫到跟前。那时我的父亲只有十岁，三爹才四岁。奶奶说："娃子你已经十岁了该懂事了，看你爹这个样子是一点希望都没有了，我一切的希望就全寄托给你了。你大哥走了没有音信，你的弟弟又小又不懂事，我有五百大洋，咱家的地押，拴狗的大铁绳，都放到瓷坛子里面，在第三块砖头做的记号，墙里挖的洞，我把这些东西都放在墙里面去了，你要牢牢记住。"给父亲交代完这些，我奶奶就投井自尽了。爷爷虽然也难过，但还是整天赌钱，也不把孩子交给大奶奶照顾，爷爷家有个大四合院子，很宽敞，奶奶去世了，爷爷就不在正屋子里住了，而是搬到小南屋去住，这南屋窗户又小又黑又高，爷爷出去的时候，给父亲和三爹留下炒面和烤馍，便桶也放在家里。爷爷一走就是几天不回家，父亲和三爹想找吃的，还得等太阳升高了，阳光射到里面，才能看见炒面和烤馍。这样时间长了也不是个办法。忽然间我爷爷打起了走后套的念头，烙了一整天的干粮，晚上拉了一只骆驼，带上驼毛被褥，带着煮饭的铜锣锅，把父亲和三爹也一起放到骆驼背上。这事让大奶奶发现了，她拦在大门外说："他二爹要想去后套，就去吧，你把这两个娃子留给我看吧。"爷爷一声没吭，拉上骆驼就走了，旧社会的交通道路是极其不方便，经过好长的事件跋山涉水，来了后套，在隆胜找到我的大爹。

大爹见到爷爷、父亲和三爹时泪流满面，爷爷说你妈投河自尽了，大爹听了号啕大哭。大爹跟柜上的财主借了儿都糜糜，借了一间房子，让他们三人住下，过了一段时间，米吃光了，大爹对爷爷说，咱们还是回老家去吧，那里是咱们的故乡，还有亲人，财产和土地。爷爷说：“我暂时还不想回去，我还想在后套转二年。”大爹双膝跪在地上，含着泪说：“爹，至死我也不想见你。”于是，起来一句话也没再没有跟爷爷说就走了。大爹这一走，爷爷也在这里待不下去了，带着父亲和三爹流落在陕坝北面的红旗公社，日子一天天过去，他的钱用光了，身子骨也不结实了，他便让父亲去讨饭。过去讨饭的人都向财主家要，那时的大户人家，有很多的骡马牛羊，为了防贼，大户人家都养恶狗，有时饭要不上，反而被恶狗咬，饭要不来，爷爷就痛打父亲一顿，父亲就大哭一场。爷爷知道要饭也不是办法，就把父亲打发到四支给一家大户人家放牛。放牛也不容易，白天去外面放牛，晚上睡在牛圈口还得给人家看牛，怕牛跑出去吃庄稼，有时候，调皮的牛从圈里跳出来，几乎踩到他们头上，爷爷去看父亲时，听到父亲说这些，心疼父亲，就不让他再放牛了，还是让父亲去讨饭。那时父亲十二岁。天有不测风云，人有旦夕祸福。这年腊月里，父亲要饭回来，一进门就看见爷爷躺在炕上去世了，三爹光着身子，两只小手还抱着一块冰。两个人坐在炕上哭，邻居们过来看，有好心的人，用铺炕的芦苇席子把爷爷卷着出去埋了。经邻居介绍，陕坝来一个人，说他没有儿子，想要一个，但是不要大的要小的，那时三爹才六岁。这个人是个有钱人家，给了父亲几元大洋，就这样把三爹领走了，父亲眼看着三爹被人领走，泪流满面。后来一个老太太也过来了，突然有人说：“四老婆子，你不是没儿子吗？你就把这个孩子带回去吧。”老太太说：“人家这么大了，还会跟我吗？”我父亲听到这样的话就跟着她，一直不离开，她没办法就把父亲带回去了。于是，父亲就这样被收养了，养祖母是个大户人家的子女，是个好心人，她看父亲可怜就把他带在身边了，按照常理来说，这么大的孩子是不会被领养的。

后套地区从甘肃民勤县迁来的人非常之多，当地的民勤人常说一句话："民勤没有天下人，天下有民勤人"，这话虽然有点言过其实，但是民勤地区由于缺水、贫困迁往河套地区的人口确实很多，成为移民中一个重要的分支，而且因为其本身条件的恶劣，呈现出自我推动型的迁移倾向。从上面的例子中看到，民勤人来到后套地区后也有回乡的想法，像这位老人的大爹就是这样，但是这位老人和我说，她所知道的民勤人大多数还是留在了河套，因为像他们家那样祖上有地有财产的人家迁来后套的其实并不多，主要是没有任何办法无法在当地生存的人才会选择移民河套。按照她的年龄和她父亲的年龄推算，她父亲迁来河套的时间应该是20世纪30年代。根据前面介绍过的，河套地区在20世纪20年代基本完成了主要干渠网络的修建，这里开垦的土地面积达到4万多顷。而民勤人来此地就像是费孝通所说的，"从老树上被风吹出去的种子，找到土地的生存了，又形成一个小小的家族殖民地"，而要如何建立自己的"家族殖民地"，可谓家家有本血泪史。从这位老人家的经历中我们就可以体会当时的沧桑和心酸了。河套地区所有的村落一般都有民勤人的身影，他们的特点也是非常明显的，我们将在接下来的地缘型的迁移中着重介绍他们所形成的特点和当地人对他们的刻板印象。

二　外力拉动型

所谓外力，就是外界的一些战乱、饥荒或者亲戚关系等其他的外在原因造成这些外乡人迁来河套地区，这种类型几乎贯穿了整个河套地区的开发史。可追溯的历史史实不胜枚举，也有学者专门做过这方面的研究。如刘忠和所写的《"走西口"历史研究》① 中就详细地介

① 刘忠和：《"走西口"历史研究》，博士学位论文，内蒙古大学，2008年，第54页。

绍了山西地区的“丁戊奇荒”与走西口的移民潮之间的关联。本章想从讲述笔者调查的牧业队中的个人的家族史来说明这些移民的迁移过程。

牧业队的村民中主要有山西、陕西、甘肃、山东、河北这五省迁移过来的人，另外还有当地的蒙古人。笔者调查的这户人家是从山西府谷迁过来的，刘老汉讲述了他们的家史。他说：

> 我姥姥从府谷县走西口上后套是1939年的春天，那时，日本人已经占了和府谷一河之隔的山西河曲县，河对岸的子弹可以打到我姥姥的村子里的山头上。姥爷那时已经在后套两三年了，给一户人家做长工，可能是工资太低，姥爷好几年挣不下回府谷接爹娘妻女的路费。所以，我姥姥决定去找我姥爷。我姥姥跟着本村人的一辆“二饼子”牛车，一步一回头地离开她的家乡，看着他的父母亲，她哭得声音都变了，一面是离开故土，骨肉分离，不知何年何月才能见到爹娘，一面是路途遥远，不知凶险，不知何时何地能找到我的姥爷。后来姥姥说直到20年后，才有机会回府谷看望她的父母。这个牛车上除了装着一些简单行囊之外，娃娃可以乘坐，但是要出三块大洋，我姥姥也凑够了我妈的车票钱，可是我妈打死也不肯上车，偏要爬在我姥姥的背上。我姥姥是个瘦小的女人，还裹着小脚。从府谷到后套，大约是1000里路。姥姥用“三寸金莲”走完了这段洒满汗水和泪水的路。她不知道等待她的还有更多的艰辛。到了后套根据原来她给寄的信的地址倒是没有费多少周折就找到了我姥爷，这时，姥爷已经染上了烫洋烟（鸦片）的毛病。姥姥来了后套，而后生了我舅舅和我二姨，但是因为姥爷不成器，家里养活不起这么多娃娃，就把我二姨送给了陕坝的一个人。为了这件事，我姥姥心痛到以死抗争的地步，她把一大块鸦片膏生吞到肚里，这是旧社会百试百灵

的一种自杀方法，但是我姥姥常说自己命苦却命大。她居然奇迹般的没死。以前，她也有一次自杀的经历，那时因为受不了婆婆的虐待，一气之下，跳进正在流凌的黄河，因两块冰凌把她卡住没沉下去，后被村里人救回。可是姥姥仍然是一个孝顺的好儿媳。她的公公婆婆在我姥姥来后套一年多之后就从府谷搬来了。我的太姥爷是个精明善良的老头，他在村里开了一个小卖部，卖些针头线脑日用百货，生活也还过得去。但是，我姥姥就很受苦了，这种虐待又重新开始了。那时全家人吃一锅饭，姥姥早起做饭，她把粥煮好后，分配的权力是太姥姥的，她拿起锅铲，给每人盛上一份，把我姥姥的留在锅里，已经是最少的，然后把一把细糠撒进去再搅起来，吃不吃由你！虽然姥姥也反抗过，但是这种反抗的结果就是遭到姥爷的拳打脚踢和婆婆的更加严重的虐待。于是，只能忍气吞声。我母亲那时已经上小学了，她对我姥姥的境遇打抱不平，但是这种厄运一直到 1949 年后才有了改变，新政府发动全社会铲除封建陋习，禁绝了烫洋烟的，虐待妇女也成了违法行为。我姥姥这才直起腰来做人。但是她对婆婆和姥爷仍然很好。我目睹了我姥姥侍奉我姥爷晚年的许多细节，怎么看也不像被我姥爷打骂过这么多次的人。有一次，我舅舅的闺女听了我姥姥受虐待的故事，偷偷从玻璃板下抽出我太姥姥唯一的一张照片放在火炉里烧掉了，我姥姥知道后大哭一场，说："她再不好也是你们的祖宗，没有她哪有你们啊。"后来我知道，他们刚来后套的时候，为了生活我姥姥给人家做过 8 次奶妈，短的四五个月，长的一年。我姥爷总是把奶水钱提前支走，去抽洋烟。每走一个娃娃，姥姥就难受好几天，她 70 多岁和我们讲起这些事情的时候，眼里总是噙着泪水说："正奶亲了，人家就要回去了，后来也都不知他们长成啥样了。"

刘老汉识过字念过书，加上对这段血泪史的切身感受，让我这个记录者在旁边极其感叹其叙述的才华、语言的魅力，更感叹这段心酸的历史中人们所爆发出的人性的真善美。

上述的刘老汉的例子反映的是战争造成的外力拉动型的迁移，他们来此地的谋生手段具有典型性，就是由“雁行人”来此种地做长工开始，然后妻儿跟随他来到此地谋生，开始落地生根，而妻子因为要抚养孩子一般就做奶妈或者其他的一些可以兼顾家里的活来补贴家用。最后最理想的就是老家的老人也搬至此地，这种情况在河套地区比较少，一般就是妻儿跟着过来，而父母或者祖父母很少迁移到此。他们都是很多年后才回去看看家人，就像刘老汉的姥姥就是离开二十八年之后才回山西见到自己阔别已久的父母。

河套地区的移民从山西、陕西、甘肃迁移过来的人多数属于外力拉动型。而这种外力拉动的原因尤以饥荒最为显著。19 世纪 70 年代中后期，正当洋务派“求强”“求富”活动进行之际，一场罕见的特大灾荒到来了，这次大旱时间长、范围大。从 1876 年到 1879 年，大旱持续了整整四年。直隶、山东、河南、山西、陕西等省持续三年大面积干旱，并波及苏北、皖北、陇东和川北等地区。在这次饥荒中饿死的人竟达1000 万以上。由于这次大旱以 1877 年、1878 年为主，而这两年的阴历干支纪年属丁丑、戊寅，所以称为“丁戊奇荒”。“丁戊奇荒”期间，大批山西饥民走西口来到河套地区，光绪十八年（1892 年）和光绪二十六年（1900 年），山西又接连两次遭受旱灾，陆陆续续有饥民到河套地区谋生，就是我们先前在第二章中提过的“雁行人”。春来秋回，后来慢慢定居在河套地区。进入民国后，随着铁路交通的发展，来西口外的饥民，已不止来源于山西，其他较远省份的饥民，也涌入河套地区。①

从离土不离乡到离土又离乡，我们看到了河套地区的移民迁移过程。那么他们是怎么样在这个地方重建乡土秩序的呢？笔者在第二节中叙述他们迁移到此之后如何建立自己的社会关系网络以及将社会关系网络划分为三种类型。

第二节 移民社会与社会关系网络的建构

费孝通在《乡土中国》中谈道：我在江村和禄村调查时都注意过这问题："怎样才能成为村子里的人？"大体上说有两个条件，第一是要生根在土里：在村子里有土地。第二是要从婚姻中进入当地的亲属圈子。这两个条件并不容易，因为在中国乡土社会中土地并不充分地自由买卖。土地权受着宗族的保护，除非得到宗族的同意，否则很不易把土地卖给外边人。婚姻的关系固然是取得地缘的门路，一个人嫁到了另一个地方就成为另一个地方的人（入赘使男子可以进入另一地方社区），但是"外客"并不容易娶本地人做妻子。事实上大概先得有了土地，才能在血缘网中生根。② 河套地区的调查与费孝通所说的如何成为村子里的人是有些类似的，但是由于这个地方的土地是新开垦的，而且在一段时间内是属于地商经营的，也就是我们所理解的私人经营，因此，并没有很多的获取土地的障碍，当然我们所言的是获得土地使用权的障碍。另外，这里本来就是一个各省移民迁移的地方，因此并没有很多的本地土著在此，所以联姻入赘的动机在开始时表现得不明显，但是后来迁移过来的人就有所不同了。因此，我们还是从土地和婚姻这两个方面来看他们如何扎根，但是这个过程不同于

① 刘忠和：《"走西口"历史研究》，博士学位论文，内蒙古大学，2008年，第55页。
② 费孝通：《乡土中国 生育制度》，北京大学出版社1998年版，第72页。

开弦弓村和禄村的情况。下面我们就具体介绍一下移民是如何重建社会关系网络的，是如何落地生根在这个新的农业社会的。

一　家族型的关系网络

马林诺夫斯基曾经这样赞美中国家庭组织：“家，特别是宗教的一方面，曾是中国社会与中国文化的强有力的源泉。中国的旧式家庭，对于一切见解正确的人类学家，一定是可以羡慕的对象——几乎是可以崇拜的对象。因为它在许多方面，曾是那么优美。”[①] 麻国庆认为这揭示了中国社会结构和文化的本质，即中国社会的基础是家，而家的宗教性又是中国社会和文化的源泉。[②]

这样的社会基础在农牧边界地区也不例外，人们迁移的过程也是从个人到家庭，最主要的形式是先从核心家庭再到主干家庭或联合家庭来迁移的。

1．不同家庭类型的迁移方式

在调查过程中发现，在这个村子里，从他们的家族史来看，迁来河套地区的形式大都是按上面的迁移顺序，一共 79 户 257 口人，有 57 户人家是妻儿先过来和丈夫团聚，然后把老人和兄弟姐妹接过来一起生活的；有 3 户人家是和父母妻儿一起过来的；有 4 户人家是和兄弟姐妹一起过来的，然后才把妻儿接过来；剩下的 15 户是一直在河套生活的蒙古人。这里需要说明的是，原来的 15 户蒙古人里有 10 户是团结户，即蒙汉集合的人家，有 5 户是纯的蒙古族。

我们把每种类型的人各选一户来说明。

第一种类型已经在上面外力拉动型有过介绍，刘老汉家的故事就

---

① ［英］马林诺夫斯基：《两性社会学》，李安宅译，上海人民出版社 2003 年版，第 1 页。

② 麻国庆：《家族化公民社会的基础：家族伦理与延续的纵式社会——人类学与儒家的对话》，《学术研究》2007 年第 8 期。

是属于这个类型的，先是刘老汉的姥爷来河套地区打工，然后妻儿过来投奔，稳定下来之后父母也被接过来。

第二种类型，和父母妻儿一起过来的，笔者介绍一户姓黄的人家。他是陕西府谷人，在他三岁的时候母亲就因为生他的妹妹不幸离世，妹妹也没有活下来，父亲和他相依为命，他的妻子是个孤儿，在准备去后套的路上晕倒在他们家门口，后来他们父子救了她，给了她吃的，于是，她就这么留下来和黄老汉成了亲，但是他们父子也不宽裕，在府谷有很多去河套谋生种地的人，他们也一直有这个想法，现在有了媳妇，生活的重担就更大了，于是有了去河套的动力。黄老汉的大儿子是在他们来河套的路上生的，所以他们给他取了个小名，叫顺顺，因为这一路还算是顺利，也希望接下来的路也顺顺利利。他们先来到临河的白脑包[①]，那时在白脑包定居的人还比较多，也有一些蒙古人，后来，一些蒙古人嫁到牧业队，他们得知那里人少地多，于是决定搬迁到那里生活，黄老汉说 1952 年他们来到牧业队。四口人一共 15 亩地，虽然比起现在不算多，但是，总比在白脑包给人家当长工强，在白脑包时，他和父亲一起干长工，平常吃的是糜子饭、酸粥，初一、十五可以吃一次白面。像他这种带着父亲、妻儿迁移过来的人在河套地区不算很多，一般都属于第一种类型。因为在这边较为稳定了，才会选择全家搬迁。

第三种类型，和兄弟姐妹一起迁移过来的，介绍一户姓邢的人家，大家都叫他邢老师，因为他做过两年民办教师。他祖籍是河北，1960 年因为家乡没有吃的活不下去，于是和弟弟两个人在公社开了介绍信坐火车来到陕坝（杭锦后旗的旗所在地），先看能不能落脚。那时还有专门的生产队和大队的人在火车站接他们这些来此谋生的

---

① 与杭锦后旗相邻的县临河的乡镇名字，脑包是蒙语，又称“鄂博”“敖包”“堆子”“石堆”“鼓包”。指的是在自己游牧的区域内，选择一个幽静的地方，用石头堆起的圆形堆。

人，这比当时刘老汉姥姥的待遇好多了，当时他姥姥只能走路来此地，还背着年幼的妈妈，来此之后只能四处找人打听他姥爷的下落。这个小小对比也显示出1949年后这个时期大政府、小社会的一个缩影。邢老师听说河套富庶，不用挨饿，是个“吃白面，烧红柳”的地方，但没有想到的是这里的人们靠吃返销粮度日，农村的生活依然不好，刚来时邢老师他们两兄弟被分到果树培育场，机灵的邢老师就和区劳动局说要求办个市民户，这样就可以分到36斤白面，于是就办成了。两年之后他们兄弟被分到五业厂工作，这个厂子里面生产酒、粉条，还有养鱼，来到五业厂后觉得生活比较稳定了，就把妻子儿女接过来。干了几年后，五业厂被撤了，于是把他们分到联合四队，也就是现在的牧业队，由于邢老师识字可以记账，所以在牧业队被选为会计，一直干到1977年。

2. 祖先、家乡与认同

金耀基认为：“中国传统社会的结构中最重要而特殊的是家族制度。中国的家是社会的核心。它是‘紧紧结合的团体’，并且是建构化了的，整个社会价值系统都经由家的‘育化’（enculturation）与‘社化’（socialization）作用以传递给人。中国的家，乃不止指居同一屋顶下的成员而言，它还可横的扩及到家族、宗族，而至氏族；纵的上通祖先，下及子孙，故中国的家是一延展的、多面的、巨型的家。”① 因此，调查过程中不仅深入了解他们现在的家庭关系和家族史，而且关心他们对于祖先的祭拜和对于自己原来家乡的情感变化。

对于祖先的祭拜和自己死后的归宿问题，在举家迁移后这里也有了明显的变化。当“雁行人”来回奔波于家乡和河套地区的时候，他们的家仍是其祖籍地。其后随着雁行人的定居，这种观念也并没有发生改变。不管是来河套地区经商的商人还是垦种的农民，他们在向

① 金耀基：《从传统到现代》，中国人民大学出版社1999年版，第24—26页。

外人介绍自己是哪里人时，往往还说原籍家乡，他们对自己现在的家和住的地方并没有“家”的认同。他们时常会回老家探亲、祭祖坟，老一代还嘱托儿女要将其遗体运回祖坟地安葬。据刘忠和的研究，“在这些地方很难发现超过一百五十年的坟墓”①。“晋陕人多运葬原籍（当地坟墓甚少）。”② 包头忻定帮商号在转龙藏西北设有一处地方，专供忻、定两县同乡去世后在此停放灵柩，待时启运回籍。

随着在此居住时间的增长，“家”的观念也随着与这里经济联系的日益深入而逐渐加深，迁来此处的农民变为迁移到此的第二代，他们在这里结婚生子，组成一个个小家庭，挣下钱，打下粮食后，也不再想方设法长途转送回故乡，而是开始筑墙盖房，种植花草，布置庭院，这说明他们已经注意改善居住环境，开始做永久定居的打算。但是问题是，是不是他们只要想定居在此就可以迁移户籍了呢？这里还涉及求学、科考等问题。对政府而言是什么样的政策呢？根据刘忠和的研究，到光绪十年（1884 年）时，河套地区已聚集了大量的移民，他们虽在这里定居，但并不能入籍，其户籍仍在原籍，因此求学、科考等事，还需回原籍办理。③ 由于河套地区的土地属于蒙古王公，因此，在他们看来，这些移民虽然开垦了蒙古人的土地，但他们仍是寄民而非住民，这些汉民的户籍仍属寄籍。大量汉民不入籍，就使所设厅的管理严重滞后，只能处理一些蒙民交涉事务，并不能形成有效管辖。这就使移民的身份变成“无业游民”。这样西口地区的汉民编户立籍问题就被提上了清朝政府的议事日程。在光绪九年（1883 年）张之洞任山西巡抚时，注意到迁移到河套地区的这种寄民现象，存在很多弊端，对河套地区的社会稳定非常不利。“查七厅半系客民寄居，五方杂处，良莠不齐，村舍零星，人情涣散。虽居以祖孙数世，室则

---

① 刘忠和：《“走西口”历史研究》，博士学位论文，内蒙古大学，2008 年，第 61 页。

② 朱霁青：《绥西政治经济鸟瞰》，《西北问题季刊》（上海）1935 第 1 卷第 2 期。

③ 刘忠和：《“走西口”历史研究》，博士学位论文，内蒙古大学，2008 年，第 61 页。

盖藏千箱，人无定名，籍无定户，不特赋役、保甲，难于稽考；案件人证，难于查传；而奸匪之藏匿，赃盗之攀诬，词讼之波累，弊不胜穷。”① 要消除这些弊端，需从编户立籍开始，于是光绪九年九月，张之洞主张在河套地区搞“编户立籍”。

但是张之洞的这一政策损害了蒙古王公的利益，他制定的措施是，“归厅交涉之四子部落王、达尔罕贝勒、茂明安台吉等旗，萨厅交涉之乌拉特三公、鄂尔多斯郡王、达拉特贝子等旗，托、清二厅交涉之准格尔贝子等旗，丰、宁二厅交涉之察哈尔各旗，虽为蒙部，然该处寄民众多，因非该厅管辖，外为游匪……以后七厅与旗属交涉，地方应请议定，由察哈尔都统、绥远城将军、归化城副都统，拣派旗蒙各员会同该道各厅员，于交涉各蒙部寄居民人，每年编查一次。其土默特各旗界与察哈尔各旗界，本为各该厅该管境地者，应令各厅员，分为三等办法，将种地纳粮者，编为粮户，无论久暂，均编入籍；置有房产，种有天地者，编为业户，虽不纳粮，亦应编籍。携有眷口，并无房产，不常厥居者，编为寄户，如寄居年久，情愿入籍，准取里甲，保结编入，现住里甲，准其一体应试，其有只有佣趁，无户可编者，应附于三等户籍之内，倘三等中皆不具保容留，即行驱逐，递籍管束。蒙古仍隶该旗，不入民籍。回民与汉民一体编审，但注明回民字样，以备稽考，此次编定以后，如有新来寄民，应令呈明入籍，拟视内地之例，量为从宽，即以呈明之年起，扣足十年，方准典考，倘仅系寄户，未清入籍年份，虽远不在应考之列，以示限制，仿照内地，按村查明老幼男妇及所业士农工商，编造牌册，分别良莠，编审之时，严禁需索摊派，一应差徭，悉仍其旧，其有孝悌方正之士，随时由官给予花红奖赏，节妇贞女照例表彰，以端风化，庶治

① 《晋政辑要》卷十八《户制》，户口二《保甲》，第22页。

理可期，而粮赋亦不致逋累无著”[1]。张之洞的编籍办法，不仅可以解决当时河套地区移民的户籍问题，而且还考虑到未来迁居者的入籍问题。但张之洞的改制方案明显损害了蒙古贵族的地方利益，立即遭到蒙古地方官员的反对。如寄居的汉民编籍立户，汉民隶于厅，厅员就可由“满蒙兼用”改为“满汉兼用”，这样就触及蒙古贵族的利益。绥远城将军丰绅、归化城副都统奎英上书反对，但是清朝政府采纳了张之洞的建议，光绪十年（1884 年）五月，丰绅被参劾去职。六月，奎英也被议察。之后，张之洞所提出的“编户立籍”一事，也于十月顺利推行。

在这之前，虽然地商获得了“永佃权”，但它毕竟是租来的，并没有得到法律或皇权的保护，因此只有在河套地区拥有了和其祖籍地一样的权利后，也就是拥有了户籍，不再是寄民的身份后，他们才觉得自己在这里扎根了，自己是这里的本地人了。他们开始把这里看作新的家乡，而把原来的家乡逐渐变为“老家—故乡—祖籍地”这样一组渐变的概念，随着后代的繁衍，现在的人们谈及家乡时已经变成迁移到此的新的家乡了。

3．牧业队近三十年的家庭结构变迁

牧业队这个村子的历史有必要在此做一个简单介绍，因为我们可以从中看到家庭关系在村落的发展和扩大中所起的作用。首先牧业队地名的变化过程为，50—70 年代叫东蒙古圪旦或东补隆，1977 年开始更名为联合四队，1981 年更名为牧业队，1983 年更名为联合 8 队。从地名的变化我们也能看到这里人口中主体民族的变化。

阿德亚今年 83 岁了，在他几岁开始有记忆的时候这个村子里有 2 户汉人、2 户蒙人，汉人种地，蒙人放牧，然后互相交换东

① 《张文襄公奏议》卷六“奏议六”，第 22—23 页。

西，那时的汉人种地因为没有水源，就是靠天雨种地，后来20世纪40年代以后有喇嘛来此挖了一条渠，从乌加河引水，种地才能浇上黄河水了。齐大娘是牧业队里的老户，50年代嫁到此地，她说："那个时候汉人很少，只有两三户，有20多户蒙族，到包产到户后就不放牧了，牧民有的不会种地，又退回山上生活，现在还在的有五六户。后山放羊的生活闹好啦。"齐大娘的老伴，75岁的武大爷接过来话说："我三四岁的时候这个营子[①]有十来户人，后来因为没吃的，只留下3户，我们家、金太保家和李三女家。你大娘是从白脑包嫁过来的，那时候人可少了，只能从其他地方找老婆，我们一般又想找个蒙族，所以从临河找了个媳妇。1962—1968年陆续有人来住下，多数是因为饥荒，这个期间有100来人了，'四清后'人口猛增，乡镇有厂子（就是我们前面提到的邢老师所在的那个五业厂）倒闭后分过来一部分人。有240人左右，后来又走了一些，搬到好点的地方去了，我们这留不住人，地少，又都是盐碱地，杨家河从1960年开始给我们这灌溉，但是梢头地，土地开的比较少，后来2002年打井之后土地才全开开来。"以上就是这个村子的发展历史，我们可以看到其形成村落的过程，在这里没有哪个家族姓氏占较大比例，每家的情况一般都是自己定居后将男方的父母接过来一起生活，有时候也有把妻子的兄弟姐妹和父母拉到牧业队生活的，这个移民的过程很漫长，人口一直不是很稳定，直到杨家河被引到这个村子后才开始变得稳定，2002年这里又有了新的变化，因为村里开始有井灌，所以很多荒地被开垦出来，村里人的亲戚有从河套其他地方迁移过来的。1982年开始土地承包，把1982年以

---

① 指牧业队，这里的人把自己所在的村子都叫营子，而村子并不是指我们今天的行政村，它是指行政区划里最小的单位，现在叫村民小组。

来近三十年的家庭结构的变化做一分析（见表4－1）。

表4－1　**牧业队家庭结构的变迁**　（单位：户）

	1982年	1992年	2002年	2011年
核心家庭	37	41	59	64
主干家庭	27	26	14	11
联合家庭	3	3	2	2
特殊结构家庭	3	3	3	2
总计	70	73	78	79

从表4－1中我们看到，核心家庭的数量在2002年以后明显增加，而且在实际调查过程中并非像派出所的户籍登记中所显示的那样，这种核心家庭现在渐渐变为只有夫妻二人的家庭，他们的孩子都在城市里打工谋生，很少有回来种地的。据调查只有4户人家的儿子留在村里继续种田，而他们留下也有原因，一是家里本来的条件很好，有很多的农机具，所以几乎不用人工来种地，二是家里有生病的老人要照顾；三是自己身体不好，家里条件比较差，在农村生活成本还低一些。绝大多数的孩子不愿意回来种地的原因是什么呢？如果单纯从种地的收入而言，在牧业队来说，由于他们开垦了很多的荒地，每人平均拥有土地为30亩左右，每亩地的收入在1500—2000元，每人每年的纯收入为5万—6万元，而且吃住的费用很少。这比在当地的小城市里打工纯收入要高，在巴彦淖尔市一个普通的打工者月工资也就2000元左右。所以并不是收入的问题，那么原因何在呢？一是面子问题，社会舆论会觉得在城里工作是有出息的表现，村子里出去的年轻人说："如果在外地打工，又回来种地了，会被有些人看不起。"二是劳动强度大，受不起苦。现在在农村的小学、中学学校都合并或者撤销了，因为农村的孩子越来越少，国家这样的政策对于保证教育质量和教育水平的提高是有好处的，但对于农村的父母来说是

个负担，因为他们也需要像城里人那样陪读了。农村的孩子们从小生活在城市之中，对于农村的面貌和生活习惯，恐怕早已改变。像黄老汉的女儿就是这样的，因为黄老汉很重视对子女的教育，虽然家里生活一般，但是他送女儿到旗里的小学和中学读书，郭村长谈起黄老汉的女儿时直摇头，他说："你这个大学生来这都很朴实，可是老黄那个闺女已经完全变成个城里人那种做派了，和我们说话觉得带点看不起的了，见面连个叔叔大爷也不叫，描眉画眼打扮得跟个妖精一样。"这让我想起了托克维尔说的话："平等所带来的几乎一切爱好和习惯，却自然而然地在引导人们去从事工商业。假设有一个能干、聪明、自由、小康而充满希望的人。从能够过上安逸舒适的生活来说，他还很穷；而从不必担心缺吃少穿来说，他又是够富裕的。他总在想法改善自己的命运。这个人已经尝到物质享受的好处，而其他许多享受的好处又总是摆在他的眼前。他开始追求这些爱好，并努力增加用来满足这些爱好的手段。但是，人生短促，时间有限。他应当怎么办呢？种地，可以使他的努力肯定得到一定的成果，但是得来的太慢，而且只能逐渐地富裕起来，并要付出艰苦的劳动。农业只适于已经家产万贯的富人或只求糊口的穷人。我们假设的那个人做出了自己的选择：他卖了土地，离开了家乡，另谋一种虽有风险但可赚钱的行业。在民主社会，这样的人多得很，并随着身份平等的日益普及，其人数还在增加。因此，民主制度不仅增加了劳动者的人数，而且还使人们去选择自己最喜欢的工作。同时，民主制度也使人们不爱农业，把人们引向工商业。"①

这段话让我们结合上面牧业队的实际情况非常有感触，确实随着城市化工业化的进程加快，人们选择就业的机会也在不断增加，城市

① ［法］托克维尔：《论美国的民主（下卷）》，董果良译，商务印书馆1988年版，第105页。

给他们的不仅是收入，还有对于生活状态的一种感受，人们关注的不仅仅是收入是否可以真正提高，还关注潜在的发展机会和如果回到农村所失去的在城市的机会成本，因而收入的高低并不是最主要的决定性因素。而且，中国人对于家的重视，使他们对于子女的义务是终生的，农村的老两口挣了钱为生活在城市里的孩子买房，这在牧业队是十分普遍的事情。因此他们的实际收入还应该加上父母给他们的“补贴”。所以农村空壳化的现象越来越严重。另外，我们看到阎云翔对于这个问题的解释放在了年轻人自我意识的觉醒和新的代际互惠原则上。他说：“随着收入的明显增加，回来种地的年轻人反而越来越少，因为随着自我意识的觉醒，他们越来越能公开向传统的孝道和父母之恩的观念提出挑战，并且提出了新的代际互惠原则。父母再也不能左右他们对于职业的选择，也不能强迫他们留在身边。”[①] 阎云翔调查的下岬村的案例中，核心家庭的比重在八九十年代明显上升，主干家庭的比重明显下降，联合家庭消失得最快。

二　地缘型的关系网络

河套地区的移民虽然来自很多省份，如牧业队的移民就有山西、陕西、河北、甘肃、山东、河南和本地其他地区迁过来的人。但是他们的迁移也有一定的地缘关系，定居在此后因为地缘关系陆续从原来家乡迁移来的人也很多，形成某一个地方的特色，例如上面第一节中我们提到了民勤人的迁移和在此地所发展的民勤文化，下面我们具体说说他们生活方式上的特色。民勤人到河套地区多数都是用骆驼，上文中我们也提到的从民勤过来的老人就是她的爷爷赶着骆驼到河套的，民勤县有着悠久的历史，原称镇反城，乃甘肃省中东部的一个县

① ［美］阎云翔：《私人生活的变革：一个中国村庄里的爱情、家庭与亲密关系1949—1999》，龚小夏译，上海书店出版社2009年版，第244页。

城，据说很久以前一位明君微服私访见到当地人民朴实勤劳，故赐名民勤，镇反城也就演化成今天的民勤城。民勤素有“骆驼之乡”的美名，骆驼是最有灵性的家畜之一，且通人性。不管是寒风凛冽的严冬，还是烈日炎炎的夏日，一旦踏上征程便不再回头，其耐力惊人。在茫茫沙海戈壁中，骆驼和民勤人不但在生活中相依为命，而且骆驼吃苦耐劳、抵抗风沙、百折不回的优良品格也在感染着民勤人，他们在精神上相互鼓励。这些品格现在已成为民勤人文精神和地域文化的精髓。在走西口的移民中，民勤人可谓一个重要的分支。民勤人在开拓河套、开挖河套八大干渠中付出了辛勤的劳动，因为民勤人最能够吃苦，可以忍受很多别人不能吃的苦，据挖过大渠的东方红村的老人说：“在快入冬的天气，新开的渠需要捞阴沙，那么冷的天全靠民勤人，站在漫过大腿的冰凌碴子水中去捞，身子冻得发紫，但是他们就能坚持，一干就是半天。这样很多人都落下了病根，关节痛、风湿病在老年时都很严重。就与那会挖渠有关。”

民勤人的吃苦耐劳延续至今，着实让当地的其他人佩服，留下了很好的口碑。牧业队的郭村长说：“这个地方晌午最热的时候你在地里头看有人在除草、浇水、施肥，去问上一问，肯定是民勤人。有时，夜间浇水也是很正常，有时候会一整夜不休息。民勤人相对来说比其他地方的人勤快，而且家里收拾得干净。民勤人的娃娃，自小就知道什么叫作苦，民勤孩子的父母都有这样的想法，就是把子女培养好，即便是砸锅卖铁也一定要让孩子上学。人家比我们重视孩子的教育，我们就随娃娃的意愿，想念就念，念不动了，也就不勉强他们再念了。”

民勤人团结，喜欢穷困人帮穷困人，在逃难中常常成群结队。喜欢定居在一起，形成了“民勤疙瘩”。风俗习惯、语言俚语在这些大多数是民勤人聚居的村落保留了下来，直到如今，杭锦后旗还有完全是说民勤话的村落，如三道桥新胜的一个村、二道桥查干的一个村和双庙镇尖子地的一个村，都说特有的“西话”。民勤方言属兰银官话河西片，从汉朝到清朝，因一直是内地汉民和各少数民族杂居生活的地区，所以，民勤方言中至今保留着很多少数民族的词汇。例如，蒙古语中有，兀那（那个）、海海子（沙漠中的湖）、歹（恶毒）、哈巴（巴结）等词，民勤人把它们引用过来，就说成：“兀那个人心歹的太哩，见了穷人恨不得做死哩，见了当官的哈巴哈巴的。”还有一些词是蒙汉结合的，例如，“淌土”意为“道路上碾压而成的稀土”。这里的“淌”是蒙语，“土”是汉语。又如，“直胡同”，比喻做事直来直去的人，这里“直”是汉语，“胡同”是蒙语“井”的意思。还有，“贼忽拉”就是小偷的意思或者有小偷嫌疑的人也被当地人这么称呼，“贼”是汉语，“忽拉”是蒙语。这个词一直为整个河套人所接受，大家使用这个词的频率较高。

此外，民勤人的饮食也受到各地人的喜爱，尤其属“发面馍馍”和“拉面”最为有名。发面馍馍，全靠自然发酵，不用小苏打和发酵粉，完全是绿色食品。味道甜中带一丁点酸味，河套人喜欢吃酸的，不仅吃酸粥，还有酸烩菜、酸蔓茎、酸黄瓜都是日常的食品，醋是不可缺少的调味品，这都是受了为数居多的山西人和民勤人的影响。这馍馍中一丁点的酸味也符合河套人的口味。蒸好的馍馍放上个十天半月，也不会变质发硬，是出门干粮的首选之物。有句民谚叫：“民勤的馍馍梁外的糕，后山的饸饹实在好。”

除了好吃之外，在食物之中还有很多讲究，去象征性地表达人们不好说出口的意思。比如男女朋友第一次去对方家中做客，对方父母同不同意，这婚事成不成，不用嘴说，一看给吃什么就知道。如果是七大碟、八大碗的像贵宾一样招待你，那么别高兴得太早，这说明婚事免谈。如果是给你吃拉面，不管有没有放肉，或者有没有其他的菜都不要紧，那证明是看上你了，吃拉面的象征意义就是把“你拉住了”。

当然不同地方的人对民勤的评价也不完全一致，有人说民勤人的缺点就是太固执，和他们不容易讲道理，当地人都知道一句民谚："民勤人翻得很，蒸的馍馍酸得很。"有一些民勤人也因为这句话所造成的刻板印象而不敢在公开场合说自己是民勤人。这其实要看从哪个角度去理解这种固执和倔强，"翻得很"也可以理解为民勤人坚持真理坚持自己的意见，这与其根深蒂固的文化传统有关。

三 业缘型的关系网络

牧业队中山东人和河南人占少数，他们来此的生存方式为做生意，挑担子卖些针头线脑和其他小百货。老于家就是从河南来的，20世纪40年代末老于挑着货担走到牧业队就没法再往下走了，因为山里是荒漠戈壁，而且人烟稀少，只有一些放牧的蒙古人，他们不懂蒙语，也没办法进去。所以，就在牧业队住下来，这里的人不排斥外来人，因为他们的土地很多，只是没有人耕种，而且村里的流动人口本来就很多。他们开始边种地边开个小卖部，日子过得还算可以，但是他们老家没有投奔他们来此定居的，父母也没有过来，1949年后他回家看过父母两次，家中的人说起这个他们觉得自己在此无亲无故比较孤单。而相对来说，在调查中，笔者发现山西陕西甘肃的同乡由于比较多，而且喜欢和人交往，因此他们很少说来此比较孤单的。反倒是在此的蒙古人和来此较少的河南人有这种感触。山东人在此定居的有3户，他们是一个家族的，老杨是一个兽医，他在60年代来的牧业队，当时需要一个兽医为牧业队的牲口看病，老杨就重操旧业，而且因为当时也没有什么医生，乡卫生院又很远，所以大家让他去瞧瞧病，他也能看一些"头疼脑热"的小毛病。由于惠及众人，老杨在队里的地位还挺高，受到大家的尊重，后来，他的一个儿子子承父业，学了一两年医科（其实就是念了当地的卫校）后回到村里为大家看病。和他聊天的过程很有意思，他说这个村子民风很好，没有人赌博，甚至连打纸牌的也很少，过年大家就互相拜拜年。这在农村是非常少见的，这可能与第一节中上述的民勤人的痛苦经历有关，所以以史为鉴他们这一家的人就很少赌博，而一个好的风气养成似乎不是能靠一家的作用来形成的，我们注意到这里的蒙古人也不喜欢赌博，他们多是在经营自己的小生活，大家一起聊天、唱歌、喝酒多，赌博就很少了，而且1949年年初这一赌博之风被肃清过，该地的村民一直保持得很好，赌博者是被村子里的人们鄙视的对象，例如有个人坐着摩托去其他村子赌博，回来的路上摔了腿，于是，人们就说她是活该，谁让她去赌博呢？他们把这种偶然事件描述成上天对于赌博者的一种惩罚。另外，小于大夫说，因为人们饮食上喜欢以肉食为主，而且这里离城较远，离乡里的门市也较远，所以到了冬天就很少吃到蔬菜，在夏天人们喜欢吃烙饼、喝奶茶，包括一些汉人也被蒙古人的这些吃法所影响，所以他们中高血脂、高血压、高胆固醇的人特别多。他和我交谈的时间并不多，但是他说因为这“三高”人群，村里的老年人或中年人因为这些毛病死亡率增高，希望帮他们宣传一下健康的生活方式和饮食方式。笔者很希望我能做什么，但是觉得很难，老年人的生活方式并不是一朝一夕形成的，而年轻人对于这些健康饮食的接受力比老年人强很多。而且他们尊重有知识的人的“权威”，所以希望我能做些什么。这种因为业缘迁移到此的人，在二轮土地承包时全部给他们分了土地，所以他们在这虽然没有太多的亲人，但是他们仍然留下来，爷爷辈就迁来河套地区的山东小伙，现在认同的家乡就是当地，而不是山东。

第三节　移民生活方式的变迁

什么是生活方式？马克思很早提出“生活方式”的概念，不过它是作为“生产方式”的对立物被提出的。马克思认为生活方式揭示的是生产方式和生活方式之间的相互关系，是区别阶级、阶层的重要指标，并把它作为描述社会变迁、社会现象的重要概念加以使用。马克思、恩格斯认为："人们用以生产自己必需的生活资料的方式，首先取决于他们得到的现成的和需要再生产的生活资料本身的特性。这种生产方式不仅应当从它是个人肉体存在的再生产这方面来加以考察。它在更大程度上是这些个人的一定的活动方式，表现他们生活的一定形式，他们的一定的生活方式。"① 韦伯把生活方式作为确认地位群体的社会标志。他说："一种'生活方式'对于地位受尊敬程度的决定作用意味着，地位群体是一套'习俗惯制'（conventions）的专门拥有者。"② 总体来说，这些学者关注的是生活方式作为一种区别阶级地位的描述性工具。20 世纪 70 年代后期学界对生活方式的研究转向了生活方式类型的分析。这种转向将生活方式的研究范畴扩大了。生活方式作为一种类型学分析，可以从不同角度对生活方式进行分类后再做具体研究。比如王雅林说："从生活方式主体角度可以在社会、群体和个人三个层面对生活方式进行分类研究；从人类社会相继演进的社会形态角度可分为原始社会生活方式、农业社会生活方式和工业社会生活方式以及信息社会或知识社会的生活方式；从人的生命周期角度可以分为少年儿童生活方式、青年生活方式、中年生活方式和老年生活方式；按人类生活的社区和聚集体角度可以分为城市生活方式和农村生活方式等。还可以从性别、民族特点、职业、个人与社会的关系等等多种角度作分类。"③ 在分类基础上进行具体研究的时候，研究领域包括劳动、居住、消费、休闲、社会交往、婚姻家庭以及各种细微的领域和特定的形式表现方面，如生活风格和时尚、隐

---

① 马克思、恩格斯：《费尔巴哈》，《马克思恩格斯选集》第一卷，人民出版社 1972 年版，第 25 页。

② Weber Max, *Essays in Sociology*, New York: Oxford University Press, 1946, p. 190.

③ 王雅林：《生活方式的理论魅力与学科建构——生活方式研究的过去与未来 20 年》，《江苏社会科学》2003 年第 3 期。

私等。这里重点关注河套地区移民的择偶方式、饮食习惯、民歌的变化以及移民的心态。

一　择偶方式和择偶标准的变化

牧业队的人们在描述往事的时候，记忆最清楚的大事之一要数自己结婚时候的事情。83 岁的阿德亚老人说：“结婚时自己 23 岁，因为家里穷没钱娶媳妇，所以一直没有人来说媒自己也没有找。直到解放后，他说也不用彩礼了，都是新政策，去花一毛二分钱领个结婚证就行了，多亏了共产党不然我还结不起婚呢。蒙古人结婚时女子要有头戴，那头戴非常贵，一副头戴可以换十来匹马、300 多只羊，这对于我们家来说是万万负担不起的，我当时虽然觉得汉人也没什么不好，可是家里还是希望我找个蒙古人，这样语言比较通，就这样，我从白脑包打听到一家人家，就让人去说媒，一说就成了。但是到了我儿子、女儿那一辈我就不会去限制他们，找汉人、蒙人都是一样的。我的三个媳妇，两个是汉人，一个是蒙人，女儿嫁的也是汉人。现在他们生活得都挺好，孙子也上大学了。”

他们现在两个人住在村子里靠近马路的地方，因为年纪大了，生病的时候也方便就医，他们的孩子没有和他们在一起的，女儿生活在临河，3 个儿子一个在呼和浩特，一个在杭锦后旗，一个在乌拉特后旗。而他们两个不习惯城里的生活，宁愿两个人在家乡安度晚年，看起来是那么让人羡慕，互相照顾，很有默契，“执子之手，与子偕老”的誓言在他们那一代人身上体现得倍加真实，倍加令人感动。

我们再来看看，迁移到此的汉人们的择偶方式在 1949 年后的 60 多年里有什么变化。郭村长是一个重点的访谈对象，他 1963 年出生，从 1990 年开始当小队的队长，从 1994 年开始当村长，1998 年当村支部书记，2004 年又当回村长，一直至今还是村长。笔者选取了他们一家三代人的婚姻经历作为反映这 60 多年变化的一个窗口。他给我们讲述了他父亲、母亲的经历，还有他自己以及他儿子的择偶过程，后来笔者拜访了他的父母，也当面采访了他的儿子。我们先从郭爷爷的婚姻讲起。

郭爷爷3岁就随着父亲来到蛮会[①]，他今年69岁，这样推算回去，也就是1945年他到了蛮会，这是因为郭爷爷的母亲在他3岁时就去世了，他只能和在蛮会给大户人家做长工的父亲相依为命，他住在给长工住的大伙房里面，每天吃的是糜子焖饭或者酸粥，初一或十五的时候他们可以吃一次白面馒头。就这样一直到他十岁，也就是1952年，父亲决定离开这里，因为他听说有个叫“东补隆”（也就是现在的牧业队）的地方可以分土地，于是他们来到牧业队定居下来。他们家里很穷，住的房子窗户很小，后来到了互助组时期，他们没有劳动工具的问题得到解决，慢慢有了一定的积累，郭爷爷说：“但是父亲一直担心我娶媳妇的问题。我们这离乌拉特后旗的乌盖比较近，父亲托人打听到乌盖有家汉人家的女儿非常精明强干，还上过学，于是就托人说，我们那会生活条件差，怕人家看不上，可是人家也没说其他的，贫农找贫农，那会儿人们的觉悟很高。而且后来我听你奶奶说，他们看上的是我们家没有婆婆，这样嫁过来不受气，呵呵。”

奶奶回忆她的父亲说的话：“小伙子倒是个老实人，一辈子听你的，不受气，他爸也挺直，不像会难为媳妇的人，你去了也没什么负担，他也没有兄弟姐妹，你们好好刨闹你们的生活就好了，我看行！”“就这样，我就嫁过来了，那是1962年，当时什么彩礼都没有，连身新衣裳也没，我爸、我妈给我穿了身好衣裳，就这样嫁过来了。1963年我生了你郭叔叔。你郭叔叔小时候很跳（调皮捣蛋的意思），他不怕他爸，但是怕他爷爷和我，他爷爷是个挺好的老头，只要能自己干

① 内蒙古杭锦后旗的一个乡镇，距离牧业队30多公里路程，因这里在历史上多有蒙古人和汉人的贸易集市而得名，杨家河的开挖也与此地蛮会教堂相关，参看第三章的内容。

动活就不会闲下来，我做饭人家也从没有让我给他往屋子端过饭，都是自己过来吃，不像某某家的老人，整天都要媳妇伺候。大小子不爱念书，上了个初中就不上学了，自己和村子里的后生们混在一起，我们那会担心他会惹是生非，他那会儿像现在的黑社会老大一样，后面跟着一大帮后生，整天穿着喇叭裤，赶时髦了，后来自己找了个对象，是个蒙古人，我们那会儿不愿意让他找，蒙古人那讲究可多了，还是后山的，去一次也不方便，可是人家就要找，我们也没办法。我们家老二有出息，念成书了，分配在呼市上班了。老三出家当和尚去了，闺女嫁到临河去了。”

郭叔叔笑着说：“我自己也以为我那会说不定会出娄子，后来是共产党把我教育好了，大家选我当队长后，我要做表率啊，工作那会也卖命，浇地的时候放水的口号是我发的，沿着一条渠一喊一天，一走一天，几十公里都走出来了。结婚以后还是玩心很重，后来有了孩子才慢慢变得会照顾家了。郭磊也和我一样，不是念书的料，可是也不喜欢在农村种地，我让他去当了两年兵，然后在城里找了个工作，这不今年刚给他办了婚事，对象是他自己找的，我们也不干预。找好了我们就办，不过话说回来，老古人讲门当户对是很有道理的，我们也不求能找个条件多好的，现在这个媳妇，他们家也是农村的，在医院上班当护士，和我们能说到一块，我看挺好的。”

从上面两代人叙述的三代人的婚姻史上我们看到很多变化，首先是择偶标准的变化，这包括长辈们观念的变化和自身观念的变化两种。在五六十年代，婚姻已经开始由完全的包办有所改变，从阿德亚老人和郭村长父亲的经历中我们看到，不同时代的他们已经在大胆地追求婚姻自主，他们的择偶对象是考虑家庭条件比自己好些人家的女子，他们的理想对象和父母理想中的媳妇一般是相同的，当然我们看到受当时的生活水平所限，所以他们几乎没有太多的选择，而是觉得能成家就已经很走运了。再看郭村长姥爷当时说的那番话，把没有婆婆看作一个重要的优势条件，这也难怪，就如我们第一节中提到的刘老汉的姥姥所受到的虐待，其实娘家的人最怕女儿受婆婆的气。在当地流传着这样一首民歌，“传不死的婆婆难伺候”① 来描述媳妇的无奈和心酸。唱词是这样的：

十二岁上寻婆家，
猴猴儿价（很小的时候）给人家当牛马。
头顶人家的房片（房顶）脚踩人家的地。
哪一天也受人家老小的气。
拿起盆盆放下个碗，
走的坐的由人家管。
没寻下好人家能该咋，
没钱人的女儿耐且他。
老臊胡长的颗鹚怪子头，
传不死（得了传染病不死的人）的婆婆难伺候。
一出大门拉得一根棍，
那是媒人的捅心棍。
大青山的石头乌拉山的水，谁要管媒五雷追。
叫一声媒人早点儿死，趁我年轻给你烧两张纸。

其中不仅隐含了对婆婆的恨，还有对媒人的恨，而在河套地区牧业队属于靠近阴山的地方，这里蒙古人较多，没有童养媳制，可能是受蒙古人的影响，这里的汉人们嫁女儿的也是到了成年后才决定的。那时男方择偶的一个重要条件就是选择一个身体健壮的女孩子和他们一起干活来补贴生活，而女子则希望找个身份相当，都是贫农或中农

① 李树军收集整理：《河套民歌选［上集］》，远方出版社1996年版，第114页。

的人中婆婆比较好的人家。

等到了80年代，郭村长的择偶标准就和父母想要的标准有些不同了，郭村长他们在说起自由恋爱时还有骄傲的表情，因为他们那代人其实在农村还是以介绍为主，而自己找的比较少，而父母虽然不够满意但以子女的意见为主，这体现了他们的开明。但是父母所考虑的问题在婚后出现了，如语言问题和亲戚比较远的问题，不过这两个问题到底是成为生活中的不利方面还是歪打正着，恐怕还很难说清楚。就语言问题上说，郭村长因为娶了蒙古媳妇所以自己也要学些蒙语，这样方便和岳父那边的亲戚交流，虽然他学会的很少，但是这对他当队长以后做蒙古人的工作有很大的帮助！因为他会说些蒙语，又是蒙古人的女婿，所以在蒙古人中比较容易建立起信任的关系。而对于自己的家庭而言，郭村长的媳妇以前就会说一些汉语，基本交流不成问题，而生活习惯上的不同，互相适应起来也很快。现在郭村长他们家和郭爷爷家来客人都是给喝砖茶的，这和蒙古人的习俗是一样的，这个问题我们将在第七章第二节中有更为详细的介绍。而且，像他们这样蒙汉结合的家庭在政策上享受的是蒙古族的待遇，孩子可以是蒙古族，可以享受国家给的一些补贴和优惠政策。例如，在1998年地震之后，他们村里的15户蒙古族户，包括蒙汉结合的人都享受了建立震后蒙古新村的补贴，每户2万元人民币。而对于较远的亲戚，虽然不利于他们在生产上的合作，但是他们在当时生活困难的年代，也算多了一条出路，他们当时可以迁移到后旗蒙古人的地方，由于有民族优惠政策，他们的粮食补贴就够吃了，但是他们没有去。郭村长是个非常孝顺的人，他的岳母去世后，他把岳父接到他们家生活，一直到他岳父去世。这让郭村长的老婆非常感动。他们回忆当时的择偶标准，两个人都说没有考虑太多的家庭和现实条件，就是恋爱了就结婚了，也没有民族上的考虑。真是无心插柳柳成荫，他们过得很幸福。也许就是这个原因，他们一直支持儿子自己谈自己选，没有给他安排任何的相亲，他儿子今年 27 岁，按说在农村这个年龄的人应该早就结婚了，但是儿子不着急，在城里的工作稳定了才开始谈对象，他们给儿子在城里买了房，媳妇是农村的，也在城里打工，他们觉得这样的家庭“门当户对”，这样好相处。而郭磊说：“很好找到女朋友的原因就是父母在城里为自己买了房，而其他的同伴买不起房的，结婚的人就比较少，他们都在为这个而苦恼。我的同事和朋友们通过介绍相亲的人比较多，因为知道对方和自己的条件才觉得有谈的基础。当然买得起房的人也在选择条件好点的人，将来生活压力小点，这都是人之常情。”

通过以上的叙述我们了解到，几十年来，择偶的方式从做媒不见面到自由恋爱再到相亲。阎云翔把他在下岬村所观察到的青年人择偶独立性的发展和 90 年代末的质变，称为择偶的浪漫革命[①]。他选取的观察角度是，婚前的亲密关系，对于物质的要求和个人性格与素质的要求的比例，是否公开明了地向心上人表达爱情。笔者的关注点与之不同，在注意那些看似改变实质在延续的观念，以及人们的价值观和人生观发生了哪些变化。

我们注意到在农村，“门当户对”的观念其实无论是早期爷爷辈明白的强调，还是暗自的孙子辈的潜规则，都是父母们一个延续的标准，他们以过来人的经历告诉孩子这对于将来除了爱情之外的婚姻生活将十分重要。这并没有随着改革开放后西方个人主义价值观的影响而发生改变，延续的“门当户对”观念虽然内容不一样，如爷爷辈的是阶级成分相同，孙子辈的是家庭生活水平相当，可是这种观念却依然存在。它的根源似乎就是 Potter 夫妇所认为的：“工作是社会联系表达的中介，工作是农民懂得的最基本的概念，这一概念加强了人

① ［美］阎云翔：《私人生活的变革：一个中国村庄里的爱情、家庭与亲密关系（1949—1999）》，龚小夏译，上海书店出版社 2009 年版，第 95 页。

际间的关系。"① 因此他们推论由于农民在对待家庭或其他人际关系时总是着眼于工作和相互帮助，中国农民不需要用感情来构筑他们的社会关系。笔者对前半句比较认同，因为这是生存和生活的需要，属于中国人现实主义性格的最充实的表达，而对后半句，"中国农民不需要用感情来构筑他们的社会关系"则不敢苟同，正如 De Munck 在研究斯里兰卡包办婚姻时所言："爱情对于 Kutali 的村民非常重要。否定这种重要性就是否定他们的人性。"② 中国人对感情生活的细腻和惊天动地是自古以来就有的，像是牛郎织女的传说中，牛郎正是一个典型的农民形象，他们的感情故事惊天地泣鬼神，虽然是神话却代表了人们对这种价值观的认同以及人们对这种真挚感情的尊崇。中国传统文化中道与命的统一早已内化于处理我们生活中的每一件事情，中国人接受命运的安排，有着宿命论的安然，因此在婚姻生活中一旦成亲就会接受命运的安排，踏踏实实地过日子，在共同的奋斗中培养出矢志不渝的爱情和亲情，为了孩子可以包容那些两个人不合适的地方，这在爷爷辈和爸爸辈的人中体现得非常明显，因此他们这两代人的离婚率在此村为零。

而我们还有趣地发现，随着城市化的加快，在中小城市打工的男女们谈恋爱时物质的条件比上两代人都重要。郭磊爷爷辈的人是因为实在没有条件讲家庭条件和物质条件，所以男女双方更看重为人是否老实可靠，是否勤劳能干，换句话说，对于未来发展潜力的鉴定是其主要的择偶标准，而感情的培养都是在婚后，虽然不是以爱情为基础而结婚，但是他们相信命运的安排，而对于感情的表达方面，如 Andrew Kipnis 所言，美国人强调确切真诚地表达感情，中国农民却具有

---

① Potter, Sulamith Heins and Jack M. Potter, *China's Peasants: The Anthropology of a Revolution*, Cambridge and New York: Cambridge University Press, 1990. p. 195.

② De Munck, *Victor*. 1996. "*Love and Marriage in a Sri Lankan Muslim Community: Toward a Reevaluation of Dravidian Marriage Practices.*" American Ethnologist, p. 708.

一种所谓的“非表达原则”。[1] 但是，他的研究主要集中在关系文化的讨论上，感情的作用是功能性的，所以并没有单独涉及感情中爱情的表达。中国人表达感情的含蓄在调查过程中确实有很多的例子，像郭村长说：

> 这会儿的小青年说什么爱呀爱的，可是没多长时间就换个对象，我们那会谈对象的时候从来没说过一句这种肉麻的话，现在更不说了，都老夫老妻了，可是还是过得挺好。有些话不用说出来，你做就好了！

郭村长的话很朴实，但是说得很有道理，这种含蓄在他们看来是一种承诺、一种责任，是藏在心中的含蓄，有些东西是用心感受的，不是用嘴巴来说的。他们那个时候的择偶方式虽然变成了自由恋爱，但是他们的择偶标准与父辈时仍然相差不大，他们的生活水平也都有限，所以彩礼很少，更不会要房子，回来是和公婆一起住的。但是现在，牧业队的20岁以上的孩子不读书的，有90%以上在城里打工，城市生活的压力反而让人们越来越重视物质条件，最重要的就是在城里要有房子。而阎云翔所谓的那三个标准，虽然在调查中有所反映，如婚前的亲密关系在孙子辈的郭磊那里也确实存在，当然也会公开明了地向心上人表达爱情，这是年青一代能做到的。但是对于物质的要求和个人性格与素质要求的比例，在阎云翔看来一个重要的变化是，在注重物质条件的同时，开始注重个人性格与素质。这当然是自由恋爱的必然选择，而这个比例在他调查10年以后的今天，我们仍能看到大多数人们对于物质条件的重视和对于个人性格和素质的重视

---

① Kipnis, Andrew, *Producing Guanxi: Sentiment, Self, and Subculture in a North China Village*, Durham: Duke University Press, pp. 104 – 115.

是相同的或者更胜一筹，这源于人们生活压力的增大，这种压力不是在爷爷辈的那种关乎生存的压力，而是城市化之后人们之间比较的压力。

二　饮食习惯的变化

牧业队由于是一个蒙汉杂居的村落，而且汉族移民中有来自不同地域的人，所以他们的饮食习惯有很多差异，但是经过半个多世纪的融合，他们的习惯逐渐趋于一致，例如我们在上文中提到的民勤人的馍馍、拉面，以及蒙古人的奶茶、手抓羊肉等，下面我们介绍一下颇受当地人喜爱的一道过春节或者其他节日要吃的菜，就是猪肉烩酸菜。据说这道菜与陕西、山西的做法有些类似，也有些创新，目前已经成为当地人的主要菜式。而这道菜在每年杀猪的那天吃是最讲究的，据说也是口味最好的，笔者调查的牧业队里每家每户都至少喂一头猪。笔者观察了一户人家杀猪的全过程，接下来就向大家详细介绍一下。

清晨，牧业队的老乡们早已在要杀猪的人家的院子里站满了，有几个杀猪好手被请来在院子里准备，先在院子中间装一个临时的炉子，然后烧好一锅开水。只见几个人正在打趣说谁猜得准今年这口猪能杀多少斤，大家就请他喝酒，其实大家就是想热闹一下。有人说："这猪虽然膘不厚，但是家里喂的玉米面粮食，肉瓷实，杀个两百七十斤差不多。"也有人说："不止，杀个两百八十多斤，绰绰有余。"大家对笔者说，让我们这城里来的大学生来说说有多少斤，笔者笑笑说："两百多斤吧，第一次见杀猪，没有什么估计斤两的经验。"一个大叔和蔼地说："待会猪叫的时候别害怕啊！"笔者点点头。于是，几个手脚很利索的人跳进猪圈，猪发现了自己有危险，开始在猪圈里乱跑，大家先抓它的尾巴，然后有一个人抓住了它的一只后脚，另一个人发现这是一个好机会，以迅雷不及掩耳之势也抓住它的前脚，两人一起把它控制住了，剩下的三个人马上把它按住在地，一个拿着刀的叔叔瞅准猪的咽喉，一刀下去。猪的那种嚎叫我现在还心有余悸，开始时猪挣扎得很厉害，过了一会儿开始慢慢静下来（见图4－1）。

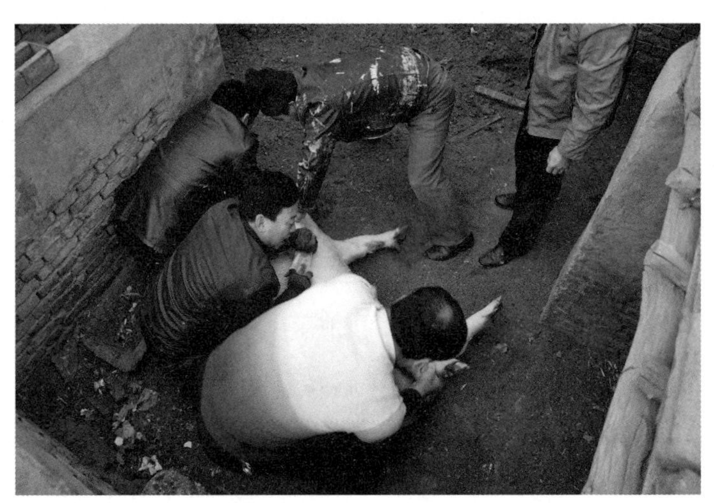

图4－1　杀猪情景

这个叔叔一看就非常老练，因为站在旁边的大婶说："这样一刀就直插进咽喉让它动弹不得的手法很厉害，有的人捅了猪一刀之后，猪还可以乱跑一阵，大家那时就只能等它流血不止，过一会儿之后才能抓住它，不然开始时会跑得很快。"猪死之后，它的血被人用土弄干净（见图4－2），四五个人将之抬出院墙，然后放在一个三轮车上（见图4－3），再拉到院子里已经弄好的锅旁边。三轮车用砖头固定，随后有经验的人试试水温，大约80摄氏度，用盆往猪身上浇水，先从猪头开始，因为，他们要将猪头最先褪好切下来，然后再将脖子附近的整块肉切下来用来招待亲戚朋友和来帮忙的人们。此肉还有一个专门的名称，叫"槽头肉"。

只见，这时他把滚烫的热水反复浇在猪头上，七八次的样子，他开始用刮子来剃猪毛，刮子是用铁皮做的类似于刷子的形状，如此这般，一头猪的猪毛就被褪好了。随后，那个叔叔提来一桶冷水，笔者很奇怪，怎么用冷水呢？叔叔解释道："用冷水浇到还热着的猪皮上，它身上很细的汗毛就会马上竖起来，我们再用刮子刮一下就很干净了，这样弄好的猪不用再用火碱褪猪毛了。"生活中其实蕴含了很多智慧，每个行业每个成熟的人类行为都有很多的道理在每个步骤中产生。褪好了猪毛，他们将整头猪用绳子吊在房梁上，然后开膛破肚的工作开始了，整副下水被取出后，有经验的人很快将苦胆取出来，他们不会用刀子割，因为这样会将胆汁弄破。那个叔叔力道合适地拽着苦胆让它的皮和整个内脏分离，这种力道至今还很难用机器来取代。屠宰场也是由人工完成这个任务的。而且一般是把苦胆和附近的肉一起割下来，很难做到将苦胆完整剥落。老乡中专门有两个人负责把内脏都分离出来，或者留着自己吃，或者将它卖掉，他们把猪肝、猪肠、猪心、猪肺、猪肚全都分开称好重量，然后将肋骨上的油弄下来，他们管这个地方取出的猪油叫油梭子（见图4－3），因为这个地方的猪油在炼制时最能出油。但是一般这个油不及那种猪肉上带的肥肉炼出的油好吃。所以现在生活好了大家一般不吃这个油了。

老乡们将排骨分出来和"槽头肉"一起做成猪肉烩酸菜。这里要提一下这里有名的特色菜，每年到了入冬上冻的时节，也就是说气温要在零下10摄氏度以下，农村每家每户杀猪后都会吃个菜，以示庆祝，这个菜的做法是将"槽头肉"和排骨一起放进锅里炒香，然后放上花椒、八角、葱、蒜等调味品，等到肉和排骨由红变白然后炒成焦黄时再烹入酱油，一阵浓郁的香味扑面而来，这时稍焖一下就可以填水，然后等水烧开后将酸白菜放入，水要稍稍没过白菜，因为这个菜烩得时间长点才好吃。这样，等到水差不多蒸发干之后就可以将上面的菜和下面的肉排骨混在一起，有时人们也喜欢在里面放土豆、粉条和豆腐。这道主菜是人们庆祝丰收的一个象征，有的人家因为杀猪时请来的亲戚朋友很多，能用掉一半的猪肉，然后等到亲朋们走时还要给他们带一些，所以一头猪几乎所剩无几。富裕的家庭有时一次能杀三四头猪。但这都是现在的生活变好了之后的分法和吃法。以前在刚包产到户的时候，人们每年就等着杀猪的时候能好好吃一顿肉，而且也不会在当天的酸烩菜里放这么多的排骨，一般就只有“槽头肉”。剩下的肉肥的都要炼成油，瘦肉都要炼成干肉腌起来，由这家的女主人安排一年的吃肉计划，每顿只能放一点点猪油或者都没有。在大集体时期就更困难了。从包产到户和头轮土地承包开始人们常常用吃羊肉、猪肉的数量来对比生活的变化。在农村这就意味着家庭收入和生活水平。而现在在免除“三提五统”和农业税之后农民的收入迅速地增加了，人们又多了一些比较的内容，比如城里有没有为子女买房，现在自己家里有没有小轿车，房子有没有外面贴瓷砖，等等。

图 4－2　用土埋猪血

说完这道猪肉烩酸菜的大菜，我们来接着说说该村人饮奶茶的习惯如何养成的。该村的 15 户蒙古族都保留着早上喝奶茶做早餐的习惯，笔者去了之后很喜欢吃他们的“温达茶”，之所以要叫“吃茶”

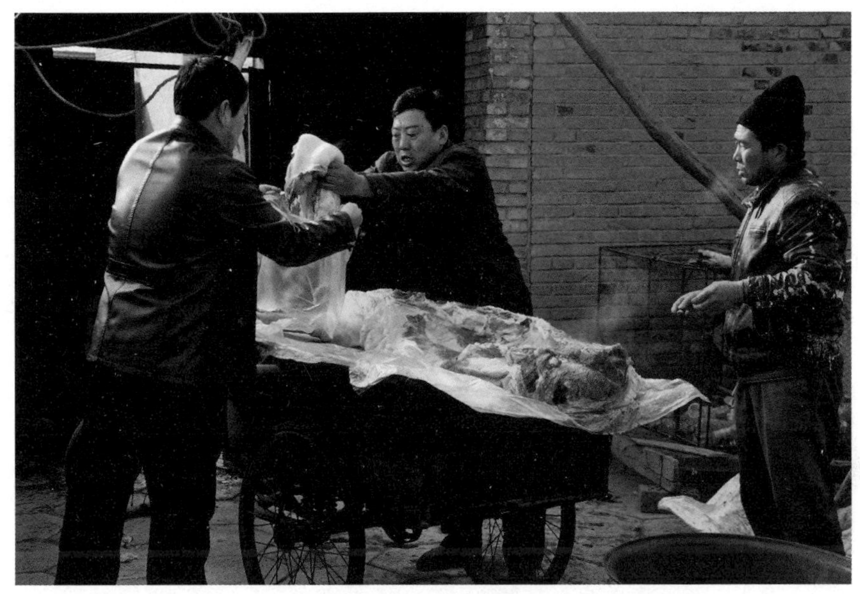

图4－3　油梭子

不是为了学习古人的说法，而是因为这茶里有很多的好吃的，像炒米、奶皮、茶食、风干肉或煮熟的牛羊肉。他们把这些东西放入奶茶中熬成半稠半稀的奶茶，香气四溢，令人胃口大开，笔者最喜欢吃里面的奶皮，这本来就是奶制品中最好最贵的一种，在奶茶中熬制更能逼出其奶香，奶茶的丝滑和奶皮的醇香在嘴里混合融化，有一种“宁舍一顿饭，不舍一碗茶”的满足感。不过一般人们在农忙时不会去熬这种“温达茶”，因为需要花费时间，他们通常就是在暖水瓶里放入砖茶和羊奶冲好奶茶，早上在碗里放一点肉、炒米和茶食然后倒入奶茶一冲就好了，中午一般在地里忙，所以要到下午三四点才回来，喝上一碗奶茶再开始做饭，这碗奶茶非常充饥解渴。

茶食（包日思格）的做法是，在面粉中加入奶油和白糖揉成面团后，打成条状，一般有食指那样长，筷子那样粗。然后放入羊油中炸熟，现在羊油比较少了，所以人们用葵花油炸的也比较多。另外还有一种过年炸的茶食，叫馓子，配料和茶食差不多，只是形状上不同，它像一个扇形，过年的时候用来供奉的。

炒米是糜米做成的，大集体时虽然归公有了，但是会给每个蒙古人三分炒米地，让他们种植糜米，来自己做炒米，包产到户后仍延续这个政策。炒米的做法是，把糜米蒸好，再经大火快速翻炒，最后碾压去皮而成。笔者有幸看到一位老人一直珍藏的加工炒米的磨和杵臼（见图4－4、图4－5）。

图4－4　小磨

蒙古人的这种喝奶茶的习俗在牧业队里被普遍的接受，每家每户去了都有奶茶，不过汉人将他们进行了改良，比如，和蒙古人结亲的汉人们也是喝奶茶，但是他们喝不了羊奶，只喜欢喝牛奶，而且来了客人给他们喝奶茶时，用的器皿是杯子，而不像蒙古人一样用碗，汉人给客人们倒茶是多半杯，快满了。但蒙古人给客人们倒奶茶是碗底上一点，但是他们会保证碗一直不空，等你喝完会不停地给你倒。还有不是蒙古人亲戚的汉人，他们的奶茶就更简化了，变成了冲在暖水瓶里的砖茶，而不放牛奶了，他们说这样省事。

图 4－5　杵臼

三　漫瀚调

迁来河套地区的移民不仅在这里建立了自己的农业社会的秩序，将自己的生活方式传播到蒙古族当中，而且吸收了蒙古族的文化，发展出一些蒙汉结合的特色文化，比如漫瀚调就是典型的代表。汉族被蒙古族的文化生活所感染，在劳累一天之后看到蒙古人常常饮酒唱歌，于是他们也开始学奏蒙古乐器，学唱蒙古族民歌。汉族人大多数不懂蒙语，于是他们在蒙古曲中填上汉词，来表达对家乡、亲人的思念和各种情感。与此同时，蒙古族也开始学习汉族移民带来的家乡曲调，拓展了蒙古曲目的范围。经过一代又一代的传唱和演变，这种深受老百姓喜爱、融合了蒙汉音乐特色的歌种，慢慢地形成了这种独具特色的民歌。

河套一带漫瀚调的曲调主要来自鄂尔多斯高原的蒙古族短调，虽也有一部分源于汉族的山曲儿，但是总体上来讲，漫瀚调是蒙古族民间音乐同汉族的民间诗歌的融合。也有可以说是一种大型的“风搅雪”（晋语地区的一种地方戏，二人台的一种表现形式）的艺术品。鲜明地显示出蒙汉两族文化交融的广度与深度。

在内蒙古巴彦淖尔盟，许多人又将“漫瀚调”称为“山曲儿”，这种称谓其实是不太准确的，因为“山曲儿”本身有其特定含义，常指晋西北的山歌。但是这里的民间常常把它叫山曲儿，其实就是指漫瀚调，那么“漫瀚调”的名称是怎么来的呢？据郭亚丽、孟新洋的研究，漫瀚的汉语发音与蒙古语中“茫赫”（manghe）的发音非常相似，后者原意为“沙漠”或“沙陀”的意思。后来，有学者又将蒙古语中“茫赫”的发音用谐音的方式转译为汉语的“漫瀚”二字，显得贴切又浪漫，被大多数人所接受，因此被称为“漫瀚调”。①

漫瀚调民歌的声腔，男女基本多用真声演唱，男声高亢、强劲、明亮。女声清脆、柔嫩、甜美。而蒙古族演唱时则多用暗喻、隐喻手法，装饰音也较多，表达委婉、忧郁，与汉族形成鲜明对比。漫瀚调民歌一般用汉语演唱，有时也夹杂着蒙语，漫瀚调与蒙古族民歌最大

---

① 郭亚丽、孟新洋：《从内蒙古漫瀚调民歌中看蒙汉音乐文化的融合》，《大众文艺》2011 年第 6 期。

的不同就是即兴填词，可以一曲多词或一词多曲。朴实的歌词、明快的节奏、简单的曲调，可以随时随地地演唱，这可以烘托现场气氛，歌者可以在田间地头、婚丧嫁娶、节日、宴会等场所尽情歌唱。反映蒙汉一家亲的《结亲酒》：

黄河水绕着河套流，
它是咱蒙汉人民的结亲酒。
不用唱蛮汉调千万首，
谁袅气也不如咱风流。

它的唱词中蕴含着汉族兄弟姐妹对蒙古族兄弟姐妹的情义，在这边黄河赐予的天地之间他们吟唱着无数动人的故事。民歌中反映各种各样的情感，表现得有点大俗，但是情真意切。比如牧民也用漫瀚调来表达对自己心上人的爱慕。《巴图就把金华爱》就反映了这一点，唱歌如下：

金华妹妹长得好，
走路就像水上漂。

剪发头加眼镜儿，
一等人才长在那儿。

马里头挑马一搭手手高，
人里头挑人就数金华好。

乌拉山下雨存不住水，
这么多的闺女我就看准你。

山丹丹开花转瓣瓣红，
毛主席提倡新婚姻。

红油漆风门糊上纱，
自由结婚咱们俩。

石榴开花一盆火，
我看准你来你看准我。

买卖婚姻跳火坑，
自由结婚才称心。

山药圪旦烩白菜，
巴图就把金花爱。①

男女对唱是漫瀚调的主要形式，下面反映的是一对相互倾心的男女，他们如何互相评价对方。唱词如下：

男唱：
你不嫌兰兴我不嫌羞，
只要没人咱手拉手。

前影影看见妹妹毛眼眼花，

① 以上的唱词是一个叫巴图的牧民唱的，这段唱词引自李树军收集整理《河套民歌选［上集］》，远方出版社1996年版，第247—248页。

后影影看见妹妹长辫辫拉。

白脸脸坐在阳门道，
白牙牙露开就给哥哥笑。

骑上毛驴专走妹妹门，
唱上山曲儿专叫妹妹听。

一对对鸿雁白脖颈，
越看妹妹越惹亲。

白裤白袄白手巾，
白牙牙笑开怪袭人。

山药丝丝烩白菜，
前马鬃鬃留下好心爱。

再好的闺女我不爱，
妹妹才是一苗鲜白菜。

羊肚肚手巾遮眉毛毛罩，
瞟眼眼看妹妹实在好。

苗条身手把人爱，
白胳膊还把手镯戴。

和妹妹相处二年整，

结下的情意比海深。

咱们二人一搭搭坐，
哪怕是自来笛①穿堂过。

朝阳阳开花面迎东，
只有你才是我的心上人。

圪嘟嘟滚水煮南瓜，
咱二人从小就好缘法。

白凌凌手巾遮眉毛，
我给你扰手你给我笑。
山沟沟开得一对对牡丹花，
全村村相好就数咱们俩。

井里头蛤蟆海里头鳖，
不估划咱二人打成铁。

割开西瓜满瓤瓤红，
我看见妹妹就高兴。

咱姊妹二人一搭搭坐，
觉不见天长觉不见饿。

① 自来笛：手枪。

我打上灯笼也难找，
妹妹人才都说好。

女唱：

乌拉山松柏树长成林，
我就爱哥哥一个人。

大青山盖房还嫌低，
面对面坐下还想你。

咱们二人一嗒嗒在，
哪怕铡草刀铡脑袋。

咱二人相好一嗒嗒睡，
又怕喝了哥哥的羊杂碎。

心里头想你脸上带，
碰见妹妹就不知道乍来来。

羊肚肚手巾齐眉眉罩，
瞟眼看哥哥抿住嘴嘴笑。

见了妹妹不敢吼，
扬了一把沙子风刮走。

你走你的山坡坡我走我的沟，
咱二人说不成话扰一扰手。

后套的漫瀚调喜欢把他们最常吃的食物放在里面，两首歌里都出现了“山药烩白菜”，如第一首，“山药圪旦烩白菜，巴图就把金花爱。”第二首，“山药丝丝烩白菜，前马鬃鬃留下好心爱。”两首歌中男子表达爱情的方式是赞美自己所喜欢的女子漂亮，更多的是外表的多方位描述，而女子一般表达内心的情义更多一点。结合我们在这一节开始时所讨论的，波特夫妇认为中国农民在对待家庭或其他人际关系时总是着眼于工作和相互帮助，因此他们不需要用感情来构筑他们的社会关系。这一结论在此是否不攻自破了呢？我们坚信人的同一性，否定爱情对于后套农民的重要性，似乎就像是在否定他们的人性。移民在此落地生根后与蒙古族之间的互动和融合我们将在第七章中做更多的分析。

四 当地的佛教信仰和移民心态

1. 佛教在当地如何扎根和发展

古代的蒙古族信仰萨满教。从 13 世纪元朝开始，蒙古上层改信红派喇嘛教。但广大牧民仍信萨满教。从 16 世纪后，许多王公贵族开始接受格鲁派喇嘛教，并积极在牧民中传播。清代，特别是乾隆以后，对喇嘛教更采取全面保护和奖励的政策。清廷不仅鼓励各盟旗兴修大批寺庙，而且由皇帝亲自敕建庙宇。喇嘛教在蒙古游牧社会流行起来，一直到现在牧业队的蒙古族中信喇嘛教的仍比较多。牧业队人中信喇嘛教的比较多，在离村大概 3 公里的地方有一座善岱古庙（见图 4－6）。

该庙建于公元 1723 年，康熙五十九年赐匾封为“咸化寺”，印有蒙、汉、藏、满四种文字，是乌拉特后旗现存最大的寺庙，经过了三次搬迁，现在位于阴山脚下，和牧业队之间隔有一条乌加河，不过现在乌加河已经废弛，变为农田，寺庙和牧业队直接由公路相通，人们

图4－6 善岱古庙

经常去那里拜佛转经。当地人对这个庙的记忆由一段神话开始。郭村长的母亲是乌拉特后旗人，她的娘家在乌盖公社，据牧业队五六公里，乌盖是乌拉特后旗的一个乡，和牧业队一样都挨着乌加河。她说：“有一日，一个很厉害的将军骑着高头大马从山里出来，这时一条河挡住了去路，于是，将军去庙上请了神仙用一晚上的时间就把这条河的水移走了。”那种信服的表情让我记忆深刻。乌加河断水是60年代初期的时候，那时她刚嫁过来，乌加河的断水，是因为另外修了总排干而将乌加河的水改道排到总排干，这是人们都知道的事情，可是老人们却愿意相信这样的话。愿意相信庙里的神仙可以做到这一点。郭村长的母亲还和我说了一件有趣的事情，她说：“这个庙是后来才盖的，很早以前是在牧业队的南边，后来迁到了北边，当时拆迁的时候，骡马成群的去搬运木头和青砖。那木头特别好，是当地的红柳树，可是要长那么粗的红柳太不容易了，我们都不敢相信。现在还能在原来的地方挖到青砖。善岱古庙建好后，在‘文化大革命’的时候几乎被全毁了，就留下了外面的一个空壳子。后来又重新修建。”

“跳鬼”是蒙古族信教群众举行的活动，称为“察穆”，汉族称“察穆”为“跳鬼”，在节日期间要表演一种藏戏“法王舞”，是宣传佛教历史故事的一种娱乐活动。信教者自娱自扮，面具古怪，牛头马面，人头兽身，非人似鬼，还有一些道具，如将铁锅扣在一起，或背在背上。笔者没有机会亲身经历，只能通过齐大娘、武太保、郭奶奶、郭爷爷的回忆来了解那段历史。每年的农历正月十五、五月二十五、六月十三、十二月十九，都是蒙古族喇嘛庙举办庙会“跳鬼”的吉日。在庙会的节日，人们盛装出场，少女梳一条长长的发辫垂于背后，已婚女子梳两条粗粗的大辫托于胸前，辫子用辫套包裹，上边插着鲜艳的装饰品，并在头顶上分出一小缕头发，插挂珠翠。当她们遇见时，两人要同时屈膝，把挂在胸前的“鼻烟壶”对换一下，然后站起来互相问候。长辈妇女见到晚辈不用屈膝，只对换“鼻烟壶”。男人们见面时也是这样的礼节，只不过不像妇女们那么礼道十足就是了。一般庙会的第一天活动是赛马和摔跤，第二天是“跳鬼”。但是这里的人少，所以一般在大型的庙会上才有赛马活动，如他们说父母曾带他们看过位于内蒙古巴彦淖尔市五原县境内的拉僧庙的庙会，这里曾是内蒙古西部地区规模壮观、建筑宏伟、风格独特的藏传佛教圣地及藏蒙医学文化殿堂。赛马的场面十分热闹，人们在正殿吹响号角报名，然后从报名者中选出参加比赛的几个人，分别配以好马。一般为五人到六人，这些参赛者接过马缰，不备一鞍，不悬一蹬，一跃上马，先绕庙一圈，然后向同一方向并行十几里路程，到达预定的起跑点。然后以拉僧庙为终点，先到者胜，受领奖品。赶庙会的人们都站在高处引颈瞭望，气氛热烈，令人好不激动。

第二天的“跳鬼”从清晨进行到太阳落山。而如刚才所说很多小的寺庙“跳鬼”的活动往往没有赛马和摔跤直接就进行“跳鬼”的仪式。“跳鬼”一般在殿外的空场地举行。东南西北四角各插着一面大黄旗子，上面画有四大天王的形象，几个身披黄法衣的喇嘛抬着一丈多长的四个大铜号入场，旁边还有四个喇嘛拿着小号相随。还有一些喇嘛拿着笙、管、笛、箫等乐器进入。当铜号吹响后，一位大喇嘛升座，随后有许多喇嘛一个挨一个依次而坐。这时一位身披法衣的喇嘛神情肃穆，手端一碗净水，向围观的人墙走去。喇嘛手蘸净水，给人点洒，人们争先恐后地将手掌伸过去以求能得到一点点净水可以消灾祛病。场地的北边会放一张大供桌，上边摆着许多用奶油伴白面做成的各种形态的兽。人们说这是“鬼食”。供桌左右站着两位身穿盔甲的人，嘴上都箍着白布，这是因为，这两位是守卫“鬼食”的人，为了防止人气沾到鬼食上鬼不会吃，所以将嘴捂上。然后就到了表演环节，有三头猛兽——牛、老虎、狮子，每头猛兽都由两个人扮演，伴随着锣鼓的声音跳起舞来。三头猛兽张牙舞爪地向围观的人群扑来，人们说这是“开道”。接下来出场的是九个仙童，一对一对地跳跃而出，第一对手提银香炉，第二对吹着喇叭，第三对吹笙管，第四对吹笛箫，最后一位儿童引着一位大肚弥勒佛，他跳跃一番，靠北而坐。这时一对小鬼出来了，他们戴着骷髅头的面具，身穿肉色的紧身衣，上面画着肋骨条，手里拿着小棍，在场上做着各种奇怪的动作，接着又出来一个装扮成夜叉模样的鬼，瞪着眼睛盯着这一对小鬼。这个场景来自一个佛教的故事，这对小鬼原来是祸害世间的坏东西，马王爷要抓他们，于是他们逃到海里，马王爷念起咒语，海水就变沸腾了，滚烫的海水将这两个小鬼身上的肉煮没了，只剩下骨头。这两个小鬼跪在地上求马王爷，皈依了佛门，以后就不干坏事了。接着，有几个戴着花帽的小鬼跳跃上场。按佛教故事说，这四个鬼是以前皈依佛门的鬼卒。

然后，金刚佛出场了，这时两边响起了“钢冻”声，这是一种用牲畜的骨头做成的乐器。这时一对对的喇嘛扮成天罡地煞等上界天神出场。“跳鬼”节目到达高潮，这时出现一位蓝脸韦陀，左手拿着三棱铁杵，右手拿着人脑骨，威风凛凛地跳出了各种舞姿。他还随着跳跃动作的节拍口中念念有词，面部表情变化无常，人们说这是为了击杀妖魔鬼祟。他还向四周围观的人群抛撒“五谷”，以示打鬼驱邪。然后再喝几口烧酒，怒目环视，如此反复这几种动作。人们拥来向他敬拜，忽然他手舞铁杵向围观的人群戳去，吓得观众本能地躲避，但是如果被铁杵碰着的人，在未来一年中可以驱邪避祸，逢凶化吉。等到这位韦陀跳完，又有十几位戴面具的喇嘛身穿锦衣，装扮成“地藏王菩萨”等，然后有一对喇嘛手捧着香炉，在菩萨周围环绕，只见一位喇嘛坐在高桌之上，两边的喇嘛念起了藏经。人们说，在高桌之上坐的是一位活佛，下边跳的杂鬼均由他来主持。活佛在“跳鬼”之前，要斋戒 7 日，闭户不出，以净身心。念完藏经又继续一阵“跳鬼”，所有扮演者全部出场。结束时，把供桌上的“鬼食”搬运于南郊，在喇嘛的念经声和音乐声中向地上抛撒，这是在送“鬼食”。这样一天的仪式就结束了。

“跳鬼”的作用是用“鬼食”把恶鬼引诱出来，请诸神将它除掉，祛除邪祟，保佑来年风调雨顺，无病无灾。蒙古人和当地的汉人在 1949 年前都很信奉，后来一度停止。多年后虽然恢复，但是人们举行仪式来“跳鬼”却没有再出现。

后套地区还有两座庙较为有名，分别是位于临河的甘露寺和位于杭锦后旗的宝莲寺。这里的人们在大节日的时候会去这两个地方烧香拜佛。虽然善岱古庙是藏传佛教，而甘露寺和宝莲寺是汉传佛教，但是当地人们对于教派的区分并不在意，而且他们的忠诚与教派没有关系。可是从目前的情况来看，甘露寺和宝莲寺的香火比善岱古庙更旺，汉人移民们来此对于佛教的信仰与其以前在故乡的习惯有关，但此地多是喇嘛教，所以他们去宝莲寺和甘露寺更多。

甘露寺原名观音茅蓬寺，俗称常素庙，是 1926 年本地冯家圪旦农民裴三之子裴金锥所建，位于内蒙古自治区巴彦淖尔市临河区新华镇哈达淖尔村。裴金锥生于光绪二十八年（1902 年），从小受祖传的影响，随父母亲信奉佛教，一懂事后就不乐世好，甘愿布衣素食，走路眼不斜视，经常端坐念佛，老年人都说裴金锥是记前世的人。在他 19 岁时，父母就包办让他娶妻成亲，但他不染尘世，立志超凡脱俗，就在成亲前一天的夜晚，悄然离家出走，到山西省河曲县海潮庵寺出家为僧，法名寂成，因俗家姓裴人称裴和尚。1926 年，他听说包头、固阳、河套等地遭了年馑，海潮禅寺六代和尚看他信仰虔诚，道心坚固，就传法与他，并让他返回故里，建寺安僧，弘法办道，普度众生，顺便探望二老及兄弟姐妹，报答父母养育之恩。因此，他听从师父的教导，只身一人徒步返乡，经一个多月的风餐露宿，长途跋涉，于五月的一天走到哈达淖尔村附近（现甘露寺），见有一棵四人合抱不住的大水桐树，四周都是芨芨、红柳。他正坐在树下休息，忽闻离他不远的地方有野兔惨叫的声音。当他走近才发现草丛里头有一条蛇正盘住了一个野兔。裴和尚看到之后感到非常惊奇，老年人常讲“蛇盘兔必定富”若在此地筑坟，能光宗耀祖，使家道兴隆；若修建寺庙，亦能香火旺盛，高僧辈出。他认为这定是吉祥之地，故就此结茅安住，供奉观音菩萨一尊，取名观音茅蓬。寂成和尚几经寒来暑往，备受辛苦，他的修行感化了周边的信众，帮助他修建土窑三洞间，但因基础不扎实，被本村申二浇灌伏水泡塌。第二年，申二又联合众善信，请泥匠秦二重建土窑七间，请本镇善雕塑的名画匠宋师傅为各殿塑了佛像。但是，七间土窑远远满足不了教徒的需求。为此，裴和尚决定筹办新建一座砖木结构的佛寺，从此，他不辞辛苦，开始四处募缘，在募捐的过程中有两个很有趣的故事。

1934 年，入夏以来，艳阳高照，天旱成灾。一天寂成和尚去李双佳门上化缘，李双佳、周二麻等富户，让裴和尚祈雨，并承诺若得雨，李双佳等许愿布施糜子二十石，胡油二百斤。寂成和尚慈悲，救民心切，端坐法台诵经三日，由于心诚所致，观音菩萨大发慈悲，三天后普降甘霖。当地的老百姓不仅喜出望外，而且感到不可思议，这个故事在当地一直传为佳话，家喻户晓。乡亲们把这场大雨叫作“菩萨降甘露”。从此，就把“观音茅蓬”改成了“甘露寺”。依照汉传佛教戒规，凡出家受戒者均终身吃素，因此，当地凡是汉传寺庙，老乡同称常素庙，例如新华镇的慈云寺亦称小常素庙。

五原县二楞圪旦杨五是河套很有权势的富豪，与当时的崔县长交情甚厚，多年来，因事务缠身，久劳成疾，患肺病咯血不止，因过去医疗条件差，经周围的大夫多次治疗，无济于事，无奈之际，慕名而来甘露寺拜访寂成和尚。杨五虽说刚过而立之年，但面黄肌瘦，面对疾病有无限的痛苦和迷惘，强烈的求生欲望使杨五跪下哀求寂成和尚为他治病。自古高僧都通“五明”，即佛学称“内明”、哲学称“因明”、音乐称“声明”、技艺称“工巧明”、行医治病称“医方明”。经过老和尚善巧的开导和对症下药，一个濒临绝境的病人起死回生。这一事实使杨五深感佛法的不可思议和对寂成和尚的功行道力深信不疑。故虔诚地发愿：“为报佛祖、菩萨救命之恩，护持师父兴建佛教道场，弘扬佛法，普度众生。”寂成和尚于民国二十四年即1935年把寺务托付给妙鼎和尚，并传为第二代住持，自己从渡口坐船由黄河逆流而上，从宁夏、兰州经青海、西藏入境，去印度朝拜佛祖出生之圣地。同年皈依佛教的杨五，成了一名虔诚的佛教徒，他听说师父已外出参访，心中感到非常惭愧，为完成自己报恩的心愿，主动发起组织了四十八家大富户，投入大量资金，在妙鼎和尚的住持下，从山西请来泥、瓦、木工，就地取材，烧制砖瓦。从乌拉山买进了大量的木材，大兴土木工程。时经五年，一座雄伟庄严的寺庙已初具规模。中间建筑有大雄宝殿、韦陀殿，两侧配有钟鼓楼、斋堂、大寮、僧寮、碾坊等建筑。殿堂所供佛像为泥塑，但是全部贴金，金光闪闪，非常庄严，大雄宝殿佛像开光时，举办了僧人传授三坛大戒，放焰口等大型佛事活动。当时该寺已购置庙地100多亩，雇5人耕种。常住僧人农禅并重，也参加些附带劳动。还开办了一所小学，接纳附近村民子弟入学识字，僧人除修学佛经外还参加文化知识的学习。土地、布施的收入用于僧侣生活、学校支销和寺庙修缮，整个寺庙占地20多亩，寺庙外有5亩大树园两个，有大柳树18棵。此寺兴盛时，住庙和尚达20余人。现居美国的高僧宗才法师当时正在甘露寺当家，堪称盛况空前。由此可见，昔日此地，佛法兴隆，文化繁荣，经济昌盛。

妙鼎和尚建成此庙后住持一年，后由他的徒弟觉满和尚接任住持。觉满俗姓王，俗名不轻传，是包头人。数年后觉满离开了此庙，到了西安卧龙寺。1945年，一位20岁的青年军人张国强，祖籍甘肃省陇西人，因患眼疾双目失明，要求在甘露寺（常素庙）出家，后拜觉满为师，法号“昌茅”，法名“佛缘”，当地群众称“瞎和尚”。他是住甘露寺时间最长的一位僧人，前后三十余年，但因种种原因他出家后一直未大受戒。1950年该庙被劳改队占用，变成了犯人的住所。佛像被搬走，钟鼓楼被拆掉，而此时此地，每日再也听不到晨钟暮鼓和净人心灵的梵音了，僧人已失去了原来庄严的身影，被迫离寺还俗当了农民，成了自食其力的劳动者，寺庙也再看不到善男信女虔诚礼敬三宝的足迹。留下的只有双目失明的佛缘师，因他无家可归，一直住在庙里，享受五保待遇。在“文化大革命”运动席卷全国的时候，甘露寺殿堂、房屋全部被拆毁，只留下一点断壁残痕，寺庙内外的大柳树全部被砍倒给农场中学做了桌椅、板凳。一些文物古迹，如牌匾、法器、经书、佛像，尤其是最为珍贵的一部藏文版《大藏经》也被付之一炬。1990年由河套地区广大佛门弟子发起，由妙仁师专程到大同上华严寺，恳求三义老和尚委派合适僧人来帮助筹建甘露寺。三义老和尚不顾80多岁的高龄，由徒孙妙闻法师护送亲自来甘露寺实地考察，随同来的还有他的弟弟宿四居士。由于老和尚当时担任山西省佛教协会会长、政协大同委员会副主席等职，大同市政府宗教部门再三催促老和尚尽快返回大同。再者他老人家已年逾八旬，这里的生活环境使他根本无法居住，但是，为了安排好甘露寺的筹建工作，他直到入冬以后才离开甘露寺，返回大同上华严寺。1991 年，妙闻法师受师父的重托，只身一人从山西省大同上华严寺，来此承担恢复甘露寺的重任。他刚来甘露寺，居住条件简陋，冬天没煤烧，难以御寒。除生活非常艰苦而外，还有一些不符合佛教戒律的诸如“淋牲还愿、抽签算命、讨香灰治病”等陈规陋习必须更改。为了积极引导广大信教群众革除这类陈规陋习，开创佛教事业新的局面，妙闻法师除自己每日接人待物，循循善诱，灌输正知正见外，他还专程从大同华严寺请来了藏宝老和尚，在甘露寺讲经说法，并主持修建念佛堂三间，组织佛七法会，教导广大信教群众正信、正行。为了支持妙闻法师的工作，华严寺派来妙信、妙谛二位法师协助护持道场。为了加快甘露寺的重建工作，妙闻法师专程去呼市观音寺请来藏文老和尚指导法务。藏文老和尚少年出家，童真入道，戒律精严，亲近过近代高僧真空、慈舟、倓虚、清定、能海等大善知识，他提倡“建寺为了安僧，安僧为了办道，办道为了弘法”的理念，在他的言传身教之下，妙闻法师严持戒律，精进修持，上敬下和。在修建甘露寺的过程中，一直奉行“随缘了缘、不攀缘、不化缘”的宗旨，在弘法上，他既遵守教理教规，又遵纪守法，处世慈悲随和、平易近人。

当地的佛事活动近年来表现出一个特点，即与政府合作，使甘露寺的观音庙会成为文化交流、物资交流、科技推广的发展平台。二月十九观音诞辰和九月十九观音出家纪念日，甘露寺每年都要举办三天观音消灾祈福大法会。必须由寺庙管理委员会做出详细的安排计划，呈报有关部门批复后再进行各种佛事活动。在此期间，商贸经商者数以万计，及时组织货物，提前行动划定摊位，商品流通极为活跃，每次庙会的交易额可达 300 多万元。政府有关部门还利用庙会人员集聚的有利条件，举行各种养殖、种植、市场信息等“科技三下乡”活动，甘露寺从场地、食宿等方面都给予大力支持。

另外一个当地有名的寺庙叫宝莲寺，该寺始建于1938年，原名“净光寺”，系由银川去山西河曲海潮庵寺的释昌生、释昌发二位大师开山筹建。寺内建有“大雄宝殿”一座，僧舍十余间，来往僧人频繁，香火旺盛。1958年当地大种水稻造成土地阴渗，致使寺院坍塌，一切佛事活动停止。20世纪80年代初，随着党的宗教信仰自由政策的逐步落实，佛教信众开展宗教活动的愿望日趋强烈。但苦于附近没有正规的佛教寺院，每逢佛教节日，信众只能到几十里以外的甘露寺“赶庙会”，极不方便。鉴于此种情况，临河甘露寺释藏宝、释藏文两位老和尚和当地虔诚佛教信徒李存良居士代表信众向旗委、政府提出在当时的红星乡（现蛮会镇红星村）附近重建佛教寺院、满足信众需求的申请。杭锦后旗旗委、政府于1994年批准在红星乡重建一座佛教寺院。政府划拨红星乡政府西南2公里的80多亩盐碱荒地作为重建用地，寺院重建工程得以正式启动。在市旗两级党委、政府和统战、民宗部门的指导帮助下，李存良居士请来甘露寺住持妙闻法师指导寺院重建工程。妙闻法师有感于地方党委、政府的支持和以李存良居士为代表的广大信众的虔诚捐助，不仅帮助寺院选址、规划和指导施工，而且无偿支援寺院40张床和1辆旧四轮车，供寺院重建使用，同时还担任着寺院佛事活动的主持工作，一直到妙济法师担任寺院住持前。寺院重建初期，条件相当艰苦，李存良居士带领信众克服诸多困难，用将近3年的时间，先后建起二僧院、大雄宝殿和东西僧房6间。

1999年春，应四众弟子邀请，妙闻法师举荐广东深圳弘法寺妙济法师和江西省云居山真如寺释灵意禅师先后来到宝莲寺主持佛法，使宝莲寺的知名度进一步提高，信众捐资建寺的热情空前高涨，寺院建设开始进入快速发展期。经过十几年的建设，宝莲寺现有天王殿、圆通殿、大雄宝殿、楞严塔、地藏殿、祖师殿、伽蓝殿、钟鼓楼、延寿堂、五观堂、报恩堂、西归堂、禅堂、客堂、土地庙、山神庙、龙王庙等大小殿堂 20 多座，牌楼、东西文化长廊、露天观音组成的 5000 多平方米的佛教文化广场，规模宏大，庄严肃穆，已经成为自治区西部比较有影响的佛教寺院和旅游景点。

宝莲寺广场，建有楞严宝塔，塔高 29 米，八角七层，由天然红色大理石砌成，飞檐斗拱，气势巍峨。塔座以汉白玉为护栏，护栏立柱都有造型各异的小石狮，笑容可掬，祈愿瞻仰者平安健康；一对石狮稳坐塔前，威武雄壮，祝福朝拜者吉祥如意；塔门两侧有中国佛教协会会长一诚长老亲笔题字："显密圆通陀罗尼，一切事究竟坚固。"塔内装有大乘经典，外刻佛像、楞严咒、大悲咒、十小咒、八大菩萨、八大金刚护法神等。佛像慈祥庄严，八大金刚神态各异，栩栩如生，楞严塔设计构思具有传统风格，体现了佛教文化和古建筑特点。

寺院旅游接待设施完善，为远道而来的参拜者及信徒提供食宿和安全舒适的服务环境。这里的常住僧众，每天除早晚课共修时间外，禅堂还坚持坐四支香，晚上僧众自修，每月朔望之日布萨诵戒，专一至诚，如法如律，道风浓厚。每逢农历二月十九、六月十九、九月十九三个纪念观音菩萨诞辰、成道、出家的重要纪念日，宝莲寺都要举行大型法会，以祈祷世界和平，国泰昌隆，人民安康，五谷丰登，生活幸福。三大节日期间，宝莲寺广场上商贩云集、香客如潮，日客流量超过 10 万人。此外，每年正月十五的供灯法会和八月十五的拜月法会也是信众较多的重要节日。

宝莲寺以"传承佛教优秀文化，共建和谐美好社会"为主题的佛教文化长廊吸引了当地很多人前去倾听佛教和和谐社会的关系问题。佛教文化在当地对于人们如何排解现实中的不满情绪和获得一个平和心态起到一定作用。

2."隧道效应"中佛教如何对移民社会的社会宽容起作用

1973 年美国经济学家赫希曼和罗思奇尔德发表了一篇名为"在

经济发展过程中对收入不平等的不同忍耐力”的文章，首先提出“隧道效应”①（Tunnel Effect）的说法，它是指由于其他人的经济条件改善而导致个人效用提升（或者说由于预期的影响个人对更大的、更高的不平等程度的忍耐）。这个提法源于他俩看到的一个生活中的小经验，假如你开车进入一个双车道的隧道，而且都向同一个方向行驶，这时遇到交通阻塞的情况，两条车道上的车都无法行驶。但是，过了一会儿，你发现右车道上的车开始缓缓移动，而你是在左车道上，这时你的感觉是更好还是更坏呢？赫希曼和罗思奇尔德认为这取决于右车道上的车会移动多久。开始时你会想，前方的交通阻塞情况已经结束了，要轮到你可以开始移动了。所以即使你现在还没有开始移动，你的心情也会好很多。但是，如果右车道的车一直往前走，但左车道的车一直没有要移动的迹象，那么你很快就会变得沮丧，甚至会想办法插入右车道。如果有很多人用这种方法的话，堵车情况将会变得越来越糟糕。

根据这个经验，赫希曼和罗思奇尔德解释了在经济发展过程中人们对于收入不平等的忍耐问题，他们认为个人的福利不仅取决于他现在的满意程度，而且取决于他预期的未来的满意程度。如果在他周围的一些人的经济或社会地位得到了显著的改善，他对于这些改善的反应将取决于这些改善对于他自己未来前景的预期。如果他相信，其他人的好运也意味着将来自己的前景会更好，那么其他的人相对收入增加不会使这个人感到更糟糕，赫希曼和罗思奇尔德就把其他人的经济地位改善而导致的个人效用提升称为隧道效应。

从社会的角度来看，如果这种隧道效应能发生或持续，对于社会的稳定将是一件好事。根据赫希曼和罗思奇尔德所描述的隧道效应，

---

① Hirschman, Albert O. and Michael Rothschild., *The Changing Tolerance for Income Inequality in the Course of Economic Development*, The Quarterly Journal of Economics, pp. 544 – 566.

我们用中文来理解的话可以表示为一种正的隧道效应，即在一条车道上处于堵车的人看到另一条车道上的车开始移动后的第一阶段，在行驶较慢或没有移动的车道人的心态是乐观的。而到了第二阶段，如果在左车道的人一直不动，而在右车道的车一直往前走，那么左车道的人就会沮丧甚至要想办法插入右车道。我们将这种由于其他人境况的改善而导致个人效用减少的情况称为负的隧道效应。这样作为同在隧道中的车，正的隧道效应和负的隧道效应都会存在。下面过渡到我们人类学所关注的问题，与发展经济学所不同的是，经济学家仅将这种隧道效应应用到收入分配的不平等如何影响经济发展的问题，即如果该国的社会隧道效应是呈现负的趋势（也就是对不平等程度的忍耐力低），那么“先增长后分配”的战略就不可能成功。“即使最开始阶段的隧道效应很强，如果统治集团和政策制定者对于随时间变化而不断减小的这种效应不敏感的话，也可能阻碍经济发展的过程”①。而人类学所要关注的是这种隧道效应为什么能在一个社会中产生，其背后的文化逻辑在哪里，研究了这一点我们就能体会到在不同的文化中隧道效应是不同的。用隧道效应来比喻人们对于不平等程度的忍耐力的差异几乎是经验主义的，而这种提法对于我们认识社会中对于收入分配不平等以及社会制度的不对等所造成的差异和矛盾是有意义的。社会发展作为一个动态的过程，这种忍耐力的变化是需要社会学者密切关注的，而这种忍耐力与这个国家或社会的文化密切相关。佛教中包含对不平等现象的忍耐力的文化逻辑。

佛教传入中国以后，曾与中国原有的传统思想发生激烈的碰撞和争论，后来经过融合之后产生了理论上的修正，开始沿着中国文化轨迹演变、适应及发展。从而形成了中国本土的佛教理论和宗派，禅宗融合儒、道两家学说，强调“梵我合一”的世界观，“明心见性”的

---

① ［美］德布拉吉·瑞：《发展经济学》，北京大学出版社2003年版，第184—185页。

当下顿悟，及“以心传心”的直观认识，这对中国人的性格有着深远的影响。① 佛家认为众生要从有限存在的凡夫众生变为无限存在的大解脱者。众生的忧悲苦恼和生老病死，均由于对人世幻景的贪求、嗔拒和无智慧，人们被幻景所左右，以至于身陷于幻景的有限之中，因此要遵循一定的方法让众生从幻景之中走出来。于是，佛家认为在修身过程中强调通过“苦、集、灭、道”的四圣谛法灭除贪欲、无知和妄念，以证得真理，使自己具有智慧，并觉悟本性。这种悟禅的方法虽然不是民众普遍所用，但是其思想广为传播，对于增大人们对不平等的忍耐力亦有帮助。

当地宝莲寺的妙济法师就曾在和笔者的交流中宣扬佛法重视人内心的和谐，对于帮助人们获得内心的平静、化解心中的积怨有一致的作用，他把这些与和谐社会的建设联系在一起，获得了当地的政府的支持。我们看到当地有很多人来此许愿并向大师请教问题。在当代这对于当地人的心态建设有很大的帮助。在采访时，很多人提到当地人的心态比较平和、豁达，这与当地的佛教文化有一定的关系。经过调查也发现他们心中对于不平等、不公平现象的忍耐力是更强的，或者不如把这种忍耐力说成一种理解力和接受力，他们有自己的生存之道，更积极地从不幸或不公中找到希望和快乐。

从“雁行人”到“编户入籍”，来到河套的移民不论是自我推动型的还是外力拉动型的人都像一粒粒种子逐渐在这片天地中生根发芽，这种“土”的魅力一直存在于移民心里，于是他们形成了村庄和社会，建立了农业社会的秩序，并将这种“土”传播出去，也将蒙古族人民拉出了他们的牧场，成为种地的庄稼汉。他们之间所建立的社会关系，以及他们和其他移民之间建立的社会网络关系让我们看

---

① 葛鲁嘉：《本土心性心理学对人格心理的独特探索》，《华中师范大学学报》（人文社会科学版）2004 年第 43 期。

到一个立体的关系网络。在这个互动的过程当中，我们能看到生动的例子也能感受到他们的情感变化，这些都深深地影响着他们的生活方式，在第三节中我们通过对他们择偶方式、择偶标准的变化以及饮食习惯的变化来诠释着他们生活方式的改变。同时，我们注意到一种特别的艺术形式——漫瀚调，它是人们内心生活最好的表达。通过对当地佛教信仰的历史的描述我们看到其对当地移民心态的影响，特别是在现代市场经济社会中，佛教对移民社会的社会宽容起到了积极的作用。

第五章　民间水利组织的变迁

河套地区水利开发的特殊性在于它是以民间组织为主开发的较为大型的水利工程。我们在第二章中介绍过其特殊性，而且在第三章中介绍了移民如何进入河套地区，以及他们是如何开发水利工程的，第四章中介绍了在这个开发过程中所形成的初始的移民社会有哪些特点。下面本章将从具体的社会组织入手，即民间水利组织，通过考察它的发展演变来反映以水利开发为背景的移民社会的形成和发展过程，并在探索社会组织的发展历程中揭示促进合作组织可持续发展的有效机制。

第一节　以地商为中心的水利组织（1860—1912）

以上第二章和第三章中我们都介绍过地商在清后期和民国初年对河套水利开发的贡献，研究也从 1860 年开始一直延续到现在，以地商为中心的民间组织首先是作为一个水利组织而存在，其次它还承担了其他社会组织的功能，为村落社会的形成打下了基础。地商从蒙古王公那里租到土地后，集中资金修筑渠道。而在修渠开地的过程中最难做到的就是动员迁移过来的大批移民参与水利开发，并将他们牢牢控制在土地上，逐渐形成以地商为中心的村落社会。下面介绍以地商为中心的社会组织是如何管理、如何运行的。

一 以地商为中心的水利组织的管理办法

在第三章我们介绍过地商从蒙古王公那里取得了土地租赁权和水权，这是他们愿意投资进行水利开发的前提，之后随着地商势力的壮大，他们取得了永佃权。他们的经营方式是在开发渠道的同时开发渠道两侧的土地，通过自行收取水费和地租来获利，同时他们还是商业资本家兼高利贷者。地商有两种管理移民的方法或者说两种开发土地的方法，一种是将土地承包给地户直接收取地租；另一种是设立“公中”，又称牛犋，自己雇工直接经营。

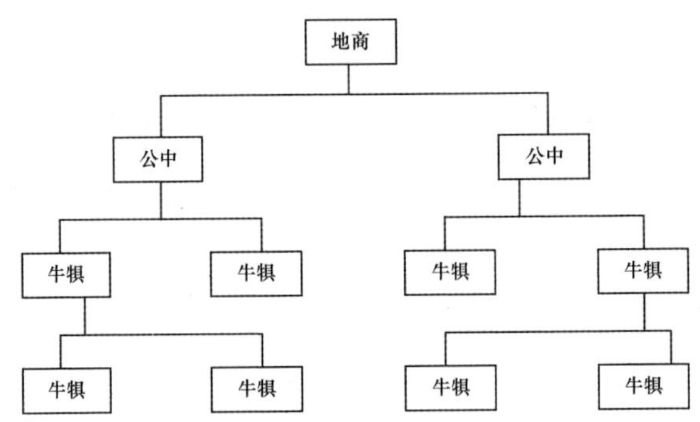

图 5－1 以地商为中心的水利组织的组织结构

开渠时，地商沿渠设置公中（即为大牛犋或中心牛犋）和牛犋。一个公中管数个牛犋。一条渠道由数个公中分片分段管理（见图 5－1）。他们的组织管理形式在初期十分简单，每个公中设有一个渠头，每个牛犋设有跑渠的。专门负责所谓的渠务，如开挖渠道、巡查养护、打坝分水和征收水费。民国时期，公中设“掌柜的”管理一切事务，用“先生”管账。另设工头管理放地，工头的权力很大，佃农常给他们供奉。虽然这种管理方式层级很少，却实现了将移民紧紧控制在某一区域的目的，为当地村落社会的形成打下了基础。

笔者调查的杨家河的开发过程就是用这种管理办法。杨家河干渠全长58公里。该干渠北越总排干沟，沿阴山山脉至乌拉特后旗乌盖苏木，东与黄济干渠灌域接壤，西与乌拉河干渠为邻，纵贯杭锦后旗6个镇、乌拉特后旗两个苏木，灌溉面积69.15万亩。杨家河干渠共承载着6万多人的生产生活用水。1917年开挖此渠，1927年基本修成，历时十年，属于河套主要干渠中完工最晚的水渠，归绥远省管辖，现为内蒙古自治区巴彦淖尔市杭锦后旗境内的一条主要干渠（见图5－2）。

筹开杨家河的杨氏三代当从杨满仓、杨米仓兄弟俩算起。他们原为山西河曲人，于光绪末年随父母逃灾来后套谋生。杨满仓有3个儿子叫茂林、文林和云林，杨米仓有六个儿子，其中比较精干的叫春林。杨茂林在永济渠承包渠务三年，积累了一定的资金，这几个人成为杨家开渠的第二代。其中杨春林有两个儿子叫杨义和杨孝，是为杨家的第三代。他们出身长工，因此算不上早期由旅蒙商发展而来的地商的典型代表，但是他们的开渠之路和早期的地商是相似的。笔者之所以选择这条干渠作为重点调查的研究对象是因为，其一，杨家河在河套最主要的十大干渠中成渠最晚，处于传统水利开发结束期，承启着引进现代水利技术开发的阶段。正如福柯所说的，历史的断点、界限、分割、变化、转换才是值得研究的地方[①]。其二，杨家河打破过去一代地商独资或合股开渠的传统，转为一个杨氏家族三代人相继经营，而且纯属民间自筹开挖，由于历时时间很长，因此有一些民间的记忆还被较为清晰地流传下来，使我们可以在田野调查当中获得更多的直接访谈的资料。其三，杨家河有小水利、大历史的内涵。它牵动了社会的各个方面，折射出时代的巨大变迁，这是因为它的开挖成功不仅与地商的努力拼搏有关，而且与天主教会的支持有关，而杨家之后的遭遇又与国家的强制力量分割不开。因此，他们三代人的遭遇几

① ［法］米歇尔·福柯：《知识考古学》，谢强、马月译，生活·读书·新知三联书店1998年版，第20页。

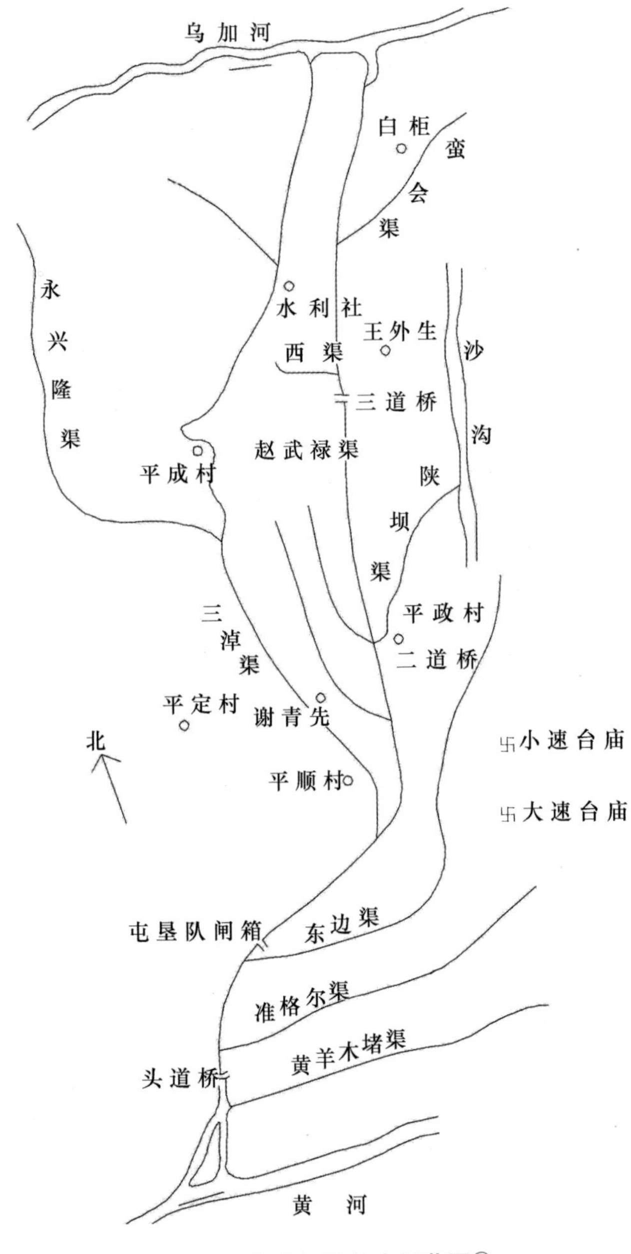

图5－2　杨家河及其支渠草图①

① 原载于《禹贡》1936年第6卷第5期。

乎映射了半部河套地区的近代史。笔者在沿着杨家河上中下游的调查中，各选择了一个村落，但是对于这段历史涉及较深的当属位于中游的东方红村，这里曾是杨家人设立公中、账房和缸房[①]的地方，当地人称之为“杨柜”。杨氏早在民国四五年前就开始暗中考察开渠事宜和搜集资料，他们得知还在狱中的王同春深谙开渠的各项技术，于是等王同春出狱之后，便请他前来帮助勘定渠线，并用土办法测量地形。如“三盏灯法”和“十柳筐法”，我们在第三章中曾做过详细的介绍。技术的问题解决了，那么资金的问题如何解决呢？杨家兄弟虽然有一些积蓄，储备了一些粮食，但是据王同春的估算，这些钱远远不够，于是王同春从仅有的家产中借了一些钱给他们，而后杨家想到了另一条迫不得已的出路，那就是向当地的天主教会借钱。

杨家河灌域的土地大部属于天主教堂的势力范围，杨春林经过与当地教会比利时籍邓德超神甫的交涉，双方达成协议，规定渠开成后，教堂租的地可以退给地商，但是不能由地商吞并，即主动权完全掌握在天主教会的手里，如果盈利那么就继续经营，如果亏本就将地退回给杨家，因为当时河床很容易淤泥阻塞，所以天主教会不愿意花费任何成本去清淤或者管理，只想一本万利地获得地租。此外，他们还商议土地淌水后要分30%的水浇地给教堂做堂口地。这又是更加苛刻的条件，如此之高的利息杨家还是答应了，因为当时没有其他的办法，他们已经箭在弦上不得不发，只能撑下去。事实证明，他们的坚持是对的，杨家河最终还是修成了，但是杨家付出了血的代价，三代人中陆续有人早逝。东方红村的NZ老人给我们讲了关于杨家河的开发过程，老人说：

---

① 缸房就是酿酒的地方，给当地的人卖酒，也卖一些食品。

挖杨家河经过了杨家三代人的努力。挖的话一共用了10年左右的时间，不过要是加上挖之前的准备工作和后来零打碎小的工程一共花了30年左右的时间（见图5－2杨家河及其支渠草图）。第一代人杨千、杨万是山西河曲人，因为逃荒来这做营生。起先在五原蔡家地落户，给地主揽长工，以后自己单独种地，也开豆腐坊卖豆腐。老大杨千有两个儿子，分别叫杨满仓、杨米仓，长大后全家就搬到磴口。接着杨满仓到王同春开的沙河渠的牛犋上做营生，干得挺好，当了个渠头。杨米仓到磴口的地主家做长工，当了个长工头。后来他们两兄弟生了九个儿子，排行名字都叫杭盖，杨满仓的3个儿子是大杭盖杨茂林、三杭盖杨文林、八杭盖杨云林，杨米仓有6个儿子，出名的是二杭盖杨春林。杨春林有两个儿子，杨义和杨孝是杨家的第三代人里比较有出息的，他们管后来的杨家河上的事。他们两代人先是打工攒下钱后就度量（计划）的要开渠。

WX老人说：

他们那会请瞎进财王同春（河套水利史上有名的渠王的小名）来帮他们开渠，用人家的好技术来弄这个渠的走向呀，哪开口子呀，乱七八糟的事。他们不用乌拉河的旧口，在黄河上新开口子，用乌拉河的旧河道，确实省劲不少。杨家当时有1万石粮食，用来给工人吃饭。他们把开渠的外地人分为十来个公中，设个渠头，一般都是杨家人，然后把每个公中分成若干个牛犋，每个牛犋设个跑渠的，每个牛犋还有牛犋房，专门为那些需要在这过夜的人盖的简易房子，里面就是大炕通铺，能睡十几个人，听老人们说有时候刚逃荒过来的人也没地方住，全家就住在这，杨家人为了省钱，开渠用的几乎都是外地来的灾民，给口吃的就给干活，那会儿的人也实干，他们几个黄盖也管得好，没有闹事的。还在各自开渠的地方建了缸房，工人们买点生活用品，也有缸房自己酿酒的。不过好景不长，因为每年冬天上冻了之后就不能开渠了，所以杨家河挖的时间比较长，他们又没有多少钱，欠了一屁股债，开的地因为闹了两年鼠疫所以没有办法将钱收回来，那时杨米仓、杨满仓相继病故，活得岁数都不大，估计与愁也有关系。

杨家开挖杨家河所实行的办法就是如上面我们所介绍的设立公中、牛犋的办法，这种管理办法，比较合适儿子很多的杨家，因为大家每人负责一个公中，他们的直接领导是自己的父亲或叔伯长辈，这样他们之间就形成一种竞争，这种管理模式类似在现代的企业管理中的扁平式的管理模式。用现在管理学的术语来说就是它较好地解决了等级式管理的"层次重叠、冗员多、组织机构运转效率低下"等的弊端，提高了信息流的速率，提高决策效率，管理层次的大大减少，使得可控制幅度大大扩展。另外，这种管理方式可以大大提高适应市场变化的能力，还可以使优秀的人才资源快速成长。给他们直接接触管理者的途径。此外，还有利于节约管理费用。地商们多数是这样去经营管理开挖渠道的，这样互相传播使这个方式在整个河套的水利开发中推广开来。这种水利组织伴随着土地的开发，还具有了组织生产生活的功能。下面我们就看看地商如何管理土地和地户。

二　地商对移民的管理和对土地的经营方式

自道光以来，地商开发的大小渠道非常之多，但是，因为他们资金不够，无法像国家开发那样来总体规划，最后通航或者饮水，所以渠道能以尽快通水浇地为原则来获得利益。由于没有长久的整体规划，所以渠线的设计弯弯曲曲，多是利用天然的沟壕，稍加疏导，在黄河上开了很多口，从每个引水口开始仅仅挖一到两级渠道。而现在的灌溉网络有七级，由大到小分别为总干渠、干渠、分干渠、支渠、斗渠、农渠、毛渠，排水网络的七级与灌溉网络的七级对应，它们是总排干、干沟、分干沟、支沟、斗沟、农沟、毛沟。相比较而言，在那时只能修到干渠和分干渠，因为它们各自属于不同地商所开挖的渠道，所以每开挖一条新渠必须从黄河上重新开口，因此当时还没有总干渠。这样的情形就会导致水量不易控制、浇地不及时等问题，因此旱涝常常发生。地商之间的竞争又相当激烈，渠道可能经过多次转手，因此渠道也得不到及时的清淤和修整，最后保留下来的只有八大干渠，后来所挖的杨家河也是和八大干渠规模相当的。清朝廷派到察绥地区的钦差大臣贻谷也曾感叹说："从前垦务未经官办，地由民户私垦，渠亦由民户自开。凡来套种地者，甫经得地，先议开渠，支别派分，各私所有。往往一渠之成，时或需至数十年，款或糜至十余万。父子相代，亲友共营。而已成之渠。又必每岁深刷其身，厚曾其背，其流溢充满而潴至灌田千百顷者良非易也。"①

地商中的杰出代表有开发缠金渠的甄玉、开发通济渠的郭敏修、开发沙河渠和义和渠的王同春等。地商在开垦水利上赚取了巨大的财富，以王同春为例，至光绪二十九年（在这之后他的财产被清朝廷剥夺），他拥有干渠五条，包括沙河渠、义和渠、刚济渠、丰济渠、皂河渠；支渠 270 多条；垦荒 27000 余顷，其中熟地 3600 顷；牛 3100 多头，骡马 1700 多匹，羊 112000 多只。每年收粮 23 万多石，租银 17 万多两。通过不断的兼并和购买，他的资产还不断增值。

那么地商对于移民的管理和地主的管理方式有什么不同呢？我们看到地商对汉族地户的管理有着自己长远的眼光，许多农民逃荒来到

---

① 光绪三十一年七月二十日，贻谷给慈禧、光绪的奏报引自《钦差垦务大臣》全宗第 153 卷。

河套，因此没有任何生产资料，地商就为其提供资金、粮食和工具，然后向他们租地收租，闻此消息来此投奔的人自然迅速增加，因此很快就可以成为一个初具规模的小村落，地商控制下的农户多为小农户，不让他们有发展的空间，是因为规模愈小愈易于控制。当然由地户进入上层地商阶级的可能性也不是为零，王同春和杨满仓他们就是典型的由逃荒户发展而来的地商。

此外，与地主不同的还有地商将农业与商业结合，降低了他们收租的难度和利润损失。一般的地商都是粮商，有粮食销售能力。例如，王同春在开义和渠成功后，随着灌溉面积的不断扩大，又开设了隆兴长商号，经营皮毛和粮食业务，以农助商，以商促农[①]。地商在向农民收租时交银、交粮皆可，这样农民不会因为粮价低廉而交不起租，调动了他们的积极性，而地商也不会在粮食价格的波动中损失过多。

地商组织所具有的管理能力、协调能力和自我监督的能力在水利工程的开发中发挥了重要作用。他们兼具地主和商人的双重身份，使他们对于移民的管理机制非常灵活，克服了地主的死板经营模式。他们想尽办法将移民固定在土地之上，通过各种协调监督方式建立了农业社会的管理秩序，使移民新组成的社会得以形成。而最重要的是他们清楚地意识到自身的不利条件，在水利工程开发之前就把地权和水权集于一身，这样才占有了主动权，能够将自身的优势发挥出来。

我们可以看到，在河套地区，私有财产的持有人——地商通过以财产为基础的组织和行动来与国家权力相周旋，获得自己的发展空间，最大限度地调动了人力、物力，并通过自己的组织方式和协调方式化解了工程中的矛盾。在清末，地商获得了蒙古王爷出让的土地长期租赁权，将水权和地权集于一身，这是在中央集权严格控制的中心

---

① 陈耳东：《河套灌区水利简史》，水利电力出版社1988年版，第64页。

地区所不可能实现的，也是水利工程在社会组织主导下得以开发的最重要的条件。

在这样一个移民社会和这个变迁的过程中，我们看到的不是魏特夫所言的水利灌溉工程需要的统一集中的权威非国家专制制度不可实现，也不是格尔茨所言的以当地的习惯法和仪式框架来协调水利工程开发的矛盾，而是在一个兼有地主和商人双重身份的地商的领导下形成的弹性的控制农民的方式，这种方式虽然简单但有效。这为我们提供了一个案例，即在由移民形成的新的社会中，不同身份的移民如何为了一个共同的经济目标而形成合作进而稳定下来形成社会。但是，好景不长，地商的财富被财政吃紧的清政府所窥见，他们觊觎其财产并通过强权获得。地商消亡的惨剧成为历史的必然。

三　清政府对于地商的财产剥夺

义和团运动失败后，1901 年，清政府被迫签署《辛丑条约》。中国虽然免于领土被瓜分，但需要向各国给予总计 4.5 亿两白银的战争赔款，史称“庚子赔款”。清政府在财政上陷入的严重困境，使他们把目光放在“筹边”大计上。山西巡抚岑春煊为了筹集当年清政府摊派的庚子赔款两次上奏《筹议开垦蒙地》[①] 以缓解燃眉之急。慈禧太后在八国联军攻陷北京逃至西安又返京后的第二天就决定：“着派贻谷，驰赴晋边，督办垦务。”[②] 贻谷先任钦差大臣到绥远督办垦务，次年（1903 年），兼任了绥远城将军和理藩院尚书二职，大权在握后，他开始推行放垦工作。所谓放垦，就是强行把蒙古人适于开垦的牧场收回来，付给很少的“押荒银”，按照三比七的比例交给蒙旗政

---

① 陈耳东：《河套灌区水利简史》，水利电力出版社 1988 年版，第 53 页。

② 中央档案局明清档案馆编：《义和团档案史料》，中华书局 1959 年版。

府和垦务局，然后把这些荒地卖放给各个农户，这样就可以赚几十万两的白银。这不管是对蒙古王公而言还是对于当地的地商而言都是一种公开的剥夺。然而，如果不拿回渠道的控制权，则放垦土地相当于一纸空谈，所以贻谷命令将全部渠道收归官有，勒令地商们“报效归官”。贻谷为了减小“剥夺”的阻力，给予地商一些好处，一是给一点象征性的补偿银子，二是允许地商留下少量的耕地和优先向垦务局挂领荒地，三是允许地商在大干渠上自由开些小渠浇地。达拉特旗协理台吉巴扎尔葛尔第首先答应了报效，王同春作为最大的地商，他态度最为关键，于是贻谷委派姚学镜处理乌兰察布、伊克昭和河套垦务和水利事宜。姚学镜极力劝说王同春，恰逢其时，有人状告王同春谋杀陈四，于是姚学镜趁机逼迫王同春“报效”。于是王同春答应上交，1903 年和 1904 年分别交出中和、义和、永和等 5 条干渠，270 多条支渠，土地万余顷，房屋 18 处。最后只得到补偿银 3.2 万两，还不及其一年地租收入的五分之一。但是，王同春仍然没有逃出厄运，光绪三十三年（1907），王同春因陈四案发被送入监狱，直到民国元年（1912）才被放出。王同春之后，地商们纷纷被逼无奈交出渠、地和家产，地商就逐渐退出了历史舞台。可是后续的事情贻谷并没有估计到，他们根本无法承接这个水利渠道管理的事务，因为贻谷等人各个中饱私囊，不负责任，对于渠道的清淤拓宽加固等工作并不认真，没有人督促，所以很多已经垦好的熟地由于浇不到水变成了荒地。就达拉特旗而言，光绪三十三年水浇地有 3100 余顷，至三十四年只有 2500 余顷，宣统年间不足 2000 顷。① 而且根据贻谷上报的收支结果，不仅没有获利而且还出现亏空，报告中说：“自开办至宣统三年止，通盘计算已收之数为 110 万两，而同期支出之数为 133 万

① 《调查归绥垦务报告书》，系 1914 年财政部特派员甘鹏云调查和编述。该书于 1916 年晋北镇守使署石印。

两，在支出中渠工费为82万两。”[①] 由此与王同春一家地商一年的收入做一对比，王同春仅地租一年就17万两之多，而贻谷几乎收回了所有绥远有价值的熟地和大量的荒地，几年的收支竟然是如此模样，可见贻谷等人对于渠工的管理水平之低、腐败之严重。这也恰恰是此地的民间组织可以承担水利开发的重任的原因之一。当然我们说官办水利也有些积极的作用，比如，水利开发在几条大的干渠形成后需要统一的规划和统一的管理，这样才能保证上中下游人们的用水，而且地商们之间为了争水争地，偶有械斗，不利于农业生产。但是因为贻谷等人不懂水利也没有做好统一管理和规划就另当别论了。在民国时期地商又有了短暂的繁荣时期，即杨氏开发杨家河时期，但是随着军阀混战和傅作义军队的入驻，民营的水利远不如军营水利的力量，河套在民国时期发展水利的主要推动力量变为军队。

第二节 民户和地商包租的曲折经历（1912—1928）

一 贻谷之后垦务局的变化

上一节中我们谈道贻谷以钦差大臣的身份来到绥远后，又兼任了绥远城将军与理藩院尚书二职，握有实权后，贻谷全面整顿垦务，在机构设置上，他有所创新，在绥远城[②]专门设置了东西盟，来开展垦务工作，同时他还在包头设立垦务局，负责乌兰察布、伊克昭盟垦务和河套水利。在绥远经过六七年的治理，贻谷基本将西盟各旗的土地和渠道收回。光绪三十四年（1908）四月，归化城[③]副都统文哲珲奏

① 《调查归绥垦务报告书》，系1914年财政部特派员甘鹏云调查和编述。该书于1916年晋北镇守使署石印。

② 今呼和浩特市。清乾隆四年（1739）于归化城东北筑绥远城，设绥远城厅，为绥远将军驻所。1912年改为绥远县，1913年与归化县合并，改名为归绥县。

③ 据《明史》记载，明隆庆六年（1572），阿拉坦汗和三娘子开始共同主持修建一座名叫库库和屯的城池。万历三年，城池建成，明朝政府赐名为归化城。

参贻谷，贻谷和姚学镜均被革职查办。信勤接任督办兼绥远城将军。清末宣统年间，西盟垦务的分支机构已有大半停办，宣统二年（1910），西盟垦务局由包头迁至五原隆兴长，其主要职责是管水。1912 年绥远城将军张绍曾督办垦务期间，仍沿用清政府以前成立的垦务局主持垦务。1914 年 5 月，新任绥远都统潘矩楹深知掌握河套水利来实行垦殖是很好的生财之道，于是请求大总统设立绥远垦务总局。1928 年为了加强对于水利的控制将西盟垦务总局撤销归并到绥远垦务总局。后来因为鞭长莫及，就在五原设了包西各渠水利局。同年，绥远建省，奉军从绥远撤退，阎锡山的高级将领徐永昌担任绥远省第一任主席，直到 1938 年，绥远一直在阎锡山的统治之下。

二　河套水利废弛时期民户和地商包租的短暂“春天”

1912—1928 年这段时间河套地区数易其主，不管是军阀还是官员都把这个地方当作摇钱树，他们都想不进行任何投资就大捞一把。因此，这段时间成为河套水利的废弛时期。可是不管谁来坐庄都要有人来买他的地才可以赚钱，于是河套地区经历了由农户包租到灌田公社强行包租，到两大官商集团瓜分包租的时期，最后都没有成功，再次强行收回实行第二次官办。下面具体说明一下这三个阶段。

民户包租是在清政府遗留下来的办法的基础上，将农户承包变为由以前的地商承包，名义上是民户承包实际上是地商以商人的名义承包，杨满仓就是在这个时期通过承包攒下一点资金的。也有地商为了保证自己的租期和收益，就和垦务局的领导一起承包。比如地商张林泉同垦务局委员田全贵、商人王在林一起承包了丰济渠。还有一些官员独自假借商人的名义承包渠道，比如垦务局委员于自信以别人的名义承包了长济、塔布两渠，但是由于他不懂水利，不懂得渠道的维修和清淤，于是渠道在 4 年之内基本废弛，而他自己负债累累，不久就暴病身亡。垦务局只好暂时委托村社代管三四年，但是情况很难好转。

就这样一直到1920年，北洋军直系军阀蔡成勋部第一师旅长杨以来在后套驻扎。他为了拿回八大干渠的控制权，成立了一个叫作“灌田公社”的组织，这个组织名义上是商人承包的，其实是他在背后支持的。由于急功近利，不舍得投资清淤和治理河道，其结果注定是失败的。永济渠在被灌田公社包租后，下游被淹成湖。义和、沙河、通济、塔布等渠道均有堵塞，土地不是被淹，就是干旱，更有甚者，军方还再次种植洋烟。《绥远通志稿》中有记载对于杨以来所组成的灌田公社的评价是“贪利忘公，渠道废坏无遗，竟拖欠租款10余万元，套民至今言之，犹有遗恨”[①]。移民们迫于生计，请政府救济，但是无济于事。民众群情激奋，政府怕生出祸事，所以又下令请河套士绅出面来承包，收拾残局。王同春等人又被请出来，这时地商们的代名词变为士绅了。

到了1923年，新任都统决定将八大干渠从灌田公社收回来，但是为了照顾直系的颜面所以通过一种形式保留了他们的灌田公社。他把灌田公社变成“兴农社”，统一承包通济、长济和塔布渠。另外，他成立了一个“汇源公司”，以王同春为主，联合了五原、临河两县的现有地商，以15年为租期，统一承包永济、义和、沙河、刚目和丰济各渠。但是好景不长，军阀混战的局面下，地商又没有原来那样雄厚的资金作后盾以投资水利，所以这个烂摊子还未好转，1924年冯玉祥的国民军就来到这里开始实行第二次的官办水利。但是这第二次的官办水利开始依靠当地的地商势力。1925年国民军下令取消一切官民包租办法，将所有渠道收回。在机构设置上，成立了由国民军和新都统李鸣钟直接领导的

---

① 绥远省设立绥远通志馆编纂:《绥远通志稿·水利》卷二十四［上］，内蒙古人民出版社2005年版。

包西水利总局。委任第八混成旅旅长石友三为水利总局总办，聘任王同春为绥西水利总工程师。他们的具体措施是，下调水费标准，提高农民的积极性，但是不肯拿钱出来投资，所以也没有什么成效就草草结束了。等到1928年，阎锡山的军队入驻后一切都又重新开始。

第三节　民间水利组织的再现和傅作义开发河套水利（1928—1949）

1928年，阎锡山撤销了包西水利总局，将河套水利工作交给他新成立的绥远垦务总局管理。1929年，阎锡山接受他的高参冯曦的建议，将河套水利事务从绥远垦务总局单独划出，归建设厅直接管理，并成立包西各渠水利管理局。冯曦当时正任绥远省建设厅厅长，并被指定代行省府主席之职。他在考察河套水利工作时看到了现行管理的种种弊端，决心大干一场。首先，他向时任北方国民革命军总司令的阎锡山申请批准向银行贷款的计划，以解决整治河套水利经费困难的问题。其次，他提倡改变河套水利的经营方式和管理体制。为此，他特别召开了包西水利会议，他提出这次会议旨在“求整顿后套及三湖河的水利”①。

一　包西会议和水利社的管理机制——民主的萌芽

此次会议确定了以下四项措施。第一，确立实行官督民办的方针，冯曦说：“后套、三湖河均为绥远省之精华，但近年来渠道淤澄，致有名无实，凡此情形，不能不归过于官厅，因为从来官厅对于渠务只知收款开支，不管修工，而地方方面则只顾目前，不顾长远，只顾

① 见《包西水利辑要》，天津图书馆收藏，1929年编印。

私利，不顾公益，官厅又不协助。倘若长此以往，恐将来各渠之废坏尤胜于此时，故此提倡官督民办。”①

第二，制定了新的水利法规，包括管理包西各渠水利暂行章程、包西各渠水利公社通行章程、包西各渠丈青办法等14项水利章程。根据章程，公私各渠，凡原有组织不符合新规定的，一律按章程组织成立水利公社。杨家河此时还是杨家的私渠，但是也要成立水利社，经理一职由杨家的代表担任。八大干渠有的单独成立一个水利社，如缠金渠、塔布渠等，有的两条渠合并成为一个水利社，如刚济渠和永济渠。另外，乌加河也成立了一个公社，以加强对各渠退水的管理。这里需要说明一下，河套地区退水问题的重要性。如果没有退水渠，黄河水进来后就很难形成一个好的循环，那些用不了的水冬天就会在河道里结冰，提高土壤的盐碱化程度，如果是现代，这些河道里的冰会将已经衬砌好的河床撑裂。而且，这些用不了的水如果留在河里只能是浪费，如果能将其汇入湖里，那就可以好好利用了。1929年义和渠首先开挖退水渠流入乌加河，两年后，其他各干渠相继开挖退水渠入乌加河，乌加河成为退水的最后汇入渠，汇入其下游的洼地，变成了一个湖泊，这就是今天的乌梁素海。但是乌梁素海的水太多了，不断淹没土地，形成沼泽。于是退水的出路问题仍然需要解决。1935年建设厅拨出专款开挖西山嘴退水渠，但是没有成功，这个问题一直遗留到1949年后。

各水利公社的人员的设置，水利社有经理、副经理、文书、会计、司账、渠头、副渠头各一人，渠工、雇员、夫役等各若干人。经理、副经理均有灌户在种100亩以上耕地的地户中投票选举产生，除此之外，他们对于经理的人选非常之慎重，除了要有100亩以上的耕地外，还要选熟悉水利、具有较高声望的人。经理、副经理任期是2

---

① 见《包西水利辑要》，包西水利会议记录，天津图书馆收藏，1929年编印。

年，董事任期1年，皆可连选连任。选出后由相关的管理局呈报建设厅备案并加为委员。公社实行董事会制，有灌户选举董事5—9人，他们的职责是及时反映群众意见，提供咨询意见以及监督作用，由此可见这个董事会还同时是监事会。其体制之先进在民国时期也算是一个有益大胆的尝试。上述职务均为义务职，经理、副经理每月补助车马费26—30元，董事在开会期间补助膳食住宿费5角。

如果出现了违反章程的事，建设厅虽可以命令撤销，但前提是经过全体灌户一半以上的人同意才可以撤销并进行更选。这种民主的方式对于当地人来说是从来没有过的，但是这种过度会带来真正的民主吗？

托克维尔认为，有助于美国维护民主制度的原因有三，自然环境、法制和民情。但是按贡献分，自然环境不如法制，而法制又不如民情。因此，他认为应当用缺乏民主的民情去解释墨西哥照搬美国宪法而未能使国家出现民主的安定政局的缘由。美国的民情扎根于历史上形成的新英格兰乡镇自治制度。这个早在17世纪就开始形成，后经基督教新教的地方教会的自治思想培养壮大起来的制度，促进了美国的独立运动的发展，提高了人民积极参加公共事务的觉悟，并为后来被联邦宪法肯定的中央和地方分权的制度奠定了基础。托克维尔把乡镇自治的传统看成人民主权和美国人在实践中确立的公民自由原则的根源。托克维尔认为当代的民主原则应当在当代的具体历史条件下去总结和解释，不能用某种一般规律去总结和解释。因此，他极想研究对于民主的发展最有利的条件，从而能够最全面地表现出发展规律的国家的民主。我们来看看在河套地区这个移民社会中是否具有类似于美国这样的民情来促进民主的推行，且看几个例子。

《包临段经济调查报告书》中说："新选经理及办事人员，未必尽属贤良。彼辈又均属大地户，对于用水、摊费等事，仍不无偏私舞弊。虽浇水有章程，摊纳渠费，及指派渠工亦有定则，而小地户及一般农民……在指派渠工时，有纳贿者可路近而工轻。采购材料，多隐折以分肥。借口水未到稍，不肯放水。唯有纳贿者得水为先，因有‘有钱有水，无钱无水’之谣。”①

费孝通在《乡土中国》中说：“中国的社会结构和西洋的格局不相同，中国的社会格局是以血缘、亲缘和地缘为纽带，在西洋社会里争的是权利，而在我们却是攀关系、讲交情。”② 关系作为一个工具性概念在20世纪六七十年代成为台湾人类学界分析中国社会的一个关键词。关系网的研究成为解释中国社会有别于西方社会的一个重要的切入点。在中国，“关系”的重要性体现在，“人情关系”可以游走在法律、制度、规则和程序的空挡和灰色区域，甚至可以公然挑战法律、制度、规则和程序的刚性约束。但是中国人的关系背后体现的是内在利益性驱使，在这种环境下，移民社会也无法克制这种“顽疾”，依然要通过贿赂、拉关系的方式实现本来属于自己的基本权益。因为他们生活的地方虽然由血缘形成的家族的力量较弱，但是人们从中原和其他地方继承来的思想观念依然是重人情而轻法理、重关系而轻能力。在这样的民情培养下，我们虽然来到一个新的环境中，但是因为他们仍要受到清朝中央集权或民国时期的军阀的干涉，必然受到这种“关系文化”的影响，这种从古至今延续下来的社会文化，使他们的性格变得甘于服从这个关系圈的潜规则。在这种民情下，平等的民主制度有何作为呢？我们看到这个民主制度的制定者也做过努力，比如，对于渠社经理有过贪污或徇私舞弊者，管理局曾派整理员到渠社进行帮助整理。

以永济渠水利社为例，管理局就两次派人去督查，第一次是因为

① 陈延光、洪绍统等：《包临段经济调查报告书》，民国二十年（1931年）由铁道部组织调查队调查后所写。调查的目的是为修包宁铁路收集资料，所以调查内容着重经济方面，河套水利方面的篇幅所占较多，包括“渠务史话”“渠务之管理组织与经费”“灌溉情况与浇水通例”“挑渠工作情况”“渠道概况”和“渠务之困难与改革计划”。

② 费孝通：《乡土中国》，北京大学出版社1998年版，第27页。

使用包西水利会议分配的贷款不当，第二次是因为水利社整修引水口工程技术失当。包西各渠水利管理局与地方行政领导之间的关系是，水利局有责无权，县政府有权无责，权责不能统一。后来，为了解决这一问题，绥远省政府决定把包西各渠水利管理局划分为三个管理局，由各县县长兼任各地方水利局局长。这样做的问题是，由于缺乏统一的调度和规划，上、中、下游的三个县用水矛盾凸显。而且，新规定的《包西各渠丈青办法》在执行中出现了很多问题，例如，每年几次用绳丈量青苗，工作量很大，速度很慢。于是，丈量人员就用跑马大概估计个数来完成丈量，这就形成了寻租的空间，有权有势能贿赂送礼的人就少算亩数，少收租金，送不起的就多算多收。通过计算种植面积来计算灌溉面积的办法就变得很不公平了。

二　军队屯垦水利和现代水利技术的引进

河套地区的水利开发在阎锡山期间开始了屯垦水利。随着政治局势的紧张，阎锡山为了加强对于绥远地区的控制，并储备军粮，决定在河套平原实行屯垦。他提出“造产救国”的口号。1931 年，他成立了绥远垦务委员会和绥区屯垦督办公署，他自己为督办，王靖国、傅作义为副督办。调拨数十个连队为开垦单位，一共有 4000 多人。分别在五原、临河等地垦殖。在屯垦过程中，阎锡山十分重视水利建设，专门设有工程科，主管水利和测量。他们聘请水利专家王文景、常钦，另外还有专攻农业的法国留学生张立范。现代的水利技术被引用到渠道的设计中，例如，川惠渠和华惠渠就是由王文景经过勘测设计施工的。1933 年，他们还在五原东门外成立了农事试验场，进行农牧林水试验和土壤改良试验。此外，他们又成立了一个农事训练所，培养农业和农田水利方面的业务人员。

三　十年“水利中兴”的成就

经过十年的治理，河套水利在这期间虽然有些弊端仍无法避免，但是总体来说有了一定发展，这个时期有以下主要成就。

（一）在渠道的清淤方面对重点渠道进行了整修

1929 年绥远省建设厅厅长冯曦贷款对各渠道进行了一次普遍的清淤和整修。到 1935 年，建设厅又对一些渠道重点进行了整修，如永济渠、丰济渠、通济渠、西山嘴退水渠。

（二）建草闸以节制洪水

1932 年到 1937 年，河套共建了 10 个草闸，其中杨家河 4 个，黄济渠 3 个，永济渠 2 个，丰济渠 1 个。通过这些工程的实施，各个干渠的水流顺畅，水浇地面积迅速扩大，以塔布渠为例，王喆在河套调查时写道："近年水势畅旺，耕种之地倍增，人民皆额手称庆。"[①]

（三）农业生产的发展

根据陈耳东[②]的统计，1928 年到 1938 年的灌溉面积除 1934 年和 1935 年黄河大水受影响外，每年大都维持在 8000 顷，再加上各四渠的耕地面积 2000 多顷，大概总数在 1 万顷。这比 1928 年增加了 4500 顷。而且是通过丈青的方式来统计灌溉面积的，前面我们说过，这种统计后来改为跑马丈青的方式，贿赂时有发生，所以这种测算其实不够准确，实际耕地面积应该比 1 万顷更多。

（四）学者在这期间组织的考察和勘测

在这期间，顾颉刚于 1934 年来到河套地区考察，并撰写了《王同春开发河套记》在《禹贡》第 2 卷第 12 期发表。此后侯仁之、蒙思明、王喆等人也在 1934 年到 1936 年多次来河套地区考察，并在《禹贡》第 2 卷、第 6 卷、第 7 卷刊登了他们的调查报告。另外，华北水利委员会的王华棠、刘锡彤、吴树德三人在河套地区进行勘测，以为治黄依据。还有建设厅聘请冯鹤鸣为首的测量队对河套渠道进行

① 王喆：《后套渠道之开浚沿革》，《禹贡》1937 年第 7 卷第 8、9 合期。

② 陈耳东：《河套灌区水利简史》，水利电力出版社 1988 年版，第 105 页。

测量，最后做出《绥远河套干渠暨乌加河退水图表计划书》，这是第一次用现代的科学技术弄清了河套各干渠的基本情况。[①] 接下来进入抗战的部分，河套地区在这个时期经历了不平凡的一页，河套水利在这时不仅仅关乎农业生产，也在军事作战中发挥了作用。

四　傅作义在河套的水利开发

1939 年 1 月，傅作义在五原组建副司令长官部，以第八战区副司令长官的名义主持绥远抗战，从此，正式脱离阎锡山部，直接接受蒋介石的指挥。绥远省政府机关迁驻河套地区。1939 年冬天和春天，日军和傅作义部在河套地区进行了激烈的战斗，傅部凭借对河套地形和水利的熟悉，巧妙利用河套各大干渠常年不关口的特点，各渠在冬季封冻的河水开春时就会开始流凌，从而形成水患，他们可以利用这个时机将敌人一举击败。在五原战役中，当时日军已经占领了丰济渠以东的半个河套，以西由傅作义部控制，双方僵持不下，傅作义部专门在丰济渠口和黄河上观测冰情，最后决定在 3 月 20 日早晨开始反攻。傅作义部炸开乌拉壕堤坝，放水淹没了万和长通往五原的公路，然后攻占万和长。放水后还将乌家河北岸一直到四义堂村数十里长的地带变成一片汪洋，断绝了敌人的通路。在灌区内部，群众配合部队，即立即放开丰济、义和、通济等干渠的开河水，淹没主要公路，使日军的汽车、坦克发挥不了作用，失去了机械化的优势。五原战役取得了完全胜利，日本侵略军也被完全赶出河套地区。经过战争的洗礼，河套灌区的水利工程百废待兴，1940 年灌溉面积仅为 4700 顷，比水利中兴时期的平均灌溉面积下降了 3000 顷左右，粮食产量已经不够人们的口粮，军队也急需粮食，于是，傅作义一方面开始发展农业生产，举办军垦农场；另一方面着手恢复水利工程。在抗战期间，

---

① 陈耳东：《河套灌区水利简史》，水利电力出版社 1988 年版，第 115 页。

水利要为军事和战争服务，军事水利开始打开局面。傅作义提出了“民养军，军助民，军民合作发展粮食生产，治军与治水并重”[①] 的口号。从1941年开始，军队参加地方修渠，并承担了重点工程的修渠任务，同时督促和帮助群众修渠。值得一提的是，傅作义军队在河套地区所完成的四项重点工程，即开挖复兴渠、黄杨接口工程、整修乌拉河和整修杨家河。战争过后，河套主要干渠之中仅有杨家河、永济渠、丰济渠能正常使用，其余都干涸淤废，怎样重新布置一条渠线解决五原等地的用水问题，而且要达到工程量小，快速完工的目的呢？当时傅作义从四川请回了水利专家王文景，王文景又带回了程瑞宗、邓华封等工程技术人员。他们为这次测量勘探和布置渠线发挥了作用，最后决定从丰济渠引水到沙河渠上部开挖一条新渠。全部工程自1943年4月20日开工，6月10日完工，闸工部分由地方民工承担，其中不乏能干的熟悉建闸技巧之人，可见民间挖渠治水技术广为传播。设计者的思路固然重要，施工者的技术也关系着工程的成败。在此次建闸的过程中，王文景对草闸的设计有所改进和提高。工程进度快、质量好、效益大，当年就增加了30万亩的灌溉面积。新挖干渠的名字开始叫丰沙连环渠，后为了纪念五原战役后将渠道复兴的这段历史，就改名为复兴渠。

黄杨接口工程是将杨家河的多余水量引进黄土拉亥河，这主要是解决黄土拉亥河严重失修，渠线太弯、输水能力差的问题。黄杨接口工程并不是两大干渠的合并，而是在口部实行水量余缺调剂。黄土拉亥渠的原引水口仍保留，以便于必要时开放，实行两口引水。这为以后实行引水系统的归纳合并、上接水源、进行水量控制提供了实践经验，河套灌区后来也从多口引水变为一首制。

---

① 中国人民政治协商会议全国委员会文史资料研究委员会编：《傅作义生平》，文史资料出版社1985年版，第423页。

乌拉河下梢因沙埋与乌加河隔断后，处于自生自灭状态。但是由于河口仍然进水，有时水量很大，无处宣泄，淹没下游。因乌拉河地处绥宁交界，河口和下梢属于绥远地界，中间属于宁夏地界，因此，很难集中管理。1942 年，绥远省军政府当局对绥西地区实行新县制，划出临河的部分地区成立米仓县，而乌拉河对于米仓县的灌溉至关重要，因此，绥远省政府委托绥西水利局整修乌拉河。通过整理渠口和修一个渠口束水闸，以节制进水量，开挖东梢，将该渠稍与杨家河的三淖河支渠合并，使余水泄入乌加河，并堵住已泄各口，以防止溃溢。另外，加固渠背，增强输水能力，同时开挖临时泄水道，以排出多年来淹没大片土地的积水。1943 年，经过两个月的奋战，工程全部完成。

杨家河本属于杨氏家族管理，属于私渠。1939 年，傅作义免去杨泽林（杨米仓的二儿子）在杨家河的经理职务。1942 年，杨家河由新成立的米仓县接管。经傅作义批准，决定将新成立的县以杨家的开渠人杨米仓的名字命名，改称“米仓县”，同时委任杨义为县参议员。1943 年 4 月至 6 月傅作义调集了几百名士兵并发动民工完成了修筑束口草闸 7 座，退水草闸 3 座及头道桥、二道桥节制分水草闸 2 座，加修渠背 3 段，为了能从杨家河干渠引水，将机缘渠口上开挖了 4000 米的渠道与其连接。据当地人回忆，傅作义发动民工的办法是凡参与水利工程的工人，一律免征兵役，这样就保证了一批民工参与施工。杨家河经过这次全面整修后，不仅成为米仓县一条主要的干渠，承担了本县大部分耕地的灌溉任务，而且成为河套十大干渠①中进水情况最好的一条干渠。

至此，我们看到 1928—1948 年这一段历史中河套水利以官方经营为主，经整修合并，八大干渠演变为十大干渠（见图 5－3），灌溉

---

① 十大干渠是在前面第二章就介绍过的八大干渠的基础上加上新修建的黄土拉亥渠和杨家河。

面积在三四百万亩，河套成为当时全国最大的引黄灌区。

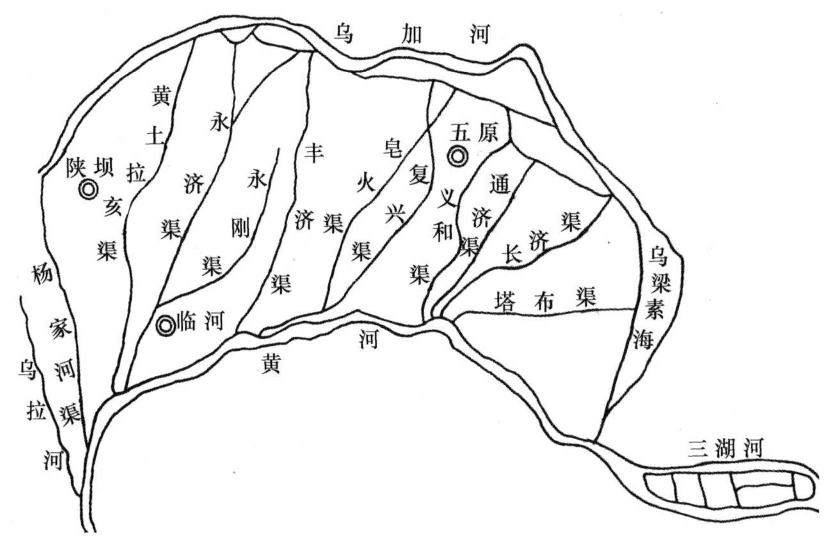

图 5－3　20 世纪 40 年代河套引黄灌渠分布

1949 年后河套水利的发展和水利组织的发展充分显示国家力量的强大，我们将在第六章中具体介绍。2001 年后该地的民间水利管理组织出现，即用水协会，这不由得让我们笔者联想到它是否是近代民间水利组织的一个延续，一个复兴呢?

第四节　民间水利组织的复兴（2001 年至今）

河套灌区从 2001 年开始实行农民用水者协会制度，从性质上说这个组织真正实现一个民间组织来自我管理水利事务。这个组织与历史时期以地商为中心的水利组织有所区别，并且与水利社的管理形式虽有相似但也有所区别，那么这个组织怎样形成、怎样运作、怎样在农民和政府之间发挥其功能，与旧有的民间水利组织相比有哪些变化和延续呢，下面我们将一一梳理。

一　用水协会的形成方式

（一）用水协会的成立过程

在这里我们介绍一个灌溉网络的小常识，灌溉网络的七级由大到小分别为总干渠、干渠、分干渠（见图5－4）、支渠（见图5－5）、斗渠（见图5－6）、农渠（见图5－7）、毛渠（见图5－8），排水网络的七级与灌溉网络的七级对应是：总排干、干沟、分干沟、支沟、斗沟、农沟、毛沟。

河套作为一个“灌区”的提法并不是一以贯之的，1954年之前并没有使用灌区这个词，因为这期间的官方和民间都没有这个说法，直到1954年，绥远省的建制撤销，并入内蒙古自治区，原绥远省陕坝专员公署改为河套行政区，管辖五原县、临河县、安北县、狼山县、达拉特后旗、杭锦后旗和陕坝镇。从此有了河套灌区的说法。1958年，河套行政区又与巴彦淖尔盟合并，建立巴彦淖尔盟，政府所在地设于磴口县三盛公镇，在50年代末至60年代初，兴建了三盛公水利枢纽，开挖了总干渠，河套灌区变成了一首制[①]引水灌溉。1987年9月19日，自治区人民政府批准成立内蒙古河套灌区管理总局。2001年，河套灌区开始实行群管和国管相结合的方针，现在河套灌区的管理体系是分干渠沟以上由政府管理，称为国管；分干渠沟以下归农民用水者协会管理，称为群管。笔者调查了杨家河杨正稍用水协会和陕坝渠用水协会的情况。牧业队正是归杨正稍用水协会来管理，笔者调查陕坝渠用水协会是因为陕坝渠处于杨家河的中游位置，属于杨家河的一条支渠，这对于全面认识杨家流域比较有代表性。首先我们看一下陕坝渠用水协会的情况。

---

① 一首制的意思是指在黄河上只开一个口，其他所有干渠的水都是从这个地方引水的。这样就解决了以前每个干渠都会在黄河上自行开口引水的问题，河套灌区在磴口一带的黄河上修建拦河闸，这就是由苏联专家设计的三盛公水利枢纽，这样便于对黄河用水量的控制，提高了抵抗洪灾水灾的能力，降低了灾害发生的可能性。

图5－4 分干渠

图5－5 分干渠（两侧）和支渠（中间）

图 5－6　斗渠

图 5－7　农渠

图 5-8　毛渠

陕坝渠用水协会成立于 2001 年 11 月 2 日，协会分别设会长 1 人，副会长 2 人，监事长 1 人，会计 1 人，巡渠人 4 人。协会的人根据分工的不同，每人每年都会领取一定的工资。例如会长每年 5000 元，而且根据工资制度每年也会有一定的涨幅。该协会共管理 6 个村、27 个社、5 万亩农田。协会的管理人员由农民自己选举产生，每个社选出三个代表，然后召开大会选举出会长、副会长、监事长，其他人由会长聘任。

（二）用水协会如何克服“道德风险”的现象

在和协会的纪会长聊天时，很奇怪为什么政府开始放手让群众自己管理渠道，并且自己收取水费，纪社长告诉笔者：“实行群管的原因在于，水利站的人管理不力，收不到水费，这是长期积累下来的矛盾，这是因为好的农民经常觉得受骗。水费每年收一次，水利站的人嫌麻烦，所以每年收钱的时候水费摊派的比实际的要多，因为他们不愿意不停地去催那些不交钱的社员，所以交钱的社员每年都交，不交钱的社员每年都不交，水利站的人拿他们没办法，也不可能为了不让他们家浇地去花时间和力气管住渠口，这样社员们个个觉得不公平，所以水费就越来越难收。农民和水利站的人矛盾也越来越大。于是，河灌总局想出这个办法，让农民自己收水费，然后交给他们，相当于承包给农民，让农民自己管理自己，实行的这几年还挺好，每年的水费都是保质保量地完成上交。"

纪会长所说的现象就是经济学中常谈到的“道德风险”，它指的是人们享有自己行为的收益，而将成本转嫁给别人，从而造成他人损失的可能性。这与收水费的例子相似，由于不交钱的农民享受了继续浇地的收益，而将成本转嫁给交钱的农民，造成了“好”的农民的损失。而这种情况的出现不仅是道德风险的问题，也是公共产品的问题，由于存在很多农民“搭便车”的行为，而政府存在行政成本较高的困难，所以很难将这个公共产品进行产权划分，而农民用水者协会不一样，他们的管理者就是农民，而且是威望较高的民间精英，因此他们的管理成本较低，哪个村子里有谁没有交水费，巡渠人就会给他们一定的惩罚，而且这个惩罚还可以交托给他的邻居进行，有很多交了水费的人在监督那些没有交费的人，当开始淌水的时候，他们的地就没有水浇了，自有人（巡渠的人或与其土地相邻的人）会把他们的口子堵住，不让他们浇水。因此，这种“搭便车”的行为也就没有了可能性。不仅这部分不交水费的人的钱回来了，农民们也不用被那些水利站的人“揩油”。

（三）用水协会如何克服“搭便车”的行为

用水协会能否持续合作？笔者认为这取决于能否克服“搭便车”的行为。学界从惩罚和激励的角度分别分析如何才能防止“搭便车”的行为。从惩罚的角度来说，笔者选择自由退出机制和相互监督作为两种主要的惩罚途径是否能防止搭便车的行为做一讨论。

对于自由退出机制的讨论，有两种相反的观点，一种观点是由林毅夫提出，他认为："从博弈论的观点来看，退社自由权利的剥夺对合作社的激励结构具有显著影响。……当一个合作社是强制时，从退出的可能性来看，合作社的性质就变成了一种一次性博弈。人们就不再可能用退出来保护自己，或以此来作为制止其他成员可能偷懒的方式。"①

另一种观点是麦克洛伊德提出的团队合作理论，他的逻辑与林毅夫恰好相反，他认为："用自由退出惩罚背信者仅仅是一种消极方式，积极的方式是采取直接的制裁，让背信者无法自由退出，即采取一种限制退出的策略。这一理论后来影响了北美新一代合作社的原则，即从允许社员自由退出变为限制退出。"②

这两种观点的逻辑的关键是能否形成一种重复博弈，能否对背信者实施真正的影响其行为的惩罚。笔者认为其有效性惩罚的关键在于与当地民情条件的结合。

对于相互监督是否能防止"搭便车"行为的讨论，我们引用埃莉诺·奥斯特罗姆和格尔茨的一些观点来说明。奥斯特罗姆讨论的自治社群内部中相互监督的作用值得我们引入用水协会这样的自治组织当中。她强调自治社群内部互相监督的作用。但正如她自己本人所说，"这些制度模型远未能反映出现实世界的复杂性，其本身的效用也是有限的。"③ 奥斯特罗姆的视角最终仍然是一种惩罚的视角，她预先假定了足以实施惩罚的权威的存在。换言之，谁是权威的问题最为重要，即在用水协会中能否实施有效的监督取决于这个实施惩罚的权威是否存在。很多人认为是习惯法的力量，如格尔茨调查塔巴南的用水秩序是由一套仪式框架来协调的，根本不需要集权国家的强制，"因为灌溉会社体系之特定结构而产生的大部分政治张力，都会通过灌溉

① 林毅夫：《制度、技术与中国农业发展》，上海人民出版社1994年版，第11—12页。

② Macleod M., *Equity*, *Efficiency*, *and Incentives in Cooperative Teams*, Advances in the Economic Analysis of Participatory and Labour Managed Firms, 1988, pp. 5–23.

③ ［美］埃莉诺·奥斯特罗姆：《公共事物的治理之道》，余逊达、陈旭东译，上海三联书店2000年版，第214页。

会社之间私下的、随境而变的、非正式的协商而得以解决，而不是升级到体系更高的也更不易收拾的那些层次上”。[1] 从这个意义上说，民情的重要性体现出来。

中国的民情条件主要是指农民对乡约的敬畏感和践行。从宋代以来，政府推行乡约的做法都是失败的。正如梁漱溟所言：“对乡约的实行，政府是没有办法，决办不好。……到了清朝的时候，政府提倡乡约更力，但亦终归失败。”[2] 所以，民间精英和学者大儒通过人格的感化，培养他们的追随者去践行乡约，从而实现合作。笔者理解，乡约与用水协会的成功合作有这样两层关系。

用水协会作为一个组织把来自民间的乡约中的两大特点得以继承，“一是用水协会是一个伦理情谊化的组织，二是用水协会是以人生向上为目标的组织”[3]。虽然用水协会有自己的章程，但乡约中的两大特点是章程可执行的文化基础，没有这个基础章程就像一堆冷冰冰的规则挂在墙上而不能得到有效的实施。一项制度必须以该组织成员的认同和互相监督才能执行，必须是依靠成员之间形成的相互爱惜和相互规劝来实现，用“爱面子”和“羞耻心”来获得对章程的“自觉”履行。这是合作社章程得以持续履行的文化基础，也是合作社成员形成自觉意识的基础。如何认识这两大特点对人们行为的规制作用呢？

章程是以权力本位为基础的，比如用水协会的章程中有一人一票的原则，而且是其最核心的原则之一。但在实际操作中，成员的投票权如何发挥真正的民主作用，其机制的讨论更为关键，我们必须把它放在一个伦理情谊化的组织里，人们在讨论事务的时候，会请有威

---

① ［美］克利福德、格尔兹：《尼加拉——十九世纪巴厘剧场国家》，赵丙祥译，上海人民出版社 1999 年版，第 97 页。

② 梁漱溟：《乡村建设理论》，上海人民出版社 2011 年版，第 184—185 页。

③ 梁漱溟：《乡村建设理论》，上海人民出版社 2011 年版，第 173 页。

望、有信用的人来先说自己的观点，如果都觉“合理”就算决定，其讨论的过程所体现的公平是大家都有资格参与讨论，并经过深思熟虑和认同之后投票，在决策中不能否认真正起作用的还是精英，而这不是对合作社章程的挑衅，而是在中国成熟的文化背景下实现的有效治理的一种实现途径。章程和乡约的有机结合，使这类农民的自治组织具有了生命力。

人生向上的目标是一个组织的成员不仅仅注意眼前的事情，而要大家认识到彼此之间是命运共同体，是真关系。大家以追求更好的生活为目标，在人生向上中解决问题，这样人们就不容易失去羞耻之心，要维护自己的面子，从而形成一个互相监督的氛围。而以上提到的文化基础其要发挥作用，还需要有启发民智，促进成员的自觉意识发挥作用。

二 水费的收取方式以及与民国时期水利社的对比

在协会运转的过程中，农民们自己创造了很多好的办法来实现公平管理，由于实现了邻里之间的监督和协会的监督相结合的方式，因此不交水费的人几乎没有了，此外，村民们还提高了节水意识。

例如，纪会长说：“由于现在是我们自己用多少水交多少钱了，所以村民们的节水意识强了，每到浇水的日子，社员们都在自己家的地里看浇得水深浅。由于水费是每年春天预交，因此我们协会制定了按照头三年的平均数来交水费的规定，这个缴费方案是需要经过社员代表们开大会通过的。按照河灌总局的规定，如果来年结算时有结余按照结余的40%给协会，60%返还农民，这40%的结余用于在水费有缺口时补齐的费用。让我们自己管，巡渠的人很负责任，本身也是对自己家的地负责，比那些水利站的人好多了，巡渠的人经验都很丰富，他们能看出的问题，而且能及时找社员解决，那些水利站的人不一定能看出。”

在水费的征收方面，我们对比一下原来民国时期水利社时的情况，在包西水利会议后，规定每顷地每年征收水费 10 元，以 7 元作渠工费（即岁修养护费），剩下 3 元归水利管理局和水利社各一半用作水利经费。两种水费收取方式的不同主要体现在以下三点。

首先，关于渠工费的收取不同。由于当时的局势不稳，所以农民承担了所有的费用，但现在的情形是，农民上交的水费不包括渠工费，干渠以上的渠道的衬砌、清淤、渠背的加固、桥涵口闸的修筑以及渠道两边的绿化的钱都是国家通过财政的转移支付让全部纳税人来买单的，并没有让农民自己支付，而水费每亩地是 40 元，现在每亩地的收益平均是 800—1000 元，所以这个价格是非常低的。在农业税改革之后，他们种地的成本当中，要支付给国家的仅仅是很少的水费，并且还有国家粮种补贴和各类综合补贴。

其次，水费计量单位不同。现在的水费是按照三年的平均数来交费的，这样比起过去的跑马丈青来收费的方法更为科学，因为现在能开发的土地一般都已经开垦了，测量的土地面积一般变化不大。所以河灌总局在总结农村灌溉经验的基础上提出了“以亩计量，以灌水轮次计费”的办法来收取水费，用水协会用这个办法来收费，大家以前因为水费分摊不合理而产生的矛盾减少了，农民感到这样做更公平、公正了。

最后，对垫付款的管理不同。过去的水利社有一项“特别修渠费”这是要求农民们要垫付的，完全归水利管理部门来管，而现在将水费中垫付的部分，也就是结余的部分的 60% 返还农民，40% 留给用水协会来支配。其实还是农民自己垫付的，但在农民眼中给用水协会并不是“交公”，给国家的管理部门交钱才是“交公”，因此他们觉得这样也维护了他们的利益。

三　社会资源如何转化为社会资本——纪会长的动力

首先我们了解一下国家对用水协会的性质是如何鉴定的。“农民用水户协会是经过民主协商、经过大多数用水户同意并组建的不以营利为目的的社会团体，是农民自己的组织，其主体是受益农户。”①这样的鉴定说明该社会团体是不以营利为目的的组织，那么其管理人员工作的积极性如何激发呢？每年给他们的工资足以使他们有动力去竞选和工作吗？在笔者调查过程当中发现，相比较当地农民的生活水平而言，协会会长每年5000元的工资，对于一个乡村精英来说，其付出与劳动所得并不匹配，纪社长和笔者说：“我每年要是用管协会这点时间弄个收购站，少说也挣个五六万元，来这挣这点钱并不是为了钱来的。”那么他们是为了什么而来呢？实际上是不是如他们所说的那样呢？

好奇心让笔者在深入访谈牧业队时有了答案。在此，不得不让“社会资本”这个概念“跳出来”和我们“见面对话”，布迪厄早期的作品只是想说明占主导地位的群体文化判断是如何表现为文化资本的，这种文化资本是如何再生产出权力关系的，这让我们不禁觉得他又绕回到那个福柯的权力领域里。后来，布迪厄推动资本的概念从经济学领域中走出来，认为资本总量是在实际中发挥作用的一切资源和权力，包括经济资本、文化资本和社会资本。布迪厄提出：“社会资本是现实或潜在的资源的集合体，这些资源与拥有或多或少制度化的共同熟识和认可的关系网络有关，换言之，与一个群体中的成员身份有关。它从集体拥有的角度为每个成员提供支持，在这个词汇的多种意义上，它是为其成员提供获得信用的‘信任状’。”②

在牧业队或者陕坝渠用水协会，郭村长和纪会长所拥有的网络关系和社会资源以及在群体中的威望都是他们的社会资本，这对于他们

① 参见水利部、发展改革委、民政部2005年联合发行的水农〔2005〕502号文件《关于加强农民用水户协会建设的意见》上对农民用水户协会的性质的定义。

② Bourdieu，Pierre，*The Forms of Social Capital*，*In Handbook of Theory and Research for the Sociology of Education.*（ed.）by John G. Richardson，Westport，CT. Greenwood Press，p. 248.

而言是一种已经比较稳固的社会资源，但是他们之所以继续在村长和会长的位子上停留是因为他们需要继续巩固这种资源，并且在这种社会资源之下将其转化为社会资本，比如，当村里有一个新项目被引进，投资者首先找到的就是村长，而村长会优先得到各种信息，他可以动用在村里的社会资源来帮助投资者实现他们的构想和目标。同样，他在这个过程中一般是最清楚项目能不能成功的人，因为他拥有的是两方的信息，而且他也对这些事情见多，所以识广了。

因此，村长知道在这个项目中双方获利的情况，也可能推断出他们将要遇到的问题。于是，不管是投资者还是村里的人都想通过村长更多地了解对方，而村里的人对他的“信任”程度是很高的，所以投资者对他也是一种极力拉拢的态度，他们希望利用村长说服村民和推动项目进程。因此，投资者必然会考虑给村长一定的好处，起码这个好处会比村民的多，比如，一个商人来这里投资羊场，现在需要用该村的荒地，要争得所有村民的同意，而拿到这个项目的好处是，商人可以享受国家政策，获得 3∶1 的配套资金，比如他自己出 300 万元，那么国家会配套 100 万元，支持他发展羊场，在这个政策下，投资者很希望和靠近后山的牧业队合作，因为这里方便将山里的羊买回来育肥，这种羊肉的价格比市面上普通羊肉的价格贵一倍还多。而这里的村民不希望他们把荒地占了，因为现在可以打井取水浇灌了，这些地可以用来开发做耕地。这时村长的作用就凸显出来，他可以说服村民，告诉他们怎么来计算这件事的得失，所以在这个时候投资者对于村长是仰仗的，希望他能尽快做好工作。因为投资者和村民立场不同，村民不会完全相信投资者，所以这个时候需要威望较高的村长给农民解释，使他们相信他的眼光和远见，他的分析是有理有据的，通过以上分析我们知道，村长可以通过这个位置获得更多的机会和资源，从而利用自己的社会资源来获得经济利益和更多的社会资源，这时社会资源就转化为社会资本了。

那么纪会长做会长的动力来自哪呢？当笔者见到纪会长的时候，他开着一辆20万元左右的新车，笔者笑着问他：“您一年主要的收入来自哪啊？”他说：“来自收购葵花。”在调查的开始阶段，笔者并没有把做用水协会会长和收购葵花联系起来想，后来笔者明白了，会长可以用协会的工作场地来收购葵花，而在农村从事这个生意的人非常之多，但农户们并不是随意选择的，在葵花收购市场的卖方存在激烈的竞争，他们需要获得农户的信任，因为收葵花的时候不是现金结算，而要等来年把葵花卖掉之后再结算，所以他们对于收购者打白条之后能否兑现的重视程度远比葵花的价格要强烈得多。什么样的人能获得他们的信任呢？当然会长的竞争力比其他外来的人都大，村民们相信会长的威望约束着他们不会做这种“不仁不义”的事，这种社会资本也让会长在竞争中不费吹灰之力就独占鳌头。纪会长就是其中的代表，附近五六个村子的人都把葵花卖到他这里，这时他怎样来保证他的利益呢？那就是压价，他的收购价格通常比其他的收购商每市斤低一两角钱，如果他今年收购的葵花是40万斤，那么他的利润就会增加4万多元，能坐上这么好的轿车也就是小事一桩了。

此外，用水协会会有一些水利工程，他可以做的是自己买一辆挖掘机，然后承担一部分工程，通过这些也可以赚钱，而这些对于当地的老百姓来说都是不能轻易获得的机会，但是这些并不会影响协会会长的威望，村民们把这当作理所应当，不会觉得愤愤不平，因为他们觉得会长付出了很多，这是他们应得的一点报酬，而自己也没有本事坐会长这个位置，所以也不眼红。笔者想这就是这个地方的淳朴民风所在。

四 用水协会的功能及其治理难题

笔者在调查中与一位副会长进行访谈，他说：“会长其实平时是最辛苦的，他也和我们一样巡渠，而且得和（水利）段里人的沟通。”这句话引起了笔者的注意，就现在的体制而言，水利段和用水协会之间不存在直接的管理与被管理的关系，会长是村民自选的，不是由管理段任命的，缴费金额也是完全按照用水量，不是由上级决定的，怎么听起来还有这么明显的上下级关系呢？似乎有什么是笔者没有注意到的。果然，经过询问后知道，原来水利段现在仍有一定的权力制约着用水协会，段里有着测流量的决定权，而且不能由农民监督。

从用水协会这个民间组织和国家政府管理机构水利管理段之间的关系让我们切实地感受到国家和社会之间的关系。其实，用水协会的作用不只是方便政府征收水费，减少了行政成本，而且还缓和了农民和政府之间的矛盾，将它们转化为民间组织和政府之间的问题，并将其化解于民间组织内部。

这个组织本身还有着一部分的权力，政府水费的收取还要仰仗他们，因此水利管理段和用水协会之间相互制约，权力在它们之间存在一种摆动的状态，而不是完全的科层制的等级服从关系。国家提出的农民用水户协会的职责也看到了这一点，它规定：农民用水户协会的职责是以服务协会内农户为己任，谋求其管理的灌排设施发挥最大效益，组织用水户建设、改造和维护其管理的灌排工程，积极开展农田水利基本建设，与供水管理单位签订用水合同，调解农户之间、协调农户与水管单位之间的用水矛盾，向用水户收取水费并按合同上缴供水管理单位。①

用水协会作为一个民间组织，虽然它并不像民国时期的地商那样可以将地权和水权集于一身，不像地商那样可以对当地社会进行严格的控制，但是它具有协调功能和自我监督的功能却在延续，这些功能

① 参见水利部、发展改革委、民政部2005年联合发布的水农〔2005〕502号文件《关于加强农民用水户协会建设的意见》。

使该组织拥有在现代社会生存的足够的养分。对比民国时期的水利社，其在水费征收、测量土地等很多方面有进步，其通行的习惯法仍在协助国家管理着这个移民社会，是社会治理不可或缺的一个主体。

此外，该民间组织对于生态的保护也起到一定作用，主要体现在以下三点。其一，由于用水协会自己缴纳水费、自己测量，所以在更为公平、公正的管理制度下会让人们对于节水意识有更深的体会，每个人都无法“搭便车”，每个人都必须为自己的行为付出代价，因此，在用水方面很少出现因为太晚放水而不管浇地多少就回家睡觉的现象。因为那样的后果不仅仅是多拿水费和淹坏自己的庄稼，更重要的是乡邻们的监督带来的惩罚会使他们在村里抬不起头来。

其二，用水协会有责任组织农田水利基本建设，所以也要承担部分分干沟以下的一些工程，农民们会珍惜他们的劳动成果，而不会等待破坏后再由国家来修补。比如砌衬时人们对于技术和工程质量都有了监督的意识，希望一次性地把它干好，以后就不用再花钱修补了。

其三，农民们会将以前的民间水利知识来和现在的这些技术相结合来保护农田保养渠道。比如，在挖一些很小的毛渠时，挖掘机的作用是发挥不了的，所以要人工来挖，人们还是利用了我们在第三章介绍过的方法，如倒拉牛、褪蛇皮、撩沙、取湿垫干、二接担、三接担等办法。另外，他们还利用前人总结的很多民间谚语来指导生产，维护生态平衡，在第七章和第八章中我们会有所介绍。

第六章　国家对水利管理方式的变迁

第一节　由“私”的水利变成“公”的水利

在1949年之前，河套灌区虽然有过阎锡山军阀管理时期的“水利中兴”和傅作义军管时期的部分工程成就，但是河套平原还没有一座现代的钢筋混凝土桥或者坝，河套水利工程网络所完成的是在地商开发的十大干渠基础上的小规模改进，而关于如何改进黄河引水口的大问题虽然有过讨论，但是一直没有得到解决。这个问题之所以如此重要是因为：其一，河套各渠均由黄河平口引水，由南向北，退入乌加河，再由西向东，由北往南注入乌梁素海，复退入黄河（见图6－1）。各渠道流程均比渠道的引水口至乌梁素海出水口的黄河流程长，各渠道比降都缓于黄河。这会导致什么问题呢？这样的比降使渠道常年有淤积，乌加河及乌梁素海退水不畅。其二，当地人常说“三十年河东，三十年河西”，这句话的含义对于当地来说人们感觉最明显的是在河套这个冲积平原，河岸是非常不稳定的，左右摆荡的现象不断发生，这样就会使引水口有被冲垮，或者退水后淤积泥沙的问题，致使渠道不能正常引水的问题出现。其三，各渠口都是无坝引水，术语叫“平口承流”。因无进水闸的启闭设施，入渠流量及泥沙随黄河水位消涨而变，不能人为控制。这样发生灾害的可能性增大。

因此，在中华人民共和国成立前夕，绥远省发动“九一九”起义，傅作义和平解放绥远省。1950 年 1 月建立人民政权，随即绥远省人民政府成立了水利局，任命王文景、李直为副局长。王文景对于河套建立一首制灌区早有想法，但是因为对施工难度的考量所以建议先成立四首制的进水闸，并制定了第一期的先建立第一总干渠黄杨闸全部工程及第四总干渠引水工程方案，1950 年 2 月他们就报呈水利部批准。时任水利部部长的傅作义对河套灌区的这项工程非常重视，将其列为部管项目。经过水利部专家工作组的调查，决定将河套灌区的黄杨闸工程按一首制引水方案修改设计，使之尽可能与将来一首制的引水枢纽和总干渠工程衔接起来。

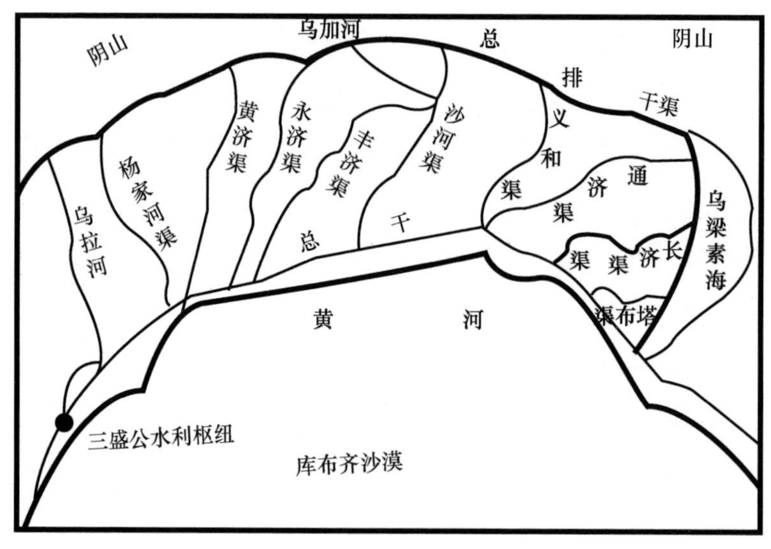

图 6－1　河套灌区

资料来源：此图由内蒙古河套灌区管理总局提供。

一　国家水利贷款豁免下的黄杨闸的修建

黄杨闸工程是连接杨家河、黄济渠、乌拉河三大引水口的进水闸和分水枢纽，工程还专门建了渠首泄水闸（见图6－2）。经过一系列关于选址、设计等材料的准备之后，黄杨闸工程于1950年5月正式开工。到1952年5月，他们就完成了施工任务。

黄杨闸是河套灌区第一座大型的钢筋混凝土渠首建筑。该工程完成土石方360多立方米，浇筑混凝土近8000立方米。工程耗资334万元，其中306万元是国家水利贷款，在工程竣工不久之后中央就宣布豁免。其余28万元是接受原来绥西水建会的财产折价。参加施工的干部、工人有1万多人。①

此外，在工程背后，一系列解放生产力，让农民掌握水权等措施的实行达到广泛动员群众的效果。由于当时较小的支渠仍为地主占有和把持，农民浇地没有水权，还要承担水费，因此，通过“减租反霸”和土地改革，国家将支渠（包括支渠）以下的渠道全部收归农民群众管理，成立基层水利组织。

1953年河套地区发生了一次大规模的旱灾，黄河的枯水流量为几十年来最低，河套人第一次感觉到黄河水不是用之不竭的，他们也要开始节水灌溉了，从以前的“深浇漫灌”变成现在的“浅浇快轮”。虽然党中央高度重视，并派来了专门的抗旱专家，包括苏联专家拉普图列夫等共同抵抗旱灾，有了不少的抗旱经验，最后保证了当年粮食生产基本取得了丰收，但是大家在这次抗旱中更深刻地意识到现在的多个闸口解决不了低水位的灌溉问题，实行一首制、建立一座拦河大坝，才是提高水位、控制水量的根本办法。

二 三年自然灾害时期三盛公水利枢纽的完成

三盛公水利工程位于磴口县原三盛公镇东南黄河干流上，拦河引水工程横跨黄河，由拦河闸、拦河坝、北岸总干渠进水闸、沉沙池、

① 陈耳东：《河套灌区水利简史》，水利电力出版社1988年版，第203页。

图6－2　黄杨闸（又名解放闸，是总干渠第一分水闸）

资料来源：照片由磴口水利局和河套灌区管理总局提供。

沈乌干渠进水闸、南岸干渠进水闸、总干渠水电站及库区围堤等项目组成，是一座以农牧业灌溉为主兼有局部通航和有发电效益的水利枢纽工程（见图6－3）。1957 年经过水利部北京勘测设计院和地方水利部门的共同合作提出了《黄河流域内蒙古灌区总体规划报告》，当时自治区人民政府主席乌兰夫专门为此事向周恩来总理汇报，周总理大力支持，很快得到了国家计委的批准，当时水利部副部长钱正英来河套地区考察了大坝的选址，最后确定在磴口县的三盛公建造大坝。[①] 经过一年多的准备，1959 年 6 月开始动工，1961 年 5 月 13 日完工。访谈对象李老师之所以把这个日子记得这么清楚，是因为当时他的叔叔正是这个工程中的一个技术人员，他的叔叔常常给他讲述当时看到大坝合拢时的高兴。我们知道这个施工时间正是三年自然灾害的时候。他说叔叔的表述是："能修建好这么大的工程，是党中央的关怀，

① 陈耳东：《河套灌区水利简史》，水利电力出版社 1988 年版，第 224—226 页。

是社会主义优越性的体现！那种大场面我们一辈子也就只能见这一回。”从这些老照片中我们可以看到当时的宏大场面（见图6－4、图6－5、图6－6），可与现在的三盛公水利枢纽工程图相对比（见图6－3）。

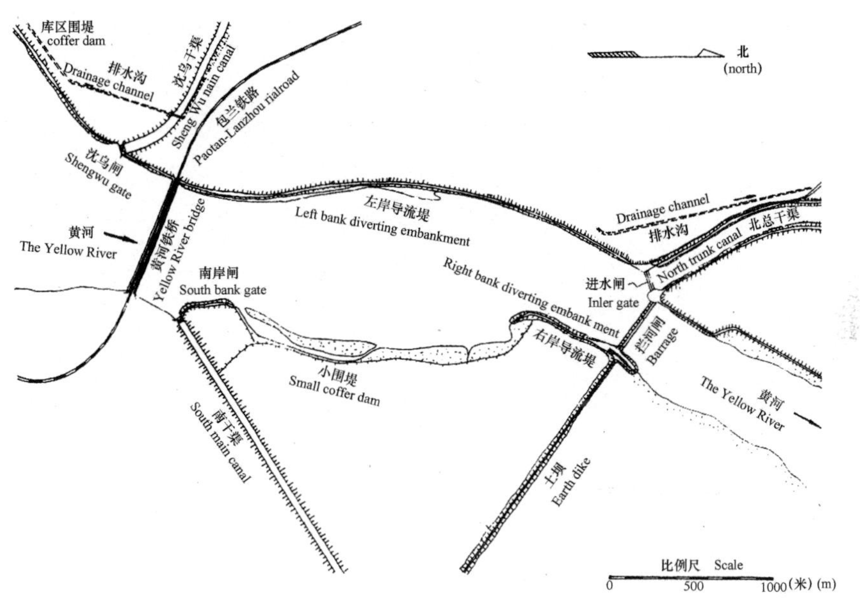

图6－3　三盛公水利枢纽工程平面布置

资料来源：该图由磴口县水利局和河套灌区管理总局提供。

图6－4　1961年建设中的三盛公水利枢纽

资料来源：照片由磴口水利局和河套灌区管理总局提供。

图 6 - 5　三盛公水利枢纽建设中的农民推车拉土

资料来源：照片由磴口水利局和河套灌区管理总局提供。

图 6 - 6　三盛公水利枢纽截流叠埽棒

资料来源：照片由磴口水利局和河套灌区管理总局提供。

图 6－7　三盛公枢纽拦河闸及总干渠进水口工程

资料来源：照片由磴口水利局和河套灌区管理总局提供。

大坝的特别之处我们可以从图 6－6 中看出端倪，它不是由混凝土浇筑而成的而是由土料填筑柴埽截流来完成的，这是因为在当时三年自然灾害下为了节省投资和促使提前竣工。这是由当时的水利专家赵家璞参考了草闸的结构之后提出的。李老师回忆了他叔叔的话："我记得叔叔在我小时候经常和我说这些事，后来我长大参加工作后，也从事了水利工作，所以有机会找到了那个时候的资料也听老前辈们经常说起，据说当时全民总动员，连妇女都上来挖土（见图 6－8），那会头道桥工地有个'穆桂英班'，干劲很大，与男民工互相竞争。群众投劳的任务分配是按照各旗县的灌溉面积和劳力数量按比例分配的。民工在工地每完成一个定额工日补助 7 角 5 分钱，成品粮 8 两，后补到 9 角钱，成品粮 1 斤，另外每个人还发给煤粮差价补助费 1 角钱。为了保证工程的顺利进行，各旗县都有一名书记专管工程的施工，并有一名旗县长带工，公社党委负责人、大队党支部书记都必须上阵领

图 6－8 妇女也出现在工地

工，并开展各种竞赛，这样极大地激发了民工的干劲。另外，工地还建立了临时的工地医院、商店、邮电所、洗衣理发店等服务部门。冬天继续施工的时候，黄河工程局自办了饲养场、豆腐坊，还储存了几百万斤的大白菜，保证了大家的伙食。这样经过了八个多月的时间，完成了挖土方一千多万立方米，完成了第一期工程，就是总干渠的开挖工程。”

据当时的资料记载，可以了解用埽棒截流时的情景。“拦河土坝和截流是保证完工放水的一项关键性工程，为使黄河按计划顺利腰斩，在截流时间的选择上须在 1961 年的枯水季节即四五月份，做好柴埽准备，采用平立堵结合的办法，在拦河闸前滩地上开挖引河，导水入闸，使黄河回归故道，减轻截流时的压力。开挖引河的图完全转运到截流工地，为加固坝体准备了充足的土方。截流工程安排在1961年3月16日开河后，24日开始从两岸用压埽办法齐向黄河进占。当时正值上游盐锅峡水库蓄水，土坝工程很快就把河水面束窄到125米，接着停下来，一方面等着闸门施工的进度，一方面利用散料和埽捆维护两岸码头，并趁机利用沉褥和沉埽进行龙口护底。总共推进去埽棒200多根，铺设沉褥3000多平方米，用柴草数百万公斤。至5月5日，拦河闸和引河相继开放，到12日已承泄黄河流量的80%，龙口过水至多只有85立方米每秒。两岸码头又继续向前进占，束窄龙口。13日下午6时下令开始合龙，至晚11时全部合龙闭气，工地万余名职工一片欢腾。”①

该工程经过了多次洪峰的考验并没有出现问题，良好的工程质量和良好的工程管理都是在国家指挥下实现的，这时国家开发水利的优势才明显体现出来，其社会动员的力量非民间水利组织可以比拟，其调动社会资源的力量也让群众为之惊叹。修建水坝有了引水的保障之后，需要解决的是退水的问题，我们且看一下1949年之后的国家力量是如何通过社会总动员实现退水渠道在严寒之下开挖的。

三　“李贵不死，排干不止”——总排干工程的完成

在河套水利开发历史上，牧业队人记忆最深的事莫过于当时巴彦淖尔盟的盟委书记李贵挖总排干的事了，每个牧业队的老人都能回忆出一段他们那个时候挖总排干的事，忆苦思甜似地回味那个年代挖总排干的辛苦，感叹那个时候人们的那种决心和意志。

从第五章中我们知道，早在民国时期就有通过小型的工程来改造

---

① 陈耳东:《河套灌区水利简史》，水利电力出版社1988年版，第227页。

乌加河以解决退水排水的问题的例子，但是由于挖得比较浅，与乌梁素海没有很好地连接，退水一直还成问题。1965 年，总排干在原来旧的乌加河的故道上挖成，共 200 多公里长，这是河套地区一条主要的排水渠道，一直通到乌梁素海，与黄河和各干渠形成一个循环体系，牧业队在总排干的北部，杨家河的杨正稍的南部，他们使用杨正稍的水浇地，但是由于处于尾部每次浇水总是最后才能用到，当地人常常口头说一句话叫，“没娘娃娃梢头地”，可见梢头地是多么劣质的地，除了浇水总是不及时之外，一旦来水后又是深浇漫灌，由于排水不畅，这里土壤的盐碱化的情况就比较严重。70 年代这里的地亩产才三四百斤。而且这里靠近阴山，经常发山水，冲到地里不仅腐蚀死庄稼，而且村庄有被淹的危险。

1974 年的那次山水牧业队及周围的村庄就受到了严重的洪灾。齐大娘回忆说：“一连下了两天大雨，我们就担心会发山水，没想到山水那么大，我那会儿还在地里看见山水来了，赶快就往家跑，喊娃娃们把院里已经收割好的麦子赶快往回搂，那会儿麦子还没有打呢，就看洪水已经冲下来，你大爷那会还在外面放羊，我让娃娃们赶快上房，我还在那搂麦子，那个心疼呀，那会儿院里已经快齐腰深的水了，我带上娃娃们赶快跑到房顶上，看你大爷咋不回来，当时挺害怕的。后来水过了好几天才退，我们没有吃的，家里的东西也泡坏了，国家派的直升机来给我们往下撒吃的，像饼干等东西，队长领回来给我们发，那会儿还是第一次看到飞机。”

这次灾害与第二年挖总排干有很大的关系，此外，1975 年秋，又连着下了几场大雨，山水涌到了总排干，当时的总排干坝低渠浅，无法排出这些洪水，排干两岸的村庄受到了洪水侵袭。郭村长的父亲说：“当我们还在总排干上游防洪的时候，突然听到我们总排干在我们村那段决口的消息，我们赶快回到村里，那洪水真是猛，村子和山之间的地不到两个小时就全被水灌满了，直冲着村子而来，全村不论男女老幼齐上阵，在村北打起一道护村坝，后来，很多民兵来帮忙，才使村坝顶住了洪水，保住了全村。”

于是，1975 年 10 月，巴盟盟委决定扩建总排干，由盟委书记李贵亲自担任总指挥，总动员组织十几万名民工上阵，经过两个多月的艰苦奋战，终于将总排干疏通。李三女老人家参加过这次的挖排干，他很有感触地用了一句话来叙述那段刻骨铭心的回忆，他说：“人们那时编了一句话：‘李贵不死，排干不止。’大多数人那会儿还是挺恨李贵的，那么大冷的天让我们站在有冰凌茬子的河里挖土方，现在很多人都落下病根，不过后来挖好排干后农田的盐碱化减轻很多了，亩产量提高了几百斤，而且再也不怕洪水了，人们还是很感激他的。我们的队当时只有 20 多户人家，突然来了 200 多个民工，根本没地方住，那些人就住在凉房、猪圈、牛棚、马厩里，反正能挡风的地方都住满了人，除了住得很艰苦，挖渠的时候更是苦得不行，工地上积着一尺多深的冰渣子水，没有水靴的民工站在里头，别说干活儿了，就是单在那冰里站一会儿就会冻得直暴青筋，头晕头疼。那会儿也没个甚吃的，民工们实在饿得不行，就把喂猪的蔓菁吃了，等女人们把蔓菁煮好准备喂猪时一大半都被他们吃光了，有个民工馋得实在不行，把为全队刚刚炼下的一碗油一口喝掉了，差点要了他的命。可是大多数人还是有干劲，我常记得李贵穿着个军棉大衣站在上面讲话，喊口号，和大家每天都在一起，大家的干劲真足了！十几万人愣是两个月就把排干挖完了。”

郭村长的父亲回忆说：“当时由于经济上的困难，施工规定每个定额工日补助 0.6 元，但是由于规定工程竣工后才给发钱，所以要由队里先垫付，但是很多队里都没有钱，我们也没钱，那时我当队长，就把仓库里仅剩的两张羊皮拿到供销社卖了几个钱，然后买了在工地上照明用的灯油和火柴等，工地上只有少数的抽水机，很多突击队在冰里干活，被冻得那种钻心的疼真是受不了。冻土要用铁锨来破，上渠的人一锤一锤地打下去，几十万只的铁锨被打成铁屑，白天黑夜地干，当时激励民工的口号是：‘苦不苦，想想长征两万五，累不累想想革命老前辈。’当时，有个女共青团员陈鲜鲜在施工中牺牲了，她全家八口人于是齐上阵，说要接过鲜鲜的扁担，完成她没有完成的任务。在这种精神的鼓舞下，陈鲜鲜所在的大队果然最早完成了任务。”

我们可以看到这种群体心理在面对死亡时可以做出怎样的非人之常情的举动，他们没有埋怨没有沮丧，而是把一种精神和价值传递下去，他们对于人的生命的意义的看法是我们今天所不能去武断评价的。勒庞说：“如果在很短的时间里激发起群体的热情，让他们采取任何性质的行动，就必须让群体对暗示做出迅速的反应，其中效果最大的就是榜样……人就像动物一样有着模仿的天性，正是这种必然性，才使所谓时尚的力量如此强大……模仿这是传染的结果……利用断言、重复和传染进行普及的观念，因环境而获得了巨大的威力，这时他们会具有一种神奇的力量，即所谓的名望。……在现实中，名望是某个人、某本著作或某种观念对我们头脑的支配力。这种支配会完全麻痹我们的批判能力，让我们心中充满惊奇和敬畏。享有名望的人，会在传染的作用下，立刻受到人们自觉不自觉地模仿……”① 我们在河套开挖总排干的过程中就看到这样一种榜样的力量，无论是李贵站在某个权力的位置上享有的名望，还是陈鲜鲜拥有的一种别人所没有的奉献精神所拥有的名望，总之，周遭的每一个人在他们的影响下被一种信念传染着，那就是再苦再难也要把排干挖好，这种动员的力量是在一个有准备的环境中才能发生的，而这个有准备的环境就是人们当时对于毛主席和共产党的崇拜，对于社会主义的信念。后来在河套地区所进行的工程就没有这个时期人们所具有的那种热情和干劲

---

① ［法］古斯塔夫·勒庞：《乌合之众》，冯克利译，广西师范大学出版社 2010 年版，第 130—143 页。

了，我们在本章的后面部分会谈及。

总排干扩建后，河套地区的土地盐碱化问题有明显的好转，粮食生产总量增加了近1倍，人们对于当时李贵所代表的政府决定也表示肯定。郭村长说："那会儿我还小，不过后来的事情我知道了，那就是我们老掌柜[①]说以前他当队长时候拼上命也上不了'纲要'[②]，过不了'黄河'[③]，现在亩产1000多斤是平常事，连以前那些逮不住苗的'香家壕''孟虫地'也亩产过了800斤，现在看来还是李贵有本事，看得远，要不现在就没有这么好的生活了。以前挖渠受过苦的老人们也说挖对了，要不我们这现在还是个盐碱滩。"

从以上三个大型工程的修建过程，我们可以看到国家力量主导下的水利建设之巨大优势，此外，如此巨大的动员力量，是从哪里来的呢？1949年后，首先开展的是减租工作，通过诉苦会，让农民群众认清自己贫穷的根源，大胆暴露以往地主压迫与剥削人民的事实。李大爷回忆起那个时候的诉苦会也有很多故事，但他说我根本听不懂，也很难想象。

1950年减租工作的条例让农民们相信共产党让他们翻了身，加上国家在意识形态方面对于农民的教育成为激励他们建设水利工程的动力和精神支柱，有的人甚至献出了生命。

四　关于公和私的讨论

黑格尔指出，"促使人以极大的热情去行动的因素有两个。第一个因素是'公理''理想'；第二个因素是表面现象背后的那个实在的因素——'原动力'，即'人类的需要、本能、兴趣和热情'。所谓'热情'，是指人'对利害关系的关心'，是从私人的利益、特殊

① 老掌柜指父亲，河套一带靠近山边的人和外人说起父亲时喜欢这么称呼。

② "纲要"是当时的农业生产指标，亩产400斤。

③ "黄河"也是指当时的农业生产指标，指亩产500斤。

的目的，或利己的企图产生的人类活动。在黑格尔看来，对理想的追求、对正义的信仰和对个人利害的关注、对个人利益的追求，构成人类历史的经纬线。而两者相比，后者是更深刻的原因”①。他所言的第一个因素就是我们通常所说的“公”概念，第二个因素就是我们通常所说的“私”概念。在中国人的心目中“公”是更高一层的精神追求。在传统文化中早有公私观念。刘泽华的研究认为，“中国古代的公私观念成型于春秋战国时期。此期，‘公’‘私’概念由人称指谓向社会形态拓展。‘公’的价值意义与其所表达的社会公共事务与公共关系相联系，把国家、君主、社会与个人贯通为一体。此期又是士人的私理、私论大行其道的时代，社会关系以私为纽带进行了空前改组。然而，先哲们却把‘私’视为万恶之源，进行了猛烈抨击。‘立公灭私’成为主流意识，取消了‘私’的正当性与合理性，形成了君主、国家与民间社会，公共领域与私人领域的尖锐对立，使中国社会政治生活出现了一个无法解决的‘公’‘私’悖论。‘立公灭私’是春秋战国时期公共理性的高度概括和总体特征，它与君主制度互为表里，为专制制度整合社会资源、控制分配权提供了理论依据……‘公’的价值意义中最主要的和最核心的是把国家、君主、社会与个人贯通为一体。并形成一种普遍的国家和社会公共理性。‘公’发展为国家和社会的公共理性其标志有三：一是成为国家与社会的准则；二是成为人们的道德与行为准则；三是成为人们认识的前提和认识准则”②。

到明清时期，公私观念有了明显的发展，明清的学者开始关注“私”的发展，明末所谓的“公”主要是指追求公平、正义，而清末所谓的“公”除了追求公平、正义之外，增加了国民对于一个现代

---

① 黑格尔：《历史哲学》，王造时译，上海书店出版社2006年版，第5—8页。

② 刘泽华：《春秋战国的“立公灭私”观念与社会整合（上）》，《南开学报》（哲学社会科学版）2003年第4期。

国家的关注。这一变化呼应了列文森（Joseph R. Levenson）所说从“天下”到“国家”的历程，他说：“从天下到国家的转变一方面有重大的非连续性，但是我们不能忽略近代中国知识分子对‘现代国家’的想象也包含了许多传统的成分，这与西方的国族主义有明显的不同。”①

因此，我们可以从河套地区整个水利开发的过程去洞察近代以来“公”“私”观念的演变，在地商开发水利时期更多反映的是一种“私”心之下所带来的“公共利益”的实现，事实胜于雄辩，“私”的社会组织也可以实现“公”的社会效益。而在地商没落后，公家——清政府的介入以及后来的民国时期对水利的开发几乎是失败的，这种“公”管失败的背后其实是因为官员“私心”的存在。而在1949年之后，这种“大公无私”的实践达到了顶峰，正是在这种背景之下，我们看到了黄杨闸、三盛公水利枢纽和总排干的成功修建。在改革开放之后，这种公私观念又发生了一个转折，我们通过接下来对于不同时期的牧业队的水利工程建设情况和他们社会生活的变化来反映这种公私观念的变化，而在理念上公私的关系反映在社会关系上就是国家与民间社会、国家与个人的关系，我们通过这种“公私观念”的变化来领悟其背后所反映的国家和社会的关系。

第二节　从“大包大揽”到“不抱油篓，不沾油手”

任映红在对浙江的一个村进行调查后把1949年以来的乡村治理划分为四个阶段②，即国家权力主导阶段（1949—1978年），乡村民

① Joseph R. Levenson, *Confucian China and Its Modern Fate: A Trilogy*, Berkeley: University of California Press, 1965, pp. 98 - 104.

② 任映红：《新中国成立以来村落政治精英的产生与乡村治理模式的变迁——以浙南XF村为例》，《江西社会科学》2011年第11期。

主萌生阶段（1979—1985年），家族文化复兴阶段（1985—2001年），经济能人村治阶段（2001年至今）。[①] 陈方南将1949年以来的乡村治理划分为三个阶段，即人民公社化时期的“政社合一”乡村治理模式，“乡政村治”的“放权型”治理模式，税费改革后的乡村治理模式。[②] 这两种分类前者偏向根据谁来主导乡村政治做出不同阶段的划分，后者偏向国家—社会的关系中以国家为主的乡村政治变化进行划分。在笔者的调查中将其划分为四个时期，主要侧重国家和社会的互动中各自发挥的能量和作用，划分为强国家下的民间力量隐藏期（1949—1982），强国家下的民间力量萌动期（1982—2002），强国家下的民间力量崛起期（2002—2005），弱国家下的民间力量兴盛期（2005年至今）。其分界点分别是1982年实行头轮土地承包，2002年牧业队实行井渠双灌和2005年全面取消农业税。

一　强国家下的民间力量隐藏期（1949—1982）

牧业队的移民历史比整个河套地区的移民历史要晚一些，因为它地处现在的农牧交界地带，是农牧边界不断向阴山山脉推进的最后底限。清末来河套地区的移民在土地条件和灌溉条件较好的地方停留下来，而不会选择在靠近山脚的地方定居，所以我们也可以想象很少有人选择在此地生存。而根据阿德亚老人的回忆：“在（20世纪）三四十年代的时候这里只有两户蒙人两户汉人”，他们家和另一家蒙人之间还没有亲戚关系，这两户汉人之间也是没有血缘关系的。至于他们为什么迁居此地，老人回忆不起来。我们也知道这可能是一个谜，因为再没有比他年龄更大的人在这个村子里了。齐大娘也算是牧业队里的老户，20世纪50年代嫁到此地，她说：“那个时候汉人很少，只

① 任映红：《新中国成立以来村落政治精英的产生与乡村治理模式的变迁——以浙南XF村为例》，《江西社会科学》2011年第11期。

② 陈方南：《中国乡村治理问题研究的方法论考察》，《江海学刊》2011年第1期。

有两三户，有十多户蒙古族。”郭村长说：“牧业队的历史装在武太保老汉的心里，其他人记不了这么清楚，人家记性好，在包产到户之前的事你问他就好了。”75岁的武太保老人是齐大娘的老伴，他接过来话说：“我三四岁的时候这个营子[①]有十来户人，后来因为没吃的，只留下3户，我们家、金太保家和李三女家。你大娘是从白脑包[②]嫁过来的，那时候人可少了，只能从其他地方找老婆，我们一般又想找个蒙古族，所以从临河找了个媳妇。1962—1968年陆续的有人来住下，多数是因为饥荒，这个期间有100来人了，‘四清后’人口猛增，乡镇有厂子倒闭后分过来一部分人。有240人左右，后来又走了一些，搬到好点的地方去了，我们这留不住人，地少，又都是盐碱地，没水灌溉，后来杨家河的水引过来后，人才慢慢多起来，也走得少了。”

据郭村长回忆杨家河引水过来已经是20世纪60年代的事了。那时牧业队的人口开始增多，并且人口总数慢慢稳定下来，不过一直有少量的人口流动。从人口数量和村庄规模上来说，到20世纪60年代这一时期，牧业队这个村落才开始形成，而国家权力是这个刚形成的村庄整合的主要力量。国家对经济以及各种社会资源实行全面垄断，对基层社会组织和个人具有广泛而深入的动员和控制。从减租条例到土改，从土改到互助组，从互助组到初级社再到人民公社，这一过渡对政府来说，对牧业队来说，他们的记忆是什么样的呢？

我们知道从1958年开始，中共中央认为人民公社将是建成社会主义和逐步向共产主义过渡的最好的组织形式，于是，全国74万多个农业合作社迅速合并成为26500多个人民公社，参加人民公社的农民共12690多万户，占农民总数的99.1%。人民公社作为国家政权组织的基层单位，兼有国家行政管理和社会生产管理的双重职能。政社

① 指牧业队，这里的人把自己所在的村子叫营子，而村子并不是指我们今天的行政村，它是指行政区划里最小的单位，现在叫村民小组。

② 与杭锦后旗相邻的县临河的乡镇名字。

合一的人民公社常常分为三级，即公社、生产大队和生产队。在行政方面，公社管理委员会管理着财政、贸易、文教、卫生、治安、调解民事纠纷等工作。在生产方面，它向各生产队提出关于生产计划的建议，并且对各生产队拟订的计划进行调整。它的职责还在于督促和检查生产队的生产工作、财务工作以及国家任务的征购情况。不难发现，在公社的控制下，生产大队和生产队几乎成为被动的附件。下面是笔者在杭锦后旗档案馆中找到的1959年“中共杭锦后旗委员会关于请示供应农村社员口粮”的文件，部分内容如下：

> 根据我旗各公社当前在粮食方面的情况来看，二道桥公社缺口粮情况比较严重，15个大队共有9个大队都缺口粮。各公社党委都采取了积极措施，坚持了“二稀一干”。但目前在部分大队和部分干部的情绪上已表现得十分紧张，社员劳动效率不高，有的社员出工很迟，有的社员甚至在地里躺着不干活。特别是刹台庙大队、甲登庙大队等四个大队更为严重，现存口粮职能维持四五天，一般的只留下10天的口粮。因此公社党委感到目前的社员口粮问题难以解决。又有的公社的新义大队、隆生大队、隆光大队也缺口粮。
>
> 根据粮食情况，对各公社食堂执行了以人定量，“二稀一干”，三餐分别为苦菜、苜蓿加山药，谷子、糜子或高粱，豆腐渣子和苦菜，但至今部分公社口粮问题仍旧日益严重。旗委于1959年5月28日第18次常委会议研究，对农村当前粮食问题进行了认真分析研究，除沙海公社做好工作前可以自给自足外，其他的，像永胜[①]缺口粮3.5万斤，东风公社缺口粮30万斤，二道桥公社缺口粮110万斤，三道桥公社缺口粮70万斤，共计缺口

① 牧业队在当时就属于永胜公社。

粮约210万斤。以上缺粮问题，我旗再无力量调剂，特此上报盟委，请盟委帮助解决。特此报告，请盟委批示。

听郭村长的父亲说缺粮的问题后来是靠吃返销粮来缓解的，上文中所描述的“二稀一干”的情形已属于比较好的情况，笔者在牧业队调查时老人们回忆那时的生活说了一种无法想象的饮食，齐大娘说：“现在的小孩活在天堂上了，饿人那会我们吃的是无粮面，你听说过没有？无粮面就是用玉米轴[①]磨成的面，这种面现在牲口也不吃，这种面粘不在一起，所以只能掺上一点榆钱才能和成饭团或饼的样子，吃了以后屎都拉不下。”

林大娘喜欢说那个时候她坐月子的情形，60年代大娘因为和娘家联系比较少，婆婆也早就去世了，所以对于怀孕的常识都不知道，她常说那时根本不知道什么时候怀孕的。生孩子时因为没有棉花、卫生纸等卫生用品，妇女只能将沙子作为替代品。她们将过滤好的沙子放在锅头边，起到加热的作用，然后孕妇坐在沙子上生小孩。村里没有接生婆，生过孩子的人来帮帮忙，就算是可以接生了。如果遇到难产，人们的做法是往烟洞里倒水，这样孕妇就可以生下孩子了，取义为“从上往下流”，生下孩子之后用白线扎脐带。坐月子时，每天只能吃到四五顿的“瞪眼稀饭”，所谓“瞪眼稀饭”就是看不到几粒米，米汤太清澈连瞪眼都能看得清楚的意思。还有一种吃的叫“牛碗托”，它是将牛骨头弄碎，加入水，熬成碗托，有点油和胶质所以可以结成硬的碗托，这样的待遇算不错的了。

在这样的情况下，很多蒙古人从牧业队搬回到后山，因为在后山还有那里有亲戚，所以就靠着亲戚的关系去和当地的队长说好，队长那时有下户的权利，对蒙古人的待遇较好一些，保证每人每天发3两

---

① 玉米轴就是脱了粒的玉米棒子。

的口粮，因为后山属于牧区，没有农业，所以他们的粮食供应是靠上级统一调配发放的，而且偶尔还可以吃到羊肉，这对于当时的人们来说生活算是很好的了，于是有关系的蒙古人都走了，而且只要在牧区的队里下了户不管你是不是蒙古族都可以享受这个待遇。于是有很多汉人也托关系迁往后山的牧区。

从以上的实例中我们看到，在国家强有力的控制下，任何物资的分发都要通过上一级的调配，用社员的话说就是国家要对我们“大包大揽”，而作为人民公社社员的牧业队的人只是这个强大政治体系中的一个细胞。但是，他们不是一个固定的细胞，而是可以流动的细胞，在这种对意识形态、社会生活全面控制的时候，民间的这种流动性依然存在，称为一种隐藏起来的民间力量，蒙古人搬迁的举动和汉人们也随之而去的灵活策略反映出这种隐藏的民间力量在那时并没有消失，只要存在可能，出于人类生存的本能他们就会发挥作用。

二　强国家下的民间力量萌动期（1982—2002）

1982 年整个杭锦后旗完成头轮土地承包，牧业队也是在这个时期完成土地承包的，我们首先来看一下他们在头轮土地承包中发生的村干部和村民之间的事。头轮土地承包所实行的是按等级分配土地。郭村长的父亲是牧业队的老村长，一向以“公道人”著称于这个村子，村里的人说他最勤劳但是因为为别人的事忙得多所以自己家的生活一般，但是在社员们的心目中他是一个正派的公道人，大家都愿意相信他的安排，这种信任感在安排头轮土地承包中就显现出来，村里的土地一共分为 6 类，这个类别是按旗里的统一部署来实行的，每个队成立分地小组，社员们投票选出 5—7 个社员，这些人须是种地能手，而且有文化，处事公道。社员们把这些“能人”选出来后，他们就通过经验来判断各块土地的等级，然后拉绳测量，记账。据郭村长的父亲说：“我们这分地小组可有些能人了，他们看地看得特别准，比如通过看头年庄稼的长势和土地的颜色来判断，春天分地的时候，要是看见地里有白色和黑色的碱出来都是不好的地，土质比较好的地是什么样的，他们都会知道，高一点的地不会盐碱化，也是好地。”通过土地测量之后由分地小组的两个人来记两本账，以备日后查账。然后召开一个社员大会，讨论分地方案，如果有80%的人同意就视为通过。这本台账在之后缴“三提五统”和农业税时会起到很大的作用，很多农民想少缴“三提五统”的钱，所以报土地面积的时候就故意少报，队长就拿出台账来和他们核对。但是，等到二轮土地承包后村里就没有再保存头轮时期的这本台账了，所以现在无从查到。在土地承包时遇到一些矛盾，比如，边缘的土地在丈量时并没有记录在册，所以这部分土地就让干部种了，后来大家对此事反应很大，所以这部分土地就变为集体土地，由集体承包给个人来收取租金以充当村里的公共开支。

党的十一届三中全会以来，纠正了农业战线上“左”的错误，除了实行家庭联产承包责任制之外，还提出发展多种经营的道路。这对于活跃农村的经济、调动农民的生产积极性起到意想不到的快速效果。每当讲到这个时候的事情，大家总是滔滔不绝。各种各样的经营在牧业队发展起来，例如，乡里的档案中记录着牧业队周宗楷的家里多种经营的材料，在与周宗楷核实后了解到，那时，周宗楷全家6口人，4个劳力。以前集体吃“大锅饭”，连年吃返销，不分红。全家欠口粮1500多斤，欠外债500多元。娶了大儿媳妇后，家里穷得叮当响，地上放个泥缸当衣柜。二儿子27岁，三儿子23岁都没办法娶媳妇。1982年队里实行了包产到户的责任制，全家承包了土地28亩，加上自留地共30亩。他们用4亩种瓜菜，一年能收入300多元钱，换了小麦6000斤，合计1800元；周宗楷的妻子在家喂养1头牛、1头驴、5口猪、9只羊、4只奶羊，卖了2口猪、4只羊收入300多元。二儿子、三儿子负责种责任田和自留地，总产粮食6000多斤，合计900多元。超产葵花

1500斤，甜菜1700斤，收入670元。四儿子出去学木匠，五儿子放学回来放牲口。1983年全家总收入3970元，除去开支590元外，净收入3380元，人均收入550多元。一年打清旧账，买了1辆自行车、1块手表，置办了一套家具，还买了一牛一驴。粮食不但补齐了亏空，还外借出小麦700多斤。随后，又买了一盘做豆腐的磨，准备在农闲时开家庭豆腐房，发展养猪，增加收入。

于是，在多种经营下，牧业队的人过上了好日子，老人们常说一句话，他们说："这是老古人说的，'点灯不用油，耕地不用牛，楼上楼下电灯电话'，我们还很小的时候老人们说我们将来会过上这样的生活，我当时还以为是做梦了，没想到真的就过上这种日子。"在这段时间，国家的力量仍然强大，虽然包产到户，乡村两级的干部对农民仍有很大的权力。郭村长回忆说："我没拿过群众的钱，但是把老百姓家里的羊肉是多吃了，烧酒是多喝了，乡干部和村干部那时经常因为交'三提五统'和农业税去老百姓家里拿东西，像是拿电视、拉毛驴、搬猪肉、清粮仓的事我们都干过。"

郭村长所说的"三提五统"是指村级三项提留和五项乡统筹。村提留是村级集体经济组织按规定从农民生产收入中提取的用于村一级维持或扩大再生产、兴办公益事业和日常管理开支费用的总称。包括公积金、公益金和管理费。乡统筹，是指乡（镇）合作经济组织依法向所属单位和农户收取的，用于乡村两级办学（即农村教育事业费附加）、计划生育、优抚、民兵训练、修建乡村道路等民办公助事业的费用。

"三提五统"的费用占到每亩地120—130元，而每亩地那时的纯收入也就300元左右，所以由于"摊派"[①]太多，加上1992年以后，农田建设费、建校费、以资代劳费（办公费）的增加，所以很多农

① 摊派就是农民们要给政府交的钱，顾名思义是指分摊派给他们的任务，显然带有贬义。

民实在负担不起。1995 年和 1996 年形成退地高潮，这时村长们的工作是说服大家不要退，而农民们是请客送礼也要退地。

“三提五统”在牧业队人的心目中是很大的“害债”，而且在征收过程中产生了很多的矛盾和问题，例如：张氏上访的事件就是这件事引起的。郭村长回忆道：“牧业队有个叫张某某的，收她的‘摊派’时拉了她一头羊，她给村干部拍了照。第二年，收‘摊派’的人直接打了她的麦子当作‘三提五统’费收走了，但是出了点问题，一般打场时，一垛小麦，我们会一捆一捆堆起来，然后将小麦麦穗朝上弄成斗笠状，再将散的小麦分散在外面把麦垛盖起来，这样下雨时雨水就顺着这些小麦流下来，不会把里面的麦子弄湿，所以，一垛小麦如果开始打了，就必须都打完，否则一下雨麦子一淋雨就会发芽不能打了。而乡干部只打了一半就没有管，后来就下雨了，将人家的麦子就淋坏了。第三年，拉走张某某家的毛驴。后来发现 1985 年她的女儿出嫁后，队里就把地抽走了，但是‘三提五统’没有给减免，一直按照原来的地收缴，可是到了 1999 年，她才知道，因为那会儿有个村干部告诉她的，这个干部因为落选下来，想给现在的干部‘爬灰’[①]，所以就告诉了张某某，她才开始告状。但问题是，这属于以前队长手上的事，可偏偏当年的社长死了，所以很难查账，撤乡并镇之后很多账本都不在了。乡干部的解决方式是，认真听她的前因后果，司法所的一个干部和一个乡干部去做笔记，了解清楚后，确实认为是当年有愧对人家张某某的地方，于是就帮他们办了个低保，当年 360 元，但是慢慢会涨，而且是永久的，虽然张某某和张某某的丈夫两个人也是村里最穷的，不会有别人嚼舌头，但是乡干部害怕给他们钱可能是给了往更高政府告状的路费，所以就和她的丈夫说，要他们答应，给他们办低保，但是以后不要再告了。”后来，张某某又来找

---

① 爬灰，就是陷害的意思。

乡干部，乡干部说："你们家里既然有困难，就给你借点钱吧，但是我现在没带钱，我给我媳妇打电话让她给你送200元钱救救急。"这是一种很巧妙的做法，因为你如果很轻易地借给她钱，那么她就会认为是你理亏，而且会以为你的钱也是乡里的不是家里的，那么下次还会来找你，但是如果你这样借给她钱，那么她会感激你，以后就不会再来了。果然，张某某很感激这个乡干部，后来还去看望这个干部并把200元钱还给他。这是乡干部的巧妙处理方式，为此他们有一个很有意思的总结，就是"拉感情、套近乎、讲道理、说困难，热情接待，承认错误，下次再来，一分不给"，在处理这类型问题的时候必须知道这是个历史问题，如果追究起来其影响面是很大的，很多人会要求来查账，来要钱。所以，乡村两级相互扶持下将"三提五统"和农业税所造成的农民与政府之间的矛盾压下来。

黄宗智在《国家与社会之间的第三领域》中提到，中国社会政治转变的动力来自国家和社会互动的"第三领域"①。而这个第三领域在中国农村就是村级组织，它既是国家与社会互动合作的实践者，也是连接国家和社会的桥梁和中介。

郭村长的经历让我们感受到这种中介的重要作用。郭村长27岁开始做联合村的生产队队长，那时正值1990年，讲起刚从6个选举人中被大家选中，脱颖而出的兴奋，他不由得说："当了村官之后自己才变成一个好人，以前也是很喜欢打架、喝酒，自从当了队长之后才开始做人规规矩矩，当时的热情很高，打场都是连夜打，全乡43个生产队交粮，我第一个完成任务……和农民打交道你要让他觉得你公正了你就好办事了，什么事情你先在那儿做，就没有人说你的是非了。你要有本事给社员解决问题，老百姓才能拥护你，比如浇水对于

① 黄宗智：《国家与社会之间的第三领域》，哈贝马斯等编《社会主义：后冷战时代的思索》，牛津大学出版社1995年版，第94页。

村里来说是最大的事情，怎么将自己村里的地及时浇上水是能不能当好村长的关键。我当队长之后和水利段的人打交道就弄得挺好，我在上任之后把社员多年欠的水费都给水利段长还上了，这一下子水利段的人肯定是非常高兴的，以后给我们配水、放水就痛快多了，可是农民从哪里来的钱呢？我主动和信用社联系，帮社员从信用社借到小额贷款，农民也愿意，因为这样可以顺利地安排来年的生产了。”

郭村长在牧业队当了几年队长，后来当上了整个联合村的村支书，20 多年都是村长或村支书，村里人有矛盾了大家最后都要找他解决。郭村长说只要做好几条你就能做个好榜样，得到大家的拥护和信任，一是好的事情把自己家放在最后一个；二是社员有事一定积极地帮他们办好，处事公道；三是别人做不到的，村长要做到，比如他们不讲准时，但是作为村长不能不讲，和人家说好的时间，郭村长都会早点过去。郭村长说：“村镇解决不了的事，上级也解决不了，最多就是和稀泥，扔一沓子钱过来。我们是处理农民和上级政府之间关系的关键。”他说的话在笔者脑海中留下了深刻的印象，如果是这样有关于农村的信访工作就很好做了，农村出现的问题真正解决是在乡镇和村社这一级，政策的宽松度也在这一级能有最大限度的体现。

在调查过程中笔者发现，小的问题，乡里就能解决，但是历史遗留问题为大问题，例如二轮土地承包的遗留问题，这些问题越往上，条条框框越多，法律法规也就越来越多，但是他们很难查证当地的实际情况，而不如当地的村长、乡干部了解情况。所以上面其实很难在短期内查证清楚，而解决问题还要落实在村一级的组织。例如赵六的例子就很有代表性。事情是这样的，原来有一个供销社的职工，盖了一座房还有院子，后来几经转手卖给赵六，现在集镇繁荣了，那个房子变为靠近马路的门市了，赵六现在想要卖房，出售价是 15 万元，土地一下子增值这么多引起周边人的眼红，因为他的房子占了一小块树地，所以学过新的《土地法》的邻居就以占用集体土地的违法行为起诉了他。最后，法院判决的时候说该片土地因为赵六长期使用所以现在仍归他所有，邻居证据不足，驳回上诉。于是邻居告到信访局，要求乡里出面解决，由于赵六是乡干部，所以乡政府觉得此事影响到政府形象，所以出面劝说赵六，最后协商的结果是，赵六同意拿出5万元，并要求乡政府办出土地证，将集体土地变为国有土地，然后转让给赵六，这样就从根本上解决了问题。而邻居知道赵六让步后就说要10万元才给他签字。由于要办土地证需要全村人的签字，才可以将集体土地变为国有土地。当然集体土地变为国有土地不是任意变更的，仅限于荒地、废弃耕地才能变更，另外还要交转让金。这时我们看到似乎是个人之间的纠纷变为政府和个人之间的矛盾。这时村长的作用就体现出来了。他给赵六的邻居做工作，说这是全村的集体土地，不是由他一个人说了算，他自己也有这样的情况，只不过现在他没有出让土地所以还不用走法律程序来办土地证，所以如果他需要村里其他人出面签字支持的时候就别怪其他人不给他留情面了。而且，如果这件事就这么搁着他也捞不到什么好处，那5万元他也没有。在这样的博弈之间，赵六的邻居终于被说服同意签字了。

在这个时期我们看到国家实行家庭联产承包责任制后，牧业队劳动致富的活力和积极性被激发，在头轮土地承包中，农民们自己的组织办法和乡规民约就使这次土地分配做到了公平、公正，自己通过协商解决了分地的矛盾，之后通过土地承包和多种经营农村经济发展之活跃、农民收入提高之迅速、粮食产量提高之迅猛都为我们佐证了民间力量所爆发的活力。而此间，国家的力量比起民间的力量其实还是处于强势的位置，从我们提到的“三提五统”的征收到水利段的权威，我们都看到这种强势力量的存在。但是，农民开始因为“三提五统”上访，通过土地政策要钱，都说明民间力量在隐藏这么久之后开始和国家正面的接触，而且多种经营的开展，也使一些农民联合起来发展小规模的养殖业和办一些乡镇或村里的小企业，这说明民间群众的自我组织能力越来越强，所以视这个时期为民间力量的萌动期。在这个时期，我们还发现村级组织虽然是上级政府的“代言人”和政策的执行者，但是他们发挥着连接国家和社会的桥梁和中介作用，成为国家与社会互动合作的实践者。

三　强国家下的民间力量崛起期（2002—2005）

1. 牧业队“脱黄”变为井灌

2002 年，牧业队正式“脱黄”变为井灌，这年，他们新开垦荒地的面积迅速增加。为什么使用井灌呢？这是因为 1975 年总排干扩建后，用了杨家河的水，杨家河的水量被大发公渠和黄济渠分走一些，给水量变少，牧业队的地本来就是梢头地，在杨家河的末梢，所以浇地格外需要技巧。按正常气候情况来说，10 月淌最后一次水，不然就会结冰，现在农民们知道杜绝淌 10 月水，因为这时的灌溉会给秋翻带来困难，这个村子靠山，气温相对较低，所以作物成熟晚，而浇地时必须按照河套地区的农事安排来浇，所以秋收和翻地的时间显得非常紧张，这给农民们带来很重的秋收负担，而且这里的地下水位低，沿山水位下降快。浇地的深浅和来年的春耕息息相关，所以农民们尤其是不太会种地的蒙古族农民常常手忙脚乱把握不好。2009 年 9 月牧业队的村民们浇最后一次地的情况是：从 9 月 14 日开始浇地，边收边灌，来不及翻地的就将这片土地作为预留干地，等春灌再浇。10 月 5 日大发公渠放口浇地，这里是给排北的农作物用的，因为排干南北温差很大，排南玉米在 9 月气温下降的时候没事，而排北的玉米就要被冻死了。所以排北的作物秋收晚，二期渠口土地秋翻后才浇水。11 月中旬地冻开来才浇地，很多成为爬冰地。

由此来看，用杨家河的水有点不易安排生产，浇地的时间一般很难及时，而且对于已经建好的水利工程而言，冬天结冰时会将砌衬好的渠背给冻胀裂开，所以要将没有用完的所有水都排干，这样的话位于梢头的地就会出现水太多的情况，使地变为“爬冰地”，这样来年因为土壤含水量太大，太湿，就不能及时播种。对于需要早点播种的小麦尤为不利。所以这成为浇黄河水很大的问题，后来村民中很多人同意用井灌。这不仅有利于自己控制把握浇水灌溉的时间，而且对于降低地下水位、降低土壤的盐碱化程度也有好处。这是因为盐碱土壤包括盐土、盐碱化土壤两种形式存在，盐土又分水成或半水成盐土与干旱盐土两大类，其中水成或半水成盐土的形成与地下水有关，地下水位高，含盐就高，在干旱气候条件下，含盐地下水强烈蒸发，通过土壤毛细管现象，盐分上升，并以盐结皮，盐结壳或盐结晶的形式聚积于地表或土壤表层。[①] 河套地区的气候，春季干燥少雨，盐碱层会继续留在地面上；夏季雨水增多，碱盐会被稀释，但地下水位还是很高；秋季降水减少，水位下降盐碱层又会留在地面上；冬季寒冷干燥，盐碱层被冻结在地面上，第二年雪水融化又导致地下水位上升。周而复始，地下的碱盐不断地积累，不断地上升，所以会导致盐碱化加重。而井灌将地下水抽出，地下水位降低，土壤的盐碱化程度就会有所缓解。

那么井灌是如何实行的呢？牧业队的几个有钱人商量打了几眼井，其他人通过给他们交水费来用水浇地。具体做法是，他们将井打在自家的地里，然后别人用水时从他家的渠里引水到自己家的地里，按照电表计算电费，相互监督，每家浇完水后通知别家，他们记好自己的时数，晚来的话自己就会吃亏。这个电费的定价，是村里有井的几家人一起定的，农电局的电费是每度电 5.5 角，而他们实际要交的电费是每度电 7 角或 7.5 角。有时有井的人根据与人们的亲疏程度来定价，这使大家都不敢得罪他们。如果井坏了需要维修，因为没有正式的合同，口头规定难以生效，农户们就只能等待或者自己摊钱来修

① 刘和林、杨改河、张生军：《内蒙古河套灌区引黄灌溉对盐渍化的影响分析》，《安徽农业科学》2006 年第 5 期。

理。这使当地的人对于这些有井的人产生不满，但是由于受制于他们的水源，只能讨好他们。

这样改用井水浇地的弊端，表现在以下几个方面。第一，井水水温低，不利于出苗。浇水时，井灌的水从地下二三十米打出，水温很低，按照老乡们的经验，其一周之后才能促进作物发芽或生长，而黄河水经过太阳光照射后水温刚好 20—25 摄氏度，这时对作物的生长是最好的。所以，井水浇的地出苗率比较低，比如如果种 20 亩地，一般只能出苗 15 亩，而黄河水的出苗率一般是 100%。第二，井水的费用太贵。由于井水水费比黄河水水费高，所以人们尽量减少用水，而浇地不深会导致土地盐碱化。但是，从另一角度看，井水会降低地下水位，对于消除盐碱化也有好处，可这种好处的代价是地下水补给困难。第三，地下水里有硝，浇完井水地里是硝滩。第四，地下水水位下降速度很快。2003 年打井需要打 20 米深，2010 年需要打 40 多米深，如果打到 80—90 米深时，打井的成本太高，井灌就不可取了。所以长远来看就需恢复黄河水灌溉农用，但是如果要恢复黄河水浇地，现在农田的渠道已经被破坏，“复黄”的难度很大，因为人们尽量从省水的角度来挖渠，因此渠道越来越窄。原来从杨家河引水的渠道被填平变成了土地，村民根本没有考虑“复黄”。只有老人们对此忧心忡忡，他们说：“这里再过几十年，因为浇不上水，可能就什么都种不了了。”为什么老年人的忧虑比青年人更多呢？因为老年人在这里生活了将近一辈子，所以有更深的感情和依赖性，他们觉得这个村子就是自己的生活空间，他们没有想过要搬走。而年轻人对这片故土的感情并不深厚，这只是他们的居所之一，如果这里生存不下去，他们可以到外面去，可以有其他的资源。这或许正是传统向现代转型的一个典型的反映吧。

牧业队开始井水灌溉之后，由于可以不受渠道和水量的限制，他们将荒地开垦为耕地，以前牧业队的人均土地面积是七八亩，井灌之后人均耕地增加了5亩以上。农业税减免后，开垦荒地的动力增大，每人平均增加了20亩左右的土地。我们以郭偏家为例来看看他们在“脱黄”前后的收入变化（见表6－1）。

表6－1 郭偏家脱黄前后成本收益对比

年份	开垦荒地面积	现有土地面积	每亩地的平均水费	每亩地的成本	每亩地的平均收入	每亩地的利润	全年纯收入
1999年	0	30亩	15元	120元（三提五统、农业税等）+140元（化肥籽种）	小麦8角×700斤	275元	8250元
2000年（免了三提五统）	0	30亩	15元	185元	小麦8角×800斤	440元	13200元
2003年（免了一半农业税）	10亩	30亩	110元	165元	9角×800斤	445元	17800元
2005年（免了全部农业税）	40亩	30亩	110元	140元	1元×800斤	550元	38500元

每亩地的成本主要包括“三提五统”、农业税，化肥、种子。水费在2002年之后开始变多，我们以1999年、2000年、2003年和2005年来做对比，1999年反映的是“三提五统”取消前的情况，2000年国家取消了“三提五统”，2003年国家免除了一半的农业税，同时农民开始使用井灌，开垦的土地面积增大，水费也有所增加，2005年国家彻底免除了农业税，农民开垦了更多的荒地。由于此处的农民以种小麦为主，所以使用小麦的价格作为参考值来计算每年每亩地的收入。

从收入情况看，趋势是一年比一年好。在2005年得到明显的提高，村子里出现了许多外地人来此开地。大多数来此包地的人通常“拉挂”一个在这个村子的亲戚，所谓“拉挂”是说他们其实并没有亲戚关系，但是要通过这个关系来包地，这样村里的人就不会太反感。但是外地人包地一般亩产都不及本村的人，因为本地人有浇水的优先权，外地人浇水一般都排到最后，比如，一个王姓的外地人，种了20亩玉米，由于没有及时浇水，玉米成了“满天星”①。

从牧业队打井灌溉、开垦荒地开始我们似乎又看到了类似地商时期的影子，这时人们对于私有财产的看重已经远远超过了土地承包刚开始的时期，人们想方设法实现增收，随着“三提五统”的免除和农业税的减少，农民的积极性被极大地调动。

2. 水利工程的投资投劳变化

水利工程的投资投劳中，90年代和现在表现出极大的不同。

90年代的水利工程，是以乡为单位，进行统一协调，乡又以村为单位来分配任务。但是由于不需那么多人力，所以实行的是记账式的统一调配，每年各个村轮流出工。“黄河控导工程”属于90年代比较大型的工程，主要起到防洪的作用。现在的水利工程国家投入的资金比较多，在支斗农毛渠上才由农民自己负责清淤，部分大一些的支渠国家还会通过一些项目来实现水泥的砌衬和清淤。所以需要农民自己出资投劳的地方已经很少。

虽然需要投入的劳动少了，但是对于这仅有的劳动农民也不愿意自己干。郭村长说：“在修黄河控导工程的时候，以乡为单位分派工程，牧业队也被分了工程，不出工的人要‘游排干’②。现在挖渠都是机械化，农民手中有钱，需要自己村子里修的小渠，大家就集资雇挖掘机来挖。农业综合开发项目给钱让他们种树，可村民故意种不活，这样就可以种葵花了。”从郭村长讲述的例子中我们看到，挖渠的小工程全部是在本村的，但即使是与农民密切相关的工程，人们也

① “满天星”就是没有果实的意思。

② 在排干上不去干活的人们走一圈，有点游街的意思，但是情形比游街好很多，只不过为了让大家按时出工而已。

不愿意干，因为怕比别人多出了钱，多干了活。在调查中发现，在挖渠时有一些地方树比较多，挖机没办法施展，所以只能农民自己挖。这时人们都偷工减料，本来需要挖一尺深，但是大家都不愿按这个尺度来挖。这时乡里的领导发挥了作用，一位包这个村的乡领导①带头为一家有困难的人挖渠。这家人丈夫得了脑血栓，儿子出去打工，家里只有妻子可以干活，于是乡领导帮助这家人完成了长 20 米、深 1 尺的挖渠任务。这家人的任务是最先完成的，乡领导让大家按照这个标准来挖，于是大家都干起来，这时榜样的作用仍然是有效的，但是乡领导说他的号召力也仅限于这么短的距离和这么少的任务。

河套地区流行热干风，这会使每亩地减产二三百斤，于是农业局提倡大家种树，这样可以减少热干风带来的损失，可是，对于树前的四五米的土地是不好的，因为树会"吸地"，也就是会吸收周边的水分，所以在树附近的农作物长势不好。国家的农业综合开发项目给牧业队的农民发了树苗，让他们自己种树。可是问题出现了，农民不会好好种，因为他们不想让树活，而想要在种树的地方种葵花。所以村委会想了一个办法，向农民每个人收 10 元钱，雇用外村的人种树。这件事乡政府不会插手，用乡干部的话说就是："不抱油篓，不沾油手。"村长说："政府介入这些村里的事很少了，也不会发统一的命令和指示。"这也说明民间的力量越来越强大，"私"的活动和想法越来越多使村委会想出了摆脱"公地悲剧"的办法，实施产权明确和转让的方式来保证公共事务的推行。在 2005 年之后，这种处理方式就更为明显。

四　弱国家下的民间力量兴盛期（2005 年至今）

2005 年内蒙古自治区在全区范围内全部免征农业税，这一政策大大调动了农牧民的生产积极性。全年内蒙古粮食总产量突破 150 亿

---

① 每个村子现在都有一个乡干部包村，为了帮助处理村里事务。

公斤，比上年增产 15 亿公斤左右，扭转了粮食生产连续 5 年下滑的局面，成为内蒙古历史上的第二个高产年。在此背景之下我们看到牧业队的人均收入也上升了。

1. 藏富于民——取消农业税后的牧业队

牧业队在取消农业税之后，将村里的所有荒地包括以前的林地都开垦成了耕地。人均土地从 15 亩左右，增加到 30—40 亩，而且很多年轻人外出打工，所以又有很多地空出来可以承包。我们看一下郭偏家 2005 年和 2011 年的收入情况，这里仅指从种地所获得的收入（见表 6－2、表 6－3）。

表 6－2 2005 年取消农业税后牧业队平均每户各种农作物每亩成本—收益 （单位：元）

作物	成本	粮食直接补贴	综合补贴	单价	产量	收益
小麦	350	12.41	0	1.0	800	800
葵花	280	0	0	2.5	500	1250
玉米	330	12.41	0	0.8	1300	1040
番茄	400	0	0	280/吨	6.0	1680
葫芦	300	0	0	6.0	170	1020
籽瓜	300	0	0	4.5	220	990

注：番茄是用苗来种的，其他的都是用种子，番茄在育苗时已经加了化肥，所以只用加一次肥就够了，其他作物一般会施两次肥，在青苗时候、半人高的时候，各追施一次尿素。

表 6－3 2011 年牧业队各种农作物平均每户每亩地成本—收益 （单位：元）

作物	成本	粮食直接补贴	综合补贴	单价	产量	收益
小麦	430	12.41	66.15	1.40	800	1200
葵花	450	0	66.15	3.50	500	1750

续表

作物	成本	粮食直接补贴	综合补贴	单价	产量	收益
玉米	395	12.41	66.15	0.95	1300	1235
番茄	466	0	66.15	340/吨	6	2040
葫芦	340	0	66.15	6.00	172	1032
籽瓜	340	0	66.15	5.50	230	1265

我们看到2005年到2011年，他们收入提高得很快，这么快得提高收入带来的是生活的改变，而谁也很难说这种改变是更幸福的生活还是更加让人悲伤的处境。为什么这样说呢？村里年轻人流向城里打工的人家由于家庭收入提高很快，所以这几年时间有了不少积蓄，在城市化过程中村里青年人所面临住房压力转嫁于农村的父母，他们成为房价泡沫的埋单者。村里一些有钱的人家在县城里为孩子买了房，而年轻人也从此在城里定居下来。42岁的田某某忧虑地说："我们这么拼命种地挣钱，将来不过是为了给小孩在城里买个小房子，我们也不指着他养老，就在这待着，但是再过20年，我们种不动地了，这里的地谁来种？"

在调查中正好有一个北京的商人希望在这里开发农场，乡里觉得这是个很好的项目，可以促进农业的规模化、产业化进程，所以极力想推动此事，这里开始体现富有经验的乡干部的办事方式。乡干部在和农民商量事情的时候不会马上召开社员大会，而是先和部分人商量，这部分人的选择是有技巧的。例如，在北京商人来联合八队商谈开发农场的时候，乡干部先和村里的两种人商量，一是平常喜欢在农民中间传播小道消息之人，这些人一般比较好鼓动，这些人去和农民说，比乡干部和农民去说更有说服力和可信性。二是那些村里头脑比较聪明的人，这些人一般比较能代表大家的意见，如果他们觉得这件事有利可图，那么其他人就会跟着他们接受这件事情，所以乡干部先听听他们对这件事的看法。但是这时他们发现有一个人没有出现，此人是霍某，他是村里的富户，在村里颇有威信，通知了他却没有参加会议，乡干部觉得霍某是否出席是将来这件事情成败的关键。对于深谙做工作之道的霍某来说，他已经表明了他的态度，据乡干部分析他不愿意参加的原因是他不考虑长远的问题，因为他的孩子去了外省，他将来可能不打算在此养老。现在由于他很会种地，因此每亩地的收益高于现在北京商人给的价格，所以对于他而言这个买卖不划算。

而对于这个村的其他人来说，不用种地可以干其他的活，承包土地可以有固定的收入且没有风险，对于该社留在此地种地的40岁以上的人来说这是一件好事，因为他们再过20年就会面临不能劳作的情况，而且他们也有一定的积蓄，可以考虑做一些小生意，或者随着已经出去的子女在城里谋职。

另外，从种地的角度讲，从长远来说，该社的土地都是靠井灌的方式来浇水的。一是电费越来越贵，种地的成本会越来越高。二是井灌会使地下水位下降，地下水补给不足，渠道也越来越窄，无人维护，附近的村落已经有土地因为井灌出现了这样的问题。退一步说，“复黄”（恢复黄河水灌溉的简称）的成本很高，很多以前的基础设施被农民破坏，将已有的通入杨家河的渠道填平变为土地，所以如果只依靠村民们来集资“复黄”几乎是不可能实现的。因此仅从灌溉这点隐忧上来说，也应该欢迎这个商人的投资。但是，在开社员大会的时候，霍某不同意，全村开始基本上90%的人同意，后来在他的影响下又有很多人不同意。最后这件事没有得到社员大会通过。

这件事情虽然没有办成，但是农村土地的农场化经营和管理将成为以后农村土地的出路所在，在河套地区有部分村落已经开始实行农场化管理，农民的身份已经变成了工人。

我们再来看看牧业队的问题。勒庞的研究具有一种深刻的出自直觉的感受力。他认为：“有两个互为表里的基本因素，是引发传统社会进入现代转型的主要原因，即传统的宗教、政治及社会信仰的毁灭和技术发明给工业生产带来的巨变。这一变化反映在西方各民族政治生活的层面，则是群众作为一种民主力量的崛起，他断定，未来的社会不管根据什么加以阻止，都必须考虑到一股新的、'至高无上'的力量，即'群体的力量'：当我们悠久的信仰崩塌消亡之时，当古老的社会柱石一根又一根倾倒之时，群体的势力便成为唯一无可匹敌的力量，而且他的声势还会不断壮大。"[①] 我们在牧业队的这个走向现代化的过程中，就可以看到这种民间的群体的力量按捺不住地显露出来，而国家对于乡村政治的管理更是以一种补助和社会保障的方式支持村民自治和民间力量的兴起。

2. 村民的"吵、缠、闹"和村官的"骂、烫、哄"

在取消农业税之后，乡财政不复存在，村干部的工资是旗财政发，办公经费也是由旗财政拨付。因为不用收税，村干部的工作也减少了，基本就是处理一些日常矛盾，比如一些国家补贴、低保等。由于村干部工资比较低，工作又比较费时，常常不能兼顾自己家的农活，因此，在减免农业税之后的一段时间村干部不想继续做村官。以前的"二红干部"[②] 现在都想回家致富。村干部的作用毋庸多说，他们发挥着连接国家和社会的桥梁和中介作用。于是，当地县委决定给工作满十年的村支书和村长入社保，政府交 1 万元，自己交 1.5 万，男的 60 岁以后可领到每月 1200 元的养老金，女的 55 岁以后可领到 1100 元的养老金。

那么村级组织的作用在这个国家力量减弱的时期怎样发挥作用呢？笔者在调查中发现，由于国家对民生问题的重视，信访变成了地

---

① ［法］古斯塔夫·勒庞：《乌合之众：大众心理研究》，冯克利译，广西师范大学出版社 2007 年版，第 207—208 页。

② "二红干部"是当地人调侃爱当干部的人总结出来的，所谓"二红"是指这些干部不回家，这样地里的事他顾不上管，地里就成为红瓢了，红瓢在当地是指地里没有收成的意思。

方官员的一个重要考核指标，于是，村民们喜欢用“吵”“缠”“闹”的方式处理问题以获得更多的利益。而在这个过程中，村官比政府其实更有办法处理问题，笔者总结了他们治理村落的三字真经，即“骂”“烫”“哄”。我们从两个例子来看他们是如何处理矛盾的。

郭村长说：“对于农民，先放彻他，然后再给他按挞住讲道理。”他的意思是如果农民说要上访，作为村干部，绝对不能表现出要拦住不让他去的意思，而要说让他去。这个时候要用“哄”的策略，他会在这个时候将自己的事情和自己的想法全部发泄出来，然后根据他的说法找到解决问题的办法。郭村长说：“首先看这件事是不是理在社员那边，如果是他没理，那么你想办法安抚他，把他去上级政府将要遇到的情况跟他分析清楚，用社员能明白的话将这件事情的后果让他提前知道，然后告诉他在这里还有解决问题的余地，这时他就不会选择去上访了。如果理在农民这边，你就要通过‘烫’来让他觉得自己不能去上访，然后告诉他在这里能得到最公正的解决。”在这件事情中，前提是村干部可以找出上访者的漏洞，这需要村长特别熟悉村里人的情况，而且对处理类似的事情很有经验，才能马上从社员的叙述中知道哪些是真的，哪些是假的。在这个时候，如果是社员没有理，就要用“骂”的策略，这种骂是使用骂的口吻，但立场上还是站在社员的立场来有理有据地“骂”，这也就是郭村长所谓的“按挞住”的意思。

勒庞说过：“世上的一切伟人，一切宗教和帝国的建立者，一切信仰的使徒和杰出政治家，甚至再说得平庸一点，一伙人里的小头目，都是不自觉的心理学家，他们对于群体性格有着出自本能但往往十分可靠的了解。正是因为对这种性格有正确的了解，他们能够轻而易举地确立自己的领导地位。”[①] 郭村长是能准确地把握农民的心理，

① ［法］古斯塔夫·勒庞：《乌合之众：大众心理研究》，冯克利译，广西师范大学出版社2007年版，第39页。

来与他们斗智的领导者。而他在这个村子里树立的威信以及处事公平的形象和口碑是让他能骂人的资本。如果理在农民这边，他会说一些“烫袋”的话，把这个人表扬一番，让他觉得自己在这村子里留给村长的印象是如此之好，他不能去上访让村里丢人，这时村变成一个整体的概念，让他觉得自己也代表了村的形象，之后村长就会晓之以理、动之以情地去理解他的处境和心情。在心理学中把这种处理方式叫“共情”[①]，之后你要让他相信上访的最终结果还是村干部来帮助他解决问题，如果现在就能既不花钱又不费力地解决问题何必再跑一趟信访局多费周折。而我们在另外一个例子中就会看到农民到了信访局之后，信访局的接待人员的处理方式和村长的差别。例子是这样的：

马某是牧业队的一个村民，在二轮土地承包时，把地退回去了，因为他是回族在这里生活不习惯，所以搬走了，但是当时并没有书面的字据留下来说明他自己不要地了，这属于一种乡规民约，在当地没有留下字据的习惯，和队长说一声就可以了，所以在 1998 年二轮土地承包时就没有给他分地。因为当时针对已经不在村子里住但是户口在此地的人国家并没有明确该怎么办。所以，乡政府在征求各村意见之后确定了一个处理办法，即如果不居住在此地一年以上，而且现在也失去联络方式，无法通知本人的人就不参与新一轮的土地承包。各村都是这么执行的。但是现在因为三提五统和农业税等“害债”（当地人把种地要交给国家的钱统称为害债）都取消了，所以马某又回来村里要地，想在这养老。

---

① “共情”由人本主义创始人罗杰斯所阐述的概念，按照罗杰斯的观点，共情是指体验别人内心世界的能力。它包括三方面的含义，一是咨询师借助求助者的言行，深入对方内心去体验他的情感、思维；二是咨询师借助于知识和经验，把握求助者的体验与他的经历和人格之间的联系，更好地理解问题的实质；三是咨询师运用咨询技巧，把自己的共情传达给对方，以影响对方并取得反馈。

村长对他说："如果地一直给你放在这，都荒了，你还能种不了？现在有这种情况的多了，没法解决。不过我给你想想办法。"于是他过两天回来和马某说："现在的地在另外一个人手中，我和这个人商量了，一年给你点钱，就一年给你3000元吧，你看行不？再多了我也没有办法了，这还是和人家说得磨破嘴皮子才说好的。"

但是，实际的情况是地重新分配后根本没法和别人要这个钱，因为第一，土地重新打乱之后马某的地不能确定是谁在种，第二，即使在头轮土地承包是可以确定马某的地在哪里，但是现在种那块地的人却也没有理由出这个钱。所以，村干部和乡干部商量后，决定由最低生活保障金来出这个钱，但是不能记在马某名下，因为这会让他觉得这钱不是对于他没有地的补偿，而是自己应得的另外的收入，所以乡干部提议在村干部名下办个低保，然后将钱给这个老汉。但此事并没有这样了结，马某听信了村里人的挑唆，让他到信访局上访说他的地还可以要回来，一年挣得钱比这3000元多多了。于是他抱着试试的态度去找信访局，信访的人当着他的面给乡政府的领导打电话然后说："你们乡里是怎么办事的，把这个老汉的问题解决了。人家明明户在你们乡里怎么没有地呢？"于是，从此之后，马某就认定这事是可以办的，错在乡里和村里，只要有上一级政府撑腰他就像拿了尚方宝剑一样，可以去村长和乡长那里"讲理"了。于是他常常上访，但是事情一直没有解决。

在这个案例中我们对不同的角色进行一一的剖析，这样就可以清楚地从一个侧面看到国家与个人的关系在信访工作中是如何被激化的。代表国家的有两种角色，一是信访人员，代表上一级政府；二是乡干部，代表最基层的政府。马某当然代表个人。首先我们来看一下信访工作人员的表现，很明显，这个信访工作人员缺乏基层工作经验，并且没有找到当事的双方来全面了解情况，因此他不明白这件事处理的难度，而盲目地判断这件事情乡政府就可以解决，并且对马某的态度也有盲目的情感倾向。这样的办事方式在处理上访问题时反而会会加剧国家与个人之间的矛盾。因为他们这样的情感倾向在农民的心里已经代表了一种是非判断，如果他们是被同情的一方，那说明他们是正确的一方，是受到不公正待遇的一方。政府会替他们做主，一旦有所承诺而不能在实际处理过程当中获得预期的结果，那么国家的形象就会受损，而农民也会继续寻求更高一级的政府或直接到中央去上访。

而对于马某而言，他在做出上访决策的时候会考虑其成本收益，他的成本包括哪些呢？贺雪峰认为："农民上访要支付四方面的成本：一是风险，即上访不仅没能解决问题，反而进一步恶化了自身处境。比如上访得罪了地方政府，从而可能遭受打压。再如遭遇收容遣返等。中国历史上即有'民不与官斗'的说法，上访风险越大，农民越不愿上访。二是经济成本。上访要花费时间、精力和金钱。越是到高层上访，花费往往越高，花费越高，农民越不愿上访。三是社会成本，即上访对自己社会形象的影响。上访越多，越容易成为社会另类，被社会边缘化。四是心理成本。主要是对上访效果的预期，上访是否有用的预期会极大影响农民的后续行动。从农民的角度讲，上访风险越小，成本越小，上访越有效，农民就越愿意通过上访来改善个人处境。反之亦然。"① 这四项成本，对于马某来说除了经济成本之外其他的并没有列在马某的考虑之内，或者说其他三项的成本都很低。为什么呢？

第一，就风险而言，在倡导和谐社会的大背景下，上访因为得罪

① 贺雪峰：《国家与农民关系的三层分析——以农民上访为问题意识之来源》，《天津社会科学》2011 年第 4 期。

地方政府而遭到打击的情况很少，而且由于通常是去高一级的政府上访，所以处理的难度其实并不在这级政府，信访人员通常采取的态度是同情和帮助农民质问下一级的政府。而地方政府选择的方式首先是安抚，而不是打压，而相较于其他的选择，马某上访的风险其实很小，因为在法院可能被判决败诉的案件，在信访机关起码可以获得少额的赔偿。由于“一票否决”的威胁，这样的上访势必会让地方的官员采取措施来息事宁人，而他们也不可能因为马某一个人的问题到村里重新划分土地，这样势必会产生更多的矛盾。所以，最后当地的官员为了息事宁人，只能给马某一定的补偿。

第二，关于经济成本。即上访要花费时间、精力和金钱。越是到高层上访，花费往往越高。花费越高，农民越不愿上访。在笔者调查的过程当中上访对于一些人来说可以说是为自己找了一个“正当”职业，我们管这部分人叫上访专业户。他们有的是时间和精力，至于金钱，他们只需要买一张车票，其他的会有政府为他们埋单。近些年，中央政府对信访工作的高度重视，已经将信访数量作为评价地方官员政绩的一项重要指标，于是地方政府见招拆招，尽量做到息访、截访，可谓用尽浑身解数来安抚当地的群众。于是，便有了“上访有理”的人出现，他们的食宿全由政府出资，另外还要好言相劝，加之媒体和社会舆论的力量日渐强大，所以政府只能让步，用当地民众的话来说：“上哪找这么好的政府呢？过去老人们说有一天你们的生活会：‘点灯不用油，耕地不用牛，楼上、楼下电灯、电话’，现在我们都实现了，农民种地不用给国家交钱，反过来还给我们补贴，现在的政府，我们去上访时态度都挺好的，都为民做主，说给我们想办法解决。就是下面的人不好好给我们办事。”笔者在信访局了解到上一级政府的信访局要求下一级政府的信访局在一定时间内将上访人员领回去。各县政府一般都设有信访接待中心，下一级的政府来领人时，首先要拿钱出来息事宁人，然后根据情况来解决问题，有时在政府的职能范围内其实无法解决，必须通过法律手段来解决，但是农民都把问题交给政府，因为他知道法律的诉讼费用太高了，这样解决是最快、最好的。

第三，关于社会成本，即上访对自己社会形象的影响。上访越多，越容易成为社会另类，被社会边缘化。笔者在调查中了解到，随着越来越多的人上访，这种成本已经变成一种资本，大家会向上访的人咨询如何和信访人员描述自己的事，如何获得更多的赔偿。这种人也不会被边缘化，这是因为一是这个人群越来越大，人们不会相互看不起；二是上访的事情只关乎个人或者家庭，与整个村子无关。

第四，关于心理成本。这主要是指对上访效果的预期，上访是否有用的预期会极大地影响农民的后续行动。村里人的挑唆对于马某起作用的原因就是大家对于上访成功的预期是很高的，这种成功并不是一定要给他们的事情一个公平合理的说法，而是以能拿到钱为标准，所以，他们的成功率很高，而且这种预期所造成的负的外部效应即对于周围人们的预期的影响也在上升。

所以马某甘于抱着试试的心态也要去上访，因为这件事的成本就只有一张车票。而上访后造成的后果是什么呢？马某觉得自己只是得到了自己该得的钱，而对之前乡干部和村干部的做法非但没有感激，反而觉得他们是在“骗”自己。这个补偿的后果还带了更多负的外部效应，那就是当地的村民会从此觉得“上访有理”，他们会想马某这样的事都可以通过上访来拿到钱，那么我们只要有一点事情占住“理”就可以通过上访来解决，所以上访的人会越来越多。由此可见，这件事情到了信访局之后处理的结果反而激化了国家与个人之间的矛盾，刺激了上访的风气。

笔者在调查的过程当中发现，牧业队的农民遇到问题选择上访的方式去解决的人其实并不多，而且没有比取消农业税之前多。

从这个例子中我们还注意到一个问题，就是国家内部中央和地方之间的关系。中央对于地方政府的“一票否决”评价标准如果得不到改变，非但不能激励地方政府为民谋利，反而会埋下更多的隐忧，这种靠一时的“捂”“盖”的办法，使真正的正义无法得到伸张。因为“上访有理”，“会哭的孩子有饭吃”。如果上级信访局这个“无权”部门，现在因为信访案件的多少对地方政府有了“生杀予夺”的大权，那么在行政体系内部势必会导致“寻租”和行政成本的增加。这就会迫使地方政府形成一种病态的奴性的安抚。政府的尊严和威信不仅不能通过给农民解决问题得到挽回，反而给了农民一种感觉，就是政府官员并不代表国家利益，他们为了保住自己的乌纱帽而变得可以“予取予求”。这种政府被动的地位使我们不得不去思考信访工作是否有必要一味地强调。这样做的后果不仅使上访的行为成为被国家和社会鼓励的一种行为而且增加了行政成本，这样做带来的后果是国家和社会、个人之间的关系变得更紧张还是更缓和呢？现在是否已经初见端倪。应该把公民权利救济的功能逐渐地完全地交给司法机关，确立起法治社会的威信和人们习惯于通过法律手段维护自己权利的生活方式和行为方式。

3. “一事一议制度”所体现的国家和社会的互动

一事一议制度，是指在农村税费改革后，取消了乡统筹和村提留后，原由乡统筹和村提留中开支的“农田水利基本建设、道路修建、植树造林、农业综合开发有关的土地治理项目和村民认为需要兴办的集体生产生活等其他公益事业项目”所需资金，不再固定向农民收取，采取“一事一议”的筹集办法。这时的公益事业在民主的形式下，由村民们投票决定是否修路、建桥等，例如修路，县级政府和村民的投资比例一般是2∶1，但是村里一定要投资投劳。因此虽然政府投资更多，对于农民来说是好事，却不一定能经过一事一议后取得所有社员的支持。这种一事一议的弊端就在于，如果有一两户农民不同意，那么此事就不是多数服从少数的可以办下去的，因为没有人愿意多摊更多的钱，所以如果有人想免费享受这个正的外部效应那是不可能的。而村里一般不同意的是比较穷的人，对于他们而言，有没有路不是那么重要，而交的费用却占了他们全年剩余消费的比较大的比例，所以很难被说服。例如：旧村里的柏油马路始终没有修起来，就是因为有几户人家一直不愿意交钱修路。乡政府想出一个办法，就是做账时将预算做大，比如1000元能做的事情，报为1500元，然后实际拨下来的钱为政府的2/3实际就为全部款，就可以把事做成了，这尤其适合两个村以上不好协调的事情。这样的做法在一些小的工程上用得比较多，但是大型的工程缺口太大之后会很明显地看出不合理。

“一事一议”的做法体现了由“干部为人民做主”向“人民自主”的转变，是历史发展的必然趋势。将农民看作纯粹的“理性人”，在这时忽视了民情中个体化农民的利益需求，特别是在农村民主政治建设刚刚起步的时候，“一事一议”制度在多数乡村尚缺乏一个很好的民主议事方式来聚合农民公益诉求，并且很难避免人们要“搭便车”的心态。而《村民委员会组织法》第十七条的规定，要求审议“一事一议”筹资筹劳方案的村民会议须有本村18周岁以上过半数村民参加，村民代表会议须有本村2/3以上农户代表参加，所作决定应当经到会人员的过半数通过。这种直接式民主产生的问题便是“四难”：集中开会难，会场安排难，意见统一难，经费筹集难。① 而在真正的实施过程中却像笔者上文中分析的那样，必须所有的人同意才能实施。因此，在牧业队甚至整个河套地区，还缺乏“一事一议”在通往公益目标的道路上所必需的民主的土壤。

从国家和社会的互动关系中我们看到，这时的国家已经表现为一种背后支持农村发展的弱的力量，而社会正在显示出它蓬勃的活力，

① 杨卫军、王永莲：《农村公共产品提供的“一事一议”制度》，《财经科学》2005年第1期。

并在此基础上一步步实现民主自治的乡村治理方式。

学界在对我国乡村治理的研究中大多将目光放在国家对社会的单向影响上，忽略了社会对国家的反向关系以及国家与社会的互动过程。我们可以通过牧业队的例子清楚地看到在整个过程中社会对于国家的反向关系，这种关系不做作、不生硬，它实实在在地存在于整个村落的形成和变迁之中，而这种国家和社会的互动成为推进地方社会发展的原动力，正是在这种互动中产生了社会变迁的能量。

第七章　水利开发与农牧边界的推移过程

第一节　农牧边界推移过程中三类人群的不同生活方式

一　中华人民共和国成立之前蒙古族的生活方式

牧业队地处阴山脚下，可以说这是河套地区目前农牧边界地带的一个典型代表，因为阴山的阻挡，这里成为农牧边界地带的一个推移的极限。牧业队从名字上看就知道这里曾经是牧区，但是随着黄河水的引入、汉人的迁入，这里渐渐变为一个农业村落。20 世纪六七十年代这里叫东蒙古圪旦或东补隆，从 1977 年开始更名为联合四队，1981 年更名为牧业队，1983 年更名为联合八队。但是，当地的人都习惯称之为牧业队。以是否转换牧业和农业的生产方式来划分，这里历史上包含三种人：一是主要从事牧业生产方式，当该地变为农区后不适应农区生产方式转而去后山生活的人，这种人现在还完全是牧民的生活方式；二是虽然不适应农区的生活但是仍然住在村里或村子附近，这部分人是半农半牧的生活方式；三是完全从事农业生产的人。当然第三种人是这个村子现在的主人。他们不仅包括迁来的汉族移民，还有留在这里的蒙古族。从人的活动轨迹我们就可以看到牧业队农牧边界的推移路线和时间。

当地的人说："套里[1]去放牧的人夏天在后山[2]住，冬天回前山住，山里的人都在山里住!"从居住地点就可以看出套里人和后山山里人的不同。套里去放牧的人属于半农半牧的生活方式，他们既种地也养羊。种地的目的只是满足自己的日常生活需要，比如种三四亩小麦、一两亩蔬菜供自己吃，再种几亩玉米供羊吃，所以他们的玉米种植得特别密，目的是积攒草料，当地人管这种种法叫"草玉米"。他们的人均土地为八九亩，除了自己种之外，剩下的土地都包给别人耕种。他们的主要生活来源是养羊后卖羊肉和羊绒。而山里的人是完全的放牧式的生活，但是山里的牧区现在都固定了草片，而且牧民们自己打了井，所以他们固定了居所，不再游牧。除了这两种人，另外就是留在这里的蒙古人和迁来的汉人。这里村子的历史并不长，阿德亚老人今年 83 岁了，在他五六岁开始记事的时候，这个村子里有 2 户汉族、2 户蒙古族。由此推算，这里 20 世纪 30 年代的时候还只有几户人家。根据老人们的回忆来反映这个村子的农牧边界如何推移。

阿德亚老人说从小他们四户人家的孩子都在一起玩耍，虽然他们和父母说蒙语，但是在玩的时候就不自觉地向汉人家的孩子学习了汉语，他说他的父母也很乐意让他们学汉语。到他有孩子时，鼓励孩子们上汉族的小学，因为他觉得蒙语可以在家里学，会说就可以了，而如果学会了汉字将来才能有出息，而且父母也教不了他们，所以阿德亚老人的三个孩了中都上了汉族的学校，其中有两个还读了大学。

再说到他小时候的事，那时两户汉族种地，村里开垦出的地还很少，因为没有水源，只能靠天雨，而且没有什么劳动力，地里的收成也很少，刚够糊口。两户蒙古族养牛、养羊、养马，耕地周围都是牧场，这四户人家的互助是最频繁不过了。汉族需要蒙古族的牛来耕

① 套里，指河套，此时专指后套，即巴彦淖尔的大部分地区。

② 后山，指阴山。

地，马来坐骑，羊来吃肉，而蒙古族也需要汉族的粮食和蔬菜，他们与外界的交换较少，所以没有吃不吃亏的概念，是典型的以物易物的交换方式。例如，一头牛如果出租的话，一年是5升吃米。5升相当于15斤，吃米是糜糜的意思。糜糜是蒙古人的基本粮食，糜糜炒熟后，叫炒米。早餐是放入炒米、奶皮、茶食和羊肉的奶茶。中午一般在外面放羊，午饭不吃，带点干羊肉，下午回来继续喝茶或喝粥。一头牛如果“换”（他们不用卖这个词）给汉族的话，就是3毛口袋糜糜。3袋相当于300斤，毛口袋是用羊毛做成的，比一般的口袋更细更长，这样方便驼在马上，不容易掉下来。阿德亚老人说，当时他们之间的交换物品都是商量着来的，每年都不一样。就这样他们很和谐地生活在一起。

20世纪40年代，这里来了一个叫陈三仁的人，他在乌加河上引了一条水渠到村子里，自此之后，这里的人口才慢慢多起来。陈三仁来到这里，先是修渠，将乌加河的水引到这里。然后开始在这里开垦了较大面积的耕地，但是蒙古人不会种地，当时还是由汉人来种。于是，陆陆续续来了一些汉族移民，他们大都是陈三仁的长工。小长工一年后变成大长工，陈三仁会给他们3亩地，让他们自己也种。等到长工结婚的时候，陈三仁就送给他们30亩地，也不收租，让他们自己独立发展。如此善良之人受到了当地人们的爱戴，因为他自己并不是很有钱。据阿德亚老人回忆说，当时陈三仁吃得很一般，土改的时候，也没发现有很多财产，他的子女都很有出息，去了外地，也没有回来分他的财产。开地之后这里的地越来越多，牧场越来越少，但是直到1949年之前这里仍然是以牧业为主。

二　中华人民共和国成立之后由农转牧的蒙古族的生活方式

中华人民共和国成立后开始进入人民公社时期，这里的牛羊归了社，每户蒙古族人家平均100多只羊，几十只牛。村里的很多蒙古族不适应农民的生活习惯。而且他们工分挣不够，土地盐碱化严重，粮食生产不够，只能吃返销粮度日。面临吃不饱和死亡的威胁，于是他们开始想方设法以蒙古族的身份来取得一定的权益，这时很多蒙古族利用家里的亲戚关系调入牧区的村落，这样就可以有牧区的待遇，他们一些人搬进了后山，一些人在后山旁边的纯粹的蒙古村落落户下来。

像白大爷一家就是搬到后山的人，笔者在调查中特别进山里去看了他们一家。1969 年他从一个亲戚口中得知，他可以去后山的文埂嘎查落户，可以分得草片和羊，并可以有专门分给蒙古族的口粮，为了不至于挨饿，他们一家六口就决定迁到那个嘎查。他记得那个时候，他们收拾了东西，从大队队长那里借了一头骡子，把东西拉上，然后就开始赶路。一共 60 多里路，他们走了两天。去了之后，他们先要住在亲戚家，后来队里给分了牲口，让他们去放牧。家里的生活开始慢慢变好，他感慨地说："那时能吃上白面和羊肉就是很好的生活了，后来开始盖房子，要说在牧业队学会了汉人盖房子还是挺有用的，我们扣土坯子的技术好，很多人过来让我们帮忙，后来还通过这个挣了点钱，那时盖房子只有沙和土，等我后来盖第二座房的时候，就盖成里生外熟的房了。"所谓里生外熟就是里面是土坯子，外面是砖。白大爷是个很有头脑的人，他说他几乎放牧走遍了这个嘎查的每一处地方，一共搬了六次家，后来终于在一处既有水源又处于背风坡的地方住下来。笔者去的时候正值隆冬，零下 20 多摄氏度的气温，专门有高经理做笔者的向导，他是经常进来和牧民买羊的养殖场的经理，所以对这里的地形比较熟悉。由于人口少，每家每户的房子相隔短的十几里，长的几十里，没有路，也没有参照物，每一处都觉得差不多，没有人指路的话，笔者很难找到白家，一下车就觉得寒风刺骨，山里的气温比套里低五六摄氏度，而且风很大，所以感觉一下子又冷了七八摄氏度。他的房子处于背风坡还会好一些。我们来到他家看到的一座很大的房子（见图 7－1），房子分为人住和羊住两处，小羊羔住的地方称为"羊棚"（见图 7－2），是专门为刚出生的小羊准备的。这和人住的房子一样，是全封闭的。还有专门的羊圈，是半封闭式的（见图 7－3）。

图 7－1　白大爷家的房子

图 7－2　羊棚

图 7－3　羊圈

白大爷的精明体现在很多地方。首先，他的房子外面另外弄了一个封闭的棚，其作用一是可以防风保暖，二是可以在这里放些瓜果蔬菜，起到冰箱的作用。现在虽然有车，但是交通成本很高，而且不是很方便，蔬菜和水果都要一次性购买，冬天里也就出去四五次，所以有了这个棚子就可以多储存些东西了。

其次，他盖房子的材料是从外面运进来的，屋内装修很好，这显示了他家的富裕。而且有自己的发电设备，有能接受电视卫星信号的“锅子”①。再次，他很自豪的一点，是他首创在房子前面开发了五十亩土地专门来种“草玉米”（见图 7－4），这些玉米很少结棒子，主要是为了给羊准备过冬的草料。这种做法是他最先试行的，他能成功主要是出于两个方面的原因，一方面是他解决了灌溉的问题，打了井，每打 1 米要 200 元的成本，要打 70 米深才能将水提出，所以这笔开销比

① 当地人将接收卫星信号的那个圆形的设备形象地称为“锅子”，因它与做饭用的锅形状相似。

较大，很多人没有资金。另一方面，他曾经在牧业队的时候种过地，所以对于种玉米比较有经验，成活率很高。他说："要不是在牧业队种过那么一阵地，自己也不会想起来弄这个，这样我的羊就不怕冬天没有吃的了，我除了自己用之外，还卖给其他的牧民，也是一笔收入。"

最后，他在退牧还草之前将自己家的草片不断合并扩大，并将所有地方用铁丝围起来，他有 2 万多亩草地，围起来要 10 万多元的资金。这笔费用虽然很大，但是他这样一次性投入使他的养羊数量倍增，从最初分到的 200 多只羊扩展到现在的 1500 多只羊。通过将牧场围栏，羊群走丢的情况很少，他们说："平常有领头羊领着羊群回来，不用担心它们找不到路，因为整个牧场有水源的地方就只有这一处，它们只要渴了就会自己回来的。围栏的作用在于将围栏连电，当羊碰到铁丝的时候就会自己退回来了。"笔者发现每个栏杆之间都挂有一个酒瓶子（见图 7 -5），高经理也不清楚原因，于是问了白大爷，他说，这是为了节约电，酒瓶很便宜，而且绝缘，这样羊碰到铁丝上，有电的时候其他的铁丝不必连电。另外，他们取暖做饭用的能源是什么呢？在调查时看到一个有趣的东西，从远处看像黑色的墙（见图 7 -6）或者草垛（见图 7 -7），但走近一看才知道是牧民们打好的羊粪砖，用来做燃料的，对于少见多怪的笔者来说这也算是一个大发现。

从白大爷房子后边敖包就可以看出他现在生活是多么富裕。他说："他的敖包在嘎查里是最大的，每年的阴历五月十三，他要宰杀十几头羊来完成祭祀，以祈求来年风调雨顺。"而他的富裕不仅仅来自"天"的保佑，还有他的经营头脑和勤劳，我们看到他在牧业队虽然生存不下去，但是在牧区可以利用农业知识比别人过得更好。

图7-4　草玉米

图7-5　挂着酒瓶的围栏

图 7－6　羊粪砖墙

图 7－7　草垛形的羊粪砖

三 中华人民共和国成立后半农半牧的蒙古族的生活方式

1. 半农半牧的选择如何形成

而阿德亚老人就没有像白大爷一样完全脱离开牧业队，而是选择了另外一种生活。阿德亚老人也是在人民公社时期离开牧业队去后山生存的，但是他与白大爷不同，他的家仍然留在牧业队附近，即所谓的前山。他离开的原因是他虽然向汉族学习了这么多年种地的基本知识，却很难把地种好，他说："一样的地一样的种法，但是人家的地里亩产就比我们的多1倍，不知道怎么回事。人家说'三天学一个买卖人，一辈子学不会个庄户人'挺有点道理。我们种地就是不行，所以我那会儿等这里基本上都变成地再没法放牧的时候，我就去后山放牧了。不过因为我想让孩子上汉族的学校所以一直在这住供他们读书，而且这里出行也方便，夏天的时候我去后山放牧时就住一个很简陋的房子，我们还是习惯在前山住，那里比较热闹。"

在笔者调查中可以明显地感受到，像白大爷这样搬进后山完全过牧业生活的蒙古族和像阿德亚老人这样的半农半牧的蒙古族以及牧业队里完全过农耕生活的蒙古族之间在对萨满教的信仰方面和生活的禁忌方面都表现得非常不同。

2. 农耕文化如何影响蒙古族的日常生活

白大爷的生活中现在虽然打了井，可以自己取地下水，而且因为可以取地下水也不用再转场放牧，但是他们依然保持着祭敖包的习俗，而且将敖包设在他们住的那个小山包上，自己每年举行祭祀仪式。随着自己生活水平的提高，每年卧羊①的数量都在增加，而他祭敖包所用的羊的数量也在增加。每年的五月十三，他家在敖包前堆一堆火将整只吃过的羊骨头全烧了，这就是所谓的火祭，然后从左向右

① 蒙古人说"卧羊"是杀羊的意思。

转三圈，捡一些石头放到敖包上面，磕头祈祷风调雨顺，这样就完成了祭祀仪式。而牧业队的蒙古人不再放牧，已经没有在每年五月十三来祭敖包祈求风调雨顺的习俗，他们将祭敖包的时间定为佛教中阴历二月十九观世音菩萨圣诞和九月十九观世音菩萨出家的纪念日，在这时也不摆供品，不杀羊，他们从庙里背上经书绕着敖包转一圈，然后再绕庙里的转金桶转一圈，就完成了他们所谓的“祭敖包”仪式。这样的转变一部分是物质条件的改变所带来的，即在牧业变为农业的时候，人们对于自然的依赖不及从前，黄河水的浇灌和地下水的井灌能保证给人们较为稳定的农业生产的收入。他们不再以放羊为生，因此养羊的数量较少，祭祀中用的也就较少，后来渐渐变成了佛教中不摆肉食的祭祀方式。山神仍是人们相信的神却不是人们依赖的神了。

生产方式发生变化之后，我们还看到一些禁忌的保留也存在选择性，有一些禁忌是白大爷这些在牧区生活的人必须遵守的，但是现在牧业队的蒙古人讲究的很少了。比如，吃完羊肩胛骨后必须敲穿，否则会被有妖术的人利用，反害自己。自然死亡的公畜头要放置高处，以求畜群兴旺。宰杀羊时如果突然遇到急事，必须把一条腿的皮挑开后方能离去。需要戴别人的帽子时，须向帽子里唾一下，此意并非对他人不敬，帽子不可赠送他人，因为其口朝下。而靴子一般口朝上，被视为福分之物可以赠送他人。遇到人家煮头蹄，即使汤未开，也要掀盖尝一口汤，表示顺利和吉祥。不吃驼肉，因为当地人认为驼身上每个部位代表着十二生肖（面如马，眼如蛇，耳如鼠，嘴如兔，脖如龙，肚如猪，蹄如牛，毛如羊，鬃如猴，跑如鸡，尾如狗，嚎如虎），吃驼肉表示对这些生肖动物的大不敬。

但有一些禁忌是牧业队的蒙古族和牧区的蒙古族一起会遵守的。除了吃肉时，刀子与肉要分开放，扫地时要从里往外扫，意味着把污秽和病魔扫地出门。葱和蒜皮不许投入火中，否则会害眼痛。给客人献茶的碗不许有豁口，否则自家的福气会进入他口。给客人的茶碗中不能空着，但是也不能满。不能在屋子里、羊圈里小便，也不能随便看别人家的羊圈。这样意味着将污秽带到屋里或羊圈里。垃圾和炉灰不能扫在一起。灯火上不能点烟，盘子和碗不能倒扣放。去人家做客时，要系好扣子，戴好帽子。

这些有关禁忌的变化与从放牧到农耕的生产方式变化有关，不过牧业队的蒙古人中不同的人对于禁忌的保留也存在差别。对于一些有条件的人来说他们还是会讲究这些像牧区的白蒙古家所要遵守的禁忌。谁是有条件的人呢？村里蒙古族中的老人和有钱人，他们都很讲究，要遵守禁忌。用当地人的解释就是越有钱越相信鬼神，希望不做任何亵渎神明的事来保佑他们的生活越来越好。

四　农牧边界的推移过程

笔者在调查之中向很多人了解这里的农牧变化历史，由于很少有文字记载当地的历史，所以只能依靠人们的口述史，经过反复地推敲，大概是在20世纪50年代时这里还是以牧业为主，人们回忆说："这里到处都是苜蓿和白茨，那时的牧场很大，由于羊少，所以草特别好。"后来到了60年代杨家河的水引过来，乌加河的水退出去，牧业队把乌加河槽变为林场，种了很多的树。这时迁来几户林场户，从此在这扎根。人们开始选择高一些的地方盖房子，我们前面讲过这样可以防洪，而且是当地人的习惯。另外选择一些盐碱化轻的地方将其开垦为耕地，但是由于这里的土壤比较差，出苗率很低，所以来此开地的人并没有太多的动力将所有的牧场变成耕地。人民公社时期，火箭连的人听说这里有很多荒地，所以来此开地，那时又有一些人迁过来，不过后来火箭连走了之后，这些地又没有人种了，又荒了很多。人们就用荒了的地来放羊，有时候后山的人冬天也来这里放牧，这里的人都很好说话，后山的人和村子里的哪个人说一声就可以让羊在这里吃草，不过随着市场经济的发展人们的经济意识日益强烈，如今后山的人要来此放牧必须交点钱才行了，笔者在调查的时候看到大片的羊群，正是此场景（见图7-8）。

图7-8 后山的蒙古人冬季来此放牧的场景

2002年牧业队正式“脱黄”变为井灌。这年，他们新开垦荒地的面积迅速扩大，以前使用杨家河的黄河水浇地时，由于处于杨家河的末尾，用当地人的话说就是梢头地，所以浇地的时间一般很难及时，而且在秋浇时如果渠里有水，冬天结冰时就会将砌衬好的渠给膨胀裂开，所以要将没有用完的所有水都排干，这时位于梢头的地就会出现水太多的情况，使地变为爬冰地，这样来年因为土壤含水量太大、太湿，就不能及时播种。对于需要早点播种的小麦尤为不利。所以，牧业队改为井灌。这不仅容易控制浇水灌溉的时间，而且对于降低地下水位，降低土壤的盐碱化程度也有好处。随着“井灌”的优势愈加明显，加之国家取消三提五统和农业税的好政策，牧业队的荒地在2010年时基本开垦完毕。包括以前用来引杨家河水的渠道现在也填平变为耕地。

但是他们存在极大的隐忧，再过几十年由于地下水水位的降低将会带来很大的问题。由于井灌需要的用水量很大，而河套地区的降雨量很少，地下水补给一定不足，所以地下水位将会迅速下降。事实上，从2002年开始打井到现在，牧业队已经从地下40米变为从地下80米提水。如果再过10年，当地的人很难想象还怎么来依靠地下水进行灌溉。到那时迫于环境的压力，这条农牧分界线摆动回来也是大有可能的。因此，面对如此脆弱的生态，政府应该从现在的弱国家变为强国家似乎又开始显得必要，社会和民间的力量现在日益强大，但是他们不会为公共物品来埋单，甚至由于他们的短见将加速这里的生态恶化，政府如何作为将成为下一个20年这里兴衰的关键。同时，随着又一轮土地承包的到来，如何处理农村空壳化的问题也成为农村面临的下一个挑战。笔者将会继续跟踪调查。

麻国庆认为："游牧与农耕是两种不同的生产方式，它们所依据的生态体系亦不同，前者具有非常精巧的平衡而后者则为一种稳定的平衡。具体来说，游牧是人们以文化的力量来支持并整合于被人类所改变的自然之平衡生态体系结构。这是对自然环境的一种单纯适应，而农耕则以生产力的稳定与地力的持久为其特色。它能自给自足，而游牧若离开农耕其后果不堪设想，这两种生态体系在性质上有所差异。在中国的草原生态区，这一互为依托的生态体系，常常被来自民族的、政治的、军事的、文化的等因素所打破。"① 笔者调查的牧业队就是一个两种生态体系相结合的地带，由于水利的开发和国家的介入以及民间移民的力量这两种平衡曾被打破，农业替代了牧业，但是从历史上看，农牧边界这种动态的反复运动是保持生态平衡的必然选

① 麻国庆：《"公"的水与"私"的水——游牧和传统农耕蒙古族"水"的利用与地域社会》，《开放时代》2005年第1期。

择，牧业是否会在此取代农业的时间我们不得而知，但是这样的可能性仍将存在。

第二节 “没有什么鞑子、蛮子之分”
——民族融合的逻辑

一 牧业队中蒙古族和汉族的最初交往

阿德亚老人的经历就算是牧业队蒙古人和汉人之间最早的交往了，村里他的年龄最大。在阿德亚老人十六七岁的时候，和六个汉人兄弟结拜了。他说：“当时在他的脑子里没有什么鞑子、蛮子之分。”“鞑子”是当地汉族对蒙古族的叫法，有时汉族之间谈话指代蒙古族时也用“蒙鞑子”。“蛮子”是蒙古族对汉族的叫法，也一般限于在蒙古族内部之间使用。他接着又说：“几个年轻人结拜他也凑了过去，其实当时就是为了吃口好的。当时我们中年龄最大的一个人让我去把洋盆里的水倒掉，我也没想那么多，这么多人为什么让我倒呢，倒就倒吧，也没有什么大不了的，等回来之后，老大让我往盆里舀些干净的水，然后六个人每人往水里放1块现洋，最后到了我面前时，我不好意思地说：‘我没有钱’，大家哈哈大笑，老大说：‘傻小子，这些都是给你的钱。’我当时还不知道结拜时候的规矩，那时年龄最小的人为大家打水，而每个人要给最小的人一点表示。当时很高兴，那时能有6块现洋算是一笔不小的钱了。”在20世纪三四十年代的时候，这里实行的还是蒙古王爷统治的制度，在这里生活的蒙古族都是达拉特旗王爷的奴隶，每年每户要交7.5两银子的税，1块银元当时是相当于5—7钱银子，6块银元就是3两到4.2两银子。蒙古族的男子必须每三年给王爷交1块现洋，一直到去世为止，因为蒙古王爷害怕这些奴隶“阴财”（就是有积蓄的意思）。这么重的赋税和男丁需要缴纳的钱加在一起，这里的人一般很难负担起，所以如果生下儿子很多会送去当喇嘛，因为喇嘛不用交钱。

牧业队从最初的 4 户人家，2 户蒙古族、2 户汉族发展起来。汉族来这里带来了农业的发展，虽然在 20 世纪三四十年代这里开发出来的耕地还很少，但是他们之间的这种物物交换是蒙古族和汉族都需要的，人们之间的关系最开始建立在经济利益合作的基础上，之后他们又发展亲密的友谊，而且互相通婚的情形越来越多。人们把蒙古族和汉族结婚后生出来的小孩称为二蒙人，到中华人民共和国成立后，内蒙古的民族政策是，这些小孩可以自己选择他们的民族身份，亦蒙亦汉，不过因为内蒙古有一些优惠政策，所以孩子们登记户口的时候家长们都给他们选择蒙古族的身份。而这种蒙汉结合的家庭在牧业队现在有 15 户。

在调查中笔者经常听到一句话："他徐了旗了"，牧业队的齐大娘自己也说："我们这有很多假蒙人，就是那些徐了旗的。""徐了旗"在这里是指汉人在户口登记的时候，变为蒙人。为什么叫"徐了旗"呢？清朝实施军政一体的八旗制度，八旗士兵及眷属统称"旗人"。八旗分满八旗、汉八旗、蒙古八旗。因此，可以说旗人是一个包括满、汉、蒙古及其他北方通古斯民族在内的多元群体。但是，旗人在当地主要指蒙古族。当地人说因为当时户口登记时比较宽松，自己报是什么民族就是什么民族，另外由于牧业队在整个河套地区来说属于蒙古族人比较多的地方，所以从这登记户口，"徐了旗"也比较容易。2000 年以后仍有一些人想托关系在牧业队的蒙古人户下办个蒙古族的户口，但是由于民族宗教局调查得很严，所以很难办了。对于那些已经"徐了旗"很多年的人，他们的生活习惯也在发生改变，为了让自己更像蒙古人，他们开始学习喝奶茶、学蒙语等，这些使他们有时候比蒙古人还像蒙古人。而就如村里徐了旗的人所言："这的蒙古族以前很多，往上数几代，我们的祖宗可能就有着蒙古族的血统，称为蒙古族不是完全是假的。"

这种汉族改为蒙古族的情况与清代汉人自愿地加入八旗并因此而获得较高政治、社会地位具有相似之处。只不过，牧业队的蒙古族比汉族多了一些的优惠政策，他们所获得的不是地位的提高，而是某些利益的得到。但是如果仅把“徐了旗”的原因归结为科恩所谓的族群性具有随机性和工具性特征的完全工具论的观点，似乎太狭隘了。格尔茨提出“原生纽带”（primordial attachment）论更符合当地的事实，格尔茨认为：“原生纽带主要是指从社会存在的先赋性中产生的东西，即主要是指直接接触关系和血缘关系，以及由出生于特定的宗教集团，讲特定语言乃至某种方言，遵从特定的社会习俗中生发出来的先赋性。”[①] 我们看到牧业队的汉人所表现出的个人情感和生活习惯的改变恰恰说明了这种原生纽带的存在，这种纽带也许无法直接从血缘关系上寻找，但是可以从直接接触关系中找到。而这种纽带的作用不仅仅是利益的需要，还是一种融合的需要，一种共同承担义务的需要。

从“原生纽带”的角度来看“徐了旗”的人的动机，会为我们提供一个新的有益于实践的角度，从“徐了旗”的结果而言，以民族政策为导向的户籍制度中的“民族身份”是酿造制度性归属意识的装置，它成为导致“均质的、固定的归属意识”[②] 的又一个新的认同依据。我们看到这些“徐了旗”的蒙古族人，其生活状态和对蒙古族语的重视就是他们的归属意识的证明。我们看到在农牧边界地带民族边界的模糊带来的是一种融合和相互之间的理解。

下面我们就从蒙古族和汉族之间的相处中去了解这种“原生纽带”是如何体现在他们生活习惯和生产方式上的相互学习和相互影响中的。

---

① Clifford Geertz, *The Interpretatioan of Cultures*, New York: Basic Books, Inc., 1973, p. 259.

② ［日］松田素二：《アフリカにおける部族・民族・国家、再び—政治社会再編成の可能性を探る：国民国家型から生活共同型民族へ》，《アフリカ研究》2001年第58号。

二　蒙古族如何学习汉族的种植技术和生活方式

阿德亚老人在和汉人这么多年的相处中知道了种地的基本知识，却很难把地种好，他说："一样的地一样的种法，但是人家的地里亩产就比我们的多1倍，不知道怎么回事。人家说三天学一个买卖人，一辈子学不会个庄户人。这句话其实不假。"在笔者和村里其他人的访谈中，很多人也有同样的感受，他们觉得种地的窍门其实很多，汉族人生活知识比蒙古人多一些。武太保老人是这个村里公认的蒙古族中种地种得最好的人，他和笔者说："以前人民公社时候是放羊的，后来包产到户给我们分了羊又分了地，就开始种地，一开始觉得种地其实并不难，只要你勤快点就行，后来才知道难的是怎么安排生产，怎么不误农时，提高产量，这些汉人确实有他的一套办法，我现在还觉得要和人家好好学才行。"武太保老人讲述了如何在不同的土壤上选择种不同的农作物，播种的时间、浇水的尺度和时间选择、施肥的时间和次数等他学到的农事活动窍门，附录中的这个图表（附录一）总结了武太保老人的经验，同时也代表了整个河套地区农作物的种植安排和农事活动。

图表中所说的沙盖地是指上面是沙子，下面是红泥地，这种地在当地是非常好的，因为上面有沙子起到隔温的作用，红泥地的营养丰富，农作物生长起来比较快、比较壮，用当地人的话就是"长得有劲"。还有一句俗语说："种地要种沙盖地，娶媳妇要娶一篓油"，可见沙盖地是最好的地。另外，在选种方面，蒙古族也吃过亏，他们为了便宜选择了一家推销商的玉米种子，结果亩产比汉人的地低了好几百斤。汉人们告诉他们，玉米的不同种类其产量是不同的。如果是选择"张玉1355"种子，放在好地里1亩地可以有2500斤的产量，它们的颜色是白色的，价格比黄色的玉米低，要是选"科和10号"和"巴单25号"种子，玉米则都是黄色的，每亩地的产量在1700斤左右，虽然产量少点但是价格高些，所以每亩地的收入差不多，选种子一定要去农科站指定的公司购买，质量一般有保证。另外还要学会倒茬，才能保证地一直高产，基本的经验就是，高杆倒低杆，每年倒一次。

在施肥方面，蒙古族也有很多的有趣经历，郭村长回忆说："1973年时候全村有997亩，不过有很多是'镶边秃子地'[①]，亩产才200斤。这种地只在地瓣子上星星点点长点作物，中间有好多地方都不长，撒了种子发不了芽，所以我们叫它'镶边秃子地'。我们这的粮食产量一直上不去，农作物1996年之前交粮以糜子计算，1996年以后才以小麦计算。农业代替畜牧业的时候，薄膜和化肥白给蒙古族都不用。汉族倒是敢弄，结果汉族的地丰收了，蒙古族的地就不行。后来蒙人也敢用薄膜和化肥了。在2002年打井前蒙古族和汉族种地区别很大，蒙古族种地明显不如汉族。2002年打井后因为地变多了，机械化代替了精耕细作，蒙古族和汉族在土地上的产量没有那么大的差距了，但还是汉人会抛闹的安排种甚，产量没有差别但是销量和效益上就差的大了。"

蒙古族对于农活的学习在牧业队现在也能看得到。其其格是1993年嫁到这个村子里来的，她的家乡在离这90公里以外的乌拉特中旗，从小她就念蒙古族学校，学习蒙文，初中文化程度，从没有学过种地。她说："嫁给田几亚后她开始学种地，虽然都是蒙古族，不过这的蒙古族都会说汉话，蒙古族之间会说蒙语，但是他们的汉话都说得很好。我刚来的时候说汉话还有点不太顺口，很多话还要学，遇上讲其他地方方言的人我就听不懂了。田几亚和我一起去种地，我连镰刀咋拿都不知道，种小麦的时候，那会儿用铁耧播种，我不会用，笨得就会个撒化肥。田几亚教我，我也学得很慢。最难学的就数扬场[②]了，

① 镶边秃子地是指地的中间都不长作物，只在四周的边缘长一些零星的作物。

② 扬场，以前没有脱粒机的时候，要人工把打下来的谷物用木锨等扬起，借风力吹掉壳和尘土，分离出干净的颗粒，人们在一个很大的场面上扬麦子，所以称作扬场。

到现在我也没学会，幸好现在有了机器，要不然现在我们家的麦子还得让别人扬了。那会刚流行开种地用薄膜时，薄膜白给蒙古族都不用。汉人种得好了我们才用开来。后来汉人给我们教了很多的种地窍门，我们开始懂得农时和安排生产了，现在十几年过去了，我种地种得也不错了。”

其其格所谓的“种地窍门”“懂得农时和安排生产”的经验来自汉人的二十四节气，以及与此相关的农事活动的民谚。笔者在2009年到2012年的阶段性调查中总结了他们所说的三种历法、民谚、节日的表格。（见附录二）

我们看到从小生活在汉族聚居环境下的蒙古族对这套农耕知识接受起来比较容易，而从小在牧区生活的人对这套知识的接受较为吃力，他们觉得自己是因为笨才学不会，其实这与他们形成的思维习惯有很大关系，他们不习惯去观察植物的形态，去掌握精细的动作要领。

除了学习农业生产技术外，他们还慢慢接受了汉族的一些饮食习惯。当地流传一个笑话，说当地的蒙古族第一次吃西瓜时，切开西瓜看见是红色的，以为是生的，要把它放在锅里煮着吃。不管这故事是真是假，但是且看现在的他们把汉人的烹饪方法几乎学会了，尤其是关于面食的做法，就知道这是多么大的转变了。以前，牧业队蒙古族的主要粮食是糜米，不管是集体公社时期，还是后来的包产到户，每人都可以分到三分炒米地。后来，随着农业的发展，牧业队的人开始吃小麦和大米。由于当地迁移过来的汉人多是从陕西、山西和甘肃来的，所以蒙古人在和汉人的交往中逐渐喜欢上了他们的面食。比如笔者去田几亚家吃饭的时候，他的媳妇就可以做出很好的蒸饼和煮饼。她说：“以前在娘家的时候不怎么做饭，嫁给田几亚之后看到这里的媳妇都做这个，我就跟着学会了，这个最主要的和面和发面。”

这里的蒸饼特色是里面有胡麻油，具体做法是将前一天发酵的面团，擀薄，抹胡麻油，有时会撒点盐，然后从一边搓起卷成长条形，再用面杖擀成宽 10 厘米、厚 1 厘米的长条，切成小块入后放入笼屉，旺火蒸熟即成。这种饼层次多而清晰，口感松软油香。煮饼的做法是，将饼放在已炖入菜的锅边上或菜上一同焖煮至熟。这种做法省时省力，很适合农忙时节。饼入菜汤之味，放在锅边的叫锅贴子，蒸好后一面油香焦黄，香脆可口，放在菜上的叫煮饼，油香筋道、口感独特。

在齐大娘家吃到了焖面，齐大娘说："汉人这个饭做得好，这是我们这的蒙人都喜欢吃的，你多吃点。"笔者看着里面放了豆角、土豆和猪肉丝的面条，吃了一口，觉得很香，不油不腻，面条的香味和豆角、猪肉的香味混合在一起，土豆已经黏在了面条上，吃起来和河南的卤面、北京的炒面有点相似，但是比较而言，这个好吃。因为面条是在菜和肉上面所以面条不会沾太多油，比炒面更能吃出面的味道，而比卤面更能吸收菜和肉的香味。当地人农忙的时候也常做这个，应该算是面食家族里的"抗硬汉"。蒙古族还和汉族一样喂猪，喜欢用猪肉做菜，他们喜欢吃当地的排骨烩酸菜。我们在前面已经介绍过这种饮食。

三　蒙古族对汉族的影响

蒙古族和羊有着特殊的感情，他们很疼爱羊，他们一般不让陌生人看自家的羊圈。羊的疫病较少，一只羊一年产 2 次羔，一共产四五只，每家有 20 只左右。现在的牧场已经不存在了，所以每家圈养的数量有限。在 1998 年地震后，这里的村落格局有了明显的变化，蒙古族得到政府补偿，政府为他们建了新居，修了公路，而所有新建的房子都是同一规格，因此并没有足够大的院子养羊，所以现在羊的数量明显较 1998 年以前少，条件的限制也促使蒙古族更多地通过开荒地来致富。蒙古族养羊的经验还是非常丰富的，他们先后换了 4 个品种。有些是在政府的促动下引进的，有些是他们自己引进的。下面根据该村的蒙古族田几亚提供的信息制作了表 7－1。

表 7－1　　牧业队所养的四个品种的羊之间的比较

	土种羊	细毛羊（新疆改良）	涵羊	涵羊与美意奴杂交的二混涵羊
时间	搬迁过来就有	80 年代	90 年代	现在
毛	产毛多，每只七八斤	10 斤	个大，没毛，肉多	没毛
产羔量	1 个	1 个	4 ×2 胎	2 ×2 胎
收入				600 元每只
弊端	下羔少	下羔少	难管理、怕毛病、费草料、羔的成活率低	

郭村长说："我们这个队里养羊养得最好的就数武太保他们家了，人家是一样喂草可是羊上膘上得就是比我们的快。"武太保老人曾说过："喂羊草料的时候是不能一次把草都给它们的，必须多分几次，这样他们吃得才多，膘才上得快。"

汉族向蒙古族学习养羊似乎并没有蒙人学习种地那样困难，却是一个时间很长的过程，由于汉族养羊一般都是圈养，因此他们只需要学习如何保羔、接羔，如何上膘，如何卧羊（杀羊）等常识，而在蒙古族看来，汉族之所以不能和他们一样把羊养好的原因是汉族和羊之间不亲。田几亚说："我们把羊看得很亲，就像家里人一样。"郭村长说："咋不是了，他们抱住羊在那亲，有时候还和羊一起睡，我们就做不到。"

如上面我们提到的"徐了旗"的人，他们的生活习惯开始和蒙古族相似，其实，在牧业队即使不是"徐了旗"的汉族，其生活习惯也深受蒙古族的影响。比如，去调查时，到任何一家都能喝到奶茶砖茶，区别是在蒙古人家喝的是羊奶做的奶茶，而在汉人家里喝的一般都是牛奶做的奶茶或砖茶。可见，汉族在接受蒙古族习惯的时候会有选择地接受。蒙古人喝茶是可以当作饭的。在寒风凛冽的冬季，从外面回来如果能喝上一碗热乎乎的奶茶那将是多么惬意的事啊。如果你很幸运的话，遇到蒙古人熬“温达茶”，那你就可以享受一下美食了。“温达茶”是把炒米、冷的手抓羊肉、奶皮、奶油、茶食等一起放入奶茶中熬制成半稠半稀的奶茶，奶香和砖茶的香气混合起来，滋味无穷，令人胃口大开，饮后会有一种“宁舍一顿饭，不舍一碗茶”的感觉。

除了喝奶茶，汉族冬天储肉的方法也是从蒙古族那里学来的，每年等到小雪和大雪之间，人们就开始准备杀猪、宰羊、杀鸡来储备过年用的肉，以前汉族的习惯都是将肉放在凉房的瓮里，而蒙古族惯用一种叫“羊肚子保鲜”的方法来储存羊肉，当地人觉得很好，现在也学来用。具体的做法是将羊肉分割好之后，放在羊肚子里，一个羊肚子能放1—2只羊的羊肉，这样的羊肉比在冰箱里的羊肉更能锁住水分，保持新鲜，而且羊肚子和羊肉之间的味道不仅不会串，而且可以互相补充，这样做出的羊肉就更加鲜美了。

对于羊肉的做法，汉族也向蒙古族学会了很多，像是布日查（干肉条）或风干肉和手扒羊肉，当地人都很喜欢吃。移民们晾风干肉的比较少，但是喜欢吃，不过手扒羊肉的做法他们是普遍接受的，将羊带骨肉，按照关节缝卸开大块，放入清水，当然最好是山里的泉水，加少许盐，有时候还要加点当地产的沙葱，然后煮20多分钟就可以吃了，这与汉族的习惯不同，汉族一般炖羊肉要一个小时以上才会食用。吃时用蒙古刀削肉或者直接用手拿着吃，故名手扒肉。

蒙古族用手扒肉招待客人有一定的规矩，敬献客人要把一只带四条肋骨的前腿或一个羊背带一只前腿或一只脊椎骨肉配半节肋骨和一段肥肠一起敬献。女儿出嫁的时候，要煮羊胸茬的肉吃，表示送别。这里介绍一下蒙古族关于饮食的其他一些习俗，蒙古族的饮食分为乳食、肉食和粮食，乳食又称白食，在蒙古语中白食叫“查干伊德”，表示纯洁、崇高的食品，在款待尊贵的客人时，需先敬献白食，在节日或喜宴上主人会先拿出一盘洁白的奶豆腐和奶皮子，让客人品尝；家中亲人出门远行，经常用白食祝福一路平安。儿孙晚辈生日周年、结婚典礼，长辈老人则以鲜奶和黄油表示良好的祝愿。白食又分为食品和饮料两种。奶制饮料有：鲜奶、酸牛马羊奶、马牛羊奶酒、生熟酵酸奶、混合回锅酒。奶制食品有：奶豆腐、酸奶豆腐、奶酪、奶酥、干湿奶皮子、黄油、白油、油渣子、奶渣子等。奶食品的原料以牛奶和山羊奶为主，制作白食有时还要加一些红白糖。现在牧业队养马养牛的人很少了，村子附近有大型的牛场，年龄大一点的人喜欢用羊奶来做白食，因为自己家可以养羊，取食比较方便。而年轻些的人喜欢用牛场里的牛奶来做奶食，不过一般也只是做奶茶和温达茶，其他的奶食品在市场上购买。

除了饮食，蒙古族的某些节日在当地汉族中也是极受重视的，像是祭灶神和祭敖包的日子。祭灶神是在每年的腊月二十三，据武太保老人说，以前每当这个时候有钱的人家会请喇嘛来念经，从早到晚地念。这一天很讲究全家团聚，在供奉的神前烧香，供献牛羊肉和奶食品等。晚上送灶神时，把事先准备好的草和牛粪用火点燃，取出一些供品和食品如羊胸茬、红枣、葡萄干、黄油、饭、粥、酒等放入火里，全家老少要对着火炉，虔诚地磕头念经，向灶神祷告。有时村里会举行盛大的祭火神仪式，这两年旗政府也组织大型的祭灶神仪式。牧业队当地的汉族也很重视这个节日，每当这个时候虽然不会请喇嘛来念经，但是会准备好食物来祭灶神，以祈祷来年一切顺利。

祭敖包本来是蒙古人的习俗，每年阴历五月十三是祭敖包的日子。传说敖包是山神或龙神的化身。“敖包”是蒙古语，是指用石块垒起一个圆锥形的建筑物，敖包分为两大类，用于祭祀的敖包和不祭祀的敖包。不祭祀的敖包是用来作为户家界线、路标用的。祭敖包的由来在蒙古人中流传着一个故事，武太保老人说："我听老人们说，成吉思汗在被仇人追赶的时候，藏在一座山里，结果仇人绕山三圈也没有找到成吉思汗。等仇人走了以后，成吉思汗就告诉他周围的人说是山掩护了他的性命，他以后会每天祭祀，就用石头垒起来的敖包来祭山神。也有的人说是成吉思汗每次出征的时候都会把自己的母亲留在高高的山峰上，怕他的敌人把他母亲掳走。还有传说，他母亲很喜欢咱们这后旗的一座山，好几次他母亲都在这个山上躲过敌人的破坏。后来就让成吉思汗在这建了两座敖包，一座用来祈福，希望下一年风调雨顺，一座用来祈求打仗能胜利。"

武太保老人说祭敖包的时候在敖包上插上五颜六色的布条和纸旗，上面写有经文，供上羊肉、酒等供品，以前请喇嘛要烧香、诵经，现在喇嘛少了，人们的讲究也少了，我们就从左向右走三圈然后磕头拜拜。但是老人也说祭敖包的习俗随着由牧业转为农业开始在他们的生活中变得不那么重要，以前祈祷来年风调雨顺，牧草肥美，现在庄稼受雨水的影响没那么大了，而且虽然离后山很近，但是大家不会专门去一个很大的敖包祭祀，而是在这附近完成祭祀活动。当地的汉族也受他们影响在这一天和他们一起去。

从蒙古族和汉族的相互影响中我们试图寻找一种他们交往背后的民族融合的逻辑，即在农牧交错地带、农进牧退的生态变化之下，牧业队的人们是如何处理各自面对生存方式改变的恐惧感和刚刚移民过来的陌生感等一系列的变化，他们之间是如何相互适应协调矛盾的。

第三节　协调中的默契
——移民与当地人的相处之道

一　"占了人家的地方"

郭爷爷说："人民公社时，为了保护牧场，原来的地不能开发，那时牧业队也就六七顷地，一亩地产 100—200 斤小麦。蒙古族当都是当饲养员，主要任务就是放羊。1972 年、1973 年的时候，这里的人口流动性很大，人们听说这里土地多，落户容易，队长有权给外来人口下户，所以就过来。但是发现这里的地因为盐碱化产量不高，所以陆陆续续又走了很多人。1982 年蒙古族和汉族分地，分羊，其中羊都分给蒙古族了。”笔者问当时没有移民觉得不服气的吗？蒙古族这样就分到了地和羊两份。郭爷爷说：“没有谁不服气，因为移过来的人其实是占了人家的地方。”

在一个移民社会中，我们能注意到移民的心态，这可用于解释一系列的个人行为。新迁移来的人会有“客人”的感觉，这样他们尽量会迁就主人的利益和感受，不会因为小事发生冲突。我们看到 20 世纪 80 年代的牧业队的事就知道那时他们虽然户籍已经落在牧业队，但是他们并没有去争取什么权益。后来等移民在这里扎稳脚跟之后，通过通婚、交换、互助等方式，移民以前的家乡就变为故乡，使在这个村子里的移民逐渐变成“主人”的感觉。但是，对于深谙当地的民族政策的汉人来说，他们知道在争取地方利益的时候必须当地人站在前面冲锋陷阵，这样才能有好的效果。就拿 1998 年牧业队的上访事件来说就是最好的例子。

1998 年牧业队集体上访，这是该村唯一一次集体上访事件。起因是一个以前的村干部落选后写了一封“致全体社员的公开信”，披露该村财务账目，说现任村长、支书及其他村干部贪污“三提五统”的钱，账目不明。于是村里的人们开始上访，可以由谁牵头呢？由于该村相对于当地其他地方的蒙古族（该村的人都称这些蒙古族的人为“蒙人”）在人口比例上来说属于比较多的，村里的人就想借着蒙古族的力量上访闹事，于是能说会道的几个人开始鼓动他们，最后蒙古族成为这次上访的主力。郭村长回忆到，当时蒙古族被“热烫”（鼓动的意思）上，说领导对你们少数民族非常重视，你尽管抱住盟委书记的大腿哭着求他解决问题就可以了。于是蒙人真的这样做了，后来全村的人一直告到中央。当时的盟委书记下令来查，但一级一级查下来却最终还是落到县这一级，当时的县委书记去了牧业队调查，他发现当时的支部书记的屋子还只是有四个土牛抵在房后的危房。

此事例发生的时间是1998年，在笔者调查过程中，这时正是农民负担最重的时候，而且农产品收益也不好，所以农民们对于用“三提五统”的钱乱吃喝非常敏感。而如果没有那个落选的村干部“别有用心”地写了这封公开信，农民们不会这么快发现证据进而激起了全村人的愤怒。正如勒庞所言，群体中思想和感情因暗示和相互传染作用而转向一个共同的方向，以及立刻把暗示的观念转化为行动的倾向，是组成群体的个人所表现的主要特点。[①] 这封公开信激起了个人对于村委会的强烈不满和愤怒，并且这种情绪在村民们的议论中很快传染和夸大。而这封公开信的撰写者因为落选，心中不满希望自己重新夺回村支书的位置，所以言辞之间必定有所倾向，而群体很容易接受这种暗示，对于村委会的工作予以全部否定，而且会联想起自己看到的一些村干部的不当行为，在和别人描述时会夸大其词，于是这些不满情绪越积越多。

邢某是当地的一个民办教师，他回忆起那件事，说：“当时大家都很激动，现在回过头来想想，这样的现象其实并不是一天两天，做过村干部的人都知道，公款吃喝在各个村子都有，而我们村子的人本来就更穷一点，所以即使贪污也贪污不了多少钱，就算把这个支书撤了，新的支书也未必比他做得好。这个支书就当时的工作来说还是干得不错，很有本事，尤其和水利段的人关系挺好，每年浇水我们不受气。所以咋说了，就是当时被这封信弄得大家都很生气。”而这种生

① ［法］古斯塔夫·勒庞：《乌合之众：大众心理研究》，冯克利译，广西师范大学出版社2007年版，第51页。

气最后变为一次集体上访。

1998 年该地发生地震，于是民族宗教事务局拨款，为该村的 15 户蒙古族人家盖了震后新村，给每家出资 2 万元，为他们盖了一个毛坯砖房，剩下的装修和装门窗都由个人负责。蒙古族的生活自此有了较大的改善，此后到 2003 年该村由黄河水灌溉变为井灌之后，开垦了不少荒地，由原来的每人平均 3 亩多地变为现在的 20 亩左右的地，家庭收入明显提高，所以，蒙古族在 1998 年上访时被认为是无能的不会种地的人，但是，在大家的信任和表扬之下他们被推上了很重要的位置，这种被重视的感觉对于群体中的个人来说非常重要，因为他们觉得自己的地位在群体中突然上升了，这会成为他们愿意接受“上访先锋”这个角色的动力。

值得一提的是，在笔者调查的过程当中发现，牧业队的农民遇到问题选择上访的方式去解决的人其实并不多，而且在取消农业税前后他们的上访都不多。这是为什么呢？背后的逻辑是什么呢？对于牧业队的村民来说，如果他们想要找政府解决问题，他们不会选择上访，这样解决问题的效率其实很低，因为最终还是由乡里或者是村里来为他们解决问题，所以他们更愿意直接和乡村两级干部来反映情况，寻求获得解决的方法。大多数时候他们会听从村长的建议。这引起了笔者的注意，这种特殊性背后一定有其深层次的文化原因。

二　移民与当地人的相处之道和移民社会的文化性格

王同春作为地商的杰出代表，他的成功代表了一种可以从长工到地方士绅的向上的社会流动方式的成功，这种成功是靠他的智慧和勤劳得来的。他的治水技术并非上天赐予，而是靠自己辛勤地勘测和细心地总结。这给当地的移民带来的是一种平等的可以通过自己的努力改变命运的意识的成长。后来杨家河的开挖者就深深受到他的影响，从长工干起之后成为大地商。这种意识的成长，需要不断有成功人士来刺激吗？不需要，只要有成功人士出现过，他们就相信存在一条那样的路可以来改变生活、改变命运。在河套这样一个以移民为主的环境中，很少有当地的土著存在，蒙古族也很少一直待在某个地方，包括牧业队的蒙古人很多也是从白脑包等其他地方迁移过来的，所以真正的土著到现在几乎已经不存在了。因此，几乎每个人的身份都是“客人”，只不过做客的早晚有别。

在这样的一个社会中，人们虽然很多从中原而来，但是进入如此“自由”的一片天地之后，一定会向往摆脱一统的思想、习惯的束缚、阶级的观念，甚至在一定程度上摆脱民族的偏见。他们只会把传统视为一种习得的知识，但是一定会更加注重实践，将现存的实践视为改进和创新的学习材料，依靠自己的力量凭借自己的实践去探索事物的原因。因此，在这里的人们必然具有一种开放和包容的心态去接受别人，因为自己也是外来客；必然有一种勤奋进取的性格去“开疆拓土”为自己争得一席之地；必然有一份正直勇敢，去抵抗来自“恶势力”的压迫。我们看到这些在王同春的身上都表露无遗。

移民文化中多元文化共生的状态下所形成的开放和包容的文化性格不仅如上面所说在移民社会形成初期表现出来，而且经过几代人的传承和发展，文化性格中“开放包容”的特点变得更加显著，尤其在当今市场经济和现代化进程中这一特点在解决社会问题时显得更加重要。

在调查中笔者发现这里的蒙古族似乎有着与世无争的心态，他们不会去嫉妒比自己幸运的那些得到国家政策补贴的迁入山里的蒙古族，也不会嫉妒那些从外地来分他们土地的外地移民，更不会因为汉族种地的收益比他们高而觉得心里不平衡，他们有的是逆来顺受的心态和难得的自知之明。在调查中蒙古族齐大娘说过：“我们不后悔，当时是自己选择留在这不上山的，又不是政府不让你走。”齐大娘的丈夫武大爷说：“汉族就是比我们会种地，我们得紧跟着人家好好学的了，人家会种收入高是人家应该得的，你懒，不上心学种地，收入少是你自己的事，有甚好埋怨的。”郭村长说：“这的人很少打架，冬天也几乎很少打牌，他们很多的活动是聚在一起喝酒、唱歌，汉移民来蒙古族人家串门子，拿上好吃的。他们觉得蒙古族这很热闹，边喝边吃边唱，可红火了，哈哈！”

齐大娘的话中透露着他们作为当地土著所认同的生活道理，这种开放包容的心态和有自知之明的品质不仅让蒙古族和汉族之间和睦相处，而且同样影响着这里来自不同地方的移民之间的关系，他们看到真正的“土著”——蒙古族都没有排外的情绪，自己在这里除了寻求和谐外，就没有别的生存之道了吧。当然并不能把这说成人间天堂，好像没有不好的事情，但是如果在文化上奠定了一种基调之后，人们的处理方式和努力方向就会变得不一样。

例如，在民族政策上对蒙古族的倾斜和照顾，对于汉人而言是无法占便宜的，这一点一旦被国家所判定，人们把它当成公理一样地接受，就不会引发怨言。于是聪明的村长在震后建设蒙古新村时会首先说明这是民政局针对蒙古新村的措施。这样就避免了汉族和蒙古族之间的矛盾。而建立蒙古新村后，汉族和蒙古族分开住，也会让这种眼红变得“眼不见心不烦”，另盖新村，也会化解攀比之风。

而实际的情况不得不考虑，政府如果期望化解矛盾于无形，就要实行一种“暗照顾”的政策。因为总体来说，这个村子的蒙古族的生活不如汉族，他们的生计确实需要照顾，蒙古族对于种地仍在适应。比如，他们每年每亩地的收成会比汉族少几十斤，而且他们安排种植经济作物的经验和预测能力也不如汉族。汉族在农闲时还去其他地方打工或者自己承包一些农田建设或者水利工程。但是蒙古族很少有这样再出去打工或者另谋营生的，所以旧村子的蒙古族也要照顾。乡里选取的方法是“不能明照顾，只能暗照顾”，他们给旧村子的蒙古族每户 1 只准公羊，但是，只能算是他们买的，要交 200 元押金，这样旧村子的汉族就不会反应强烈。但是，事后乡干部会把这部分押金钱悄悄退还给旧村子的蒙古族。这就事所谓的暗照顾。在市场经济的背景下，民风也开始随着大环境的变化而变化。这时如何化解矛盾就需要制度上的一些设计。郭村长的做法让我们看到一个经典的管理学案例在这里被应用，而这种应用来自郭村长的人格魅力，而这恰与管理学的经典案例不谋而合了。

事情是这样的，蒙古新村院子由政府出资要硬化，虽然大家都得到好处，但是如果分不均，“白吃的葡萄”也会引起矛盾，新村的人们之间也有些攀比之风。由于担心给他们每户分得不公平，郭村长就先将自己家的地铺好，算好一共用多少砖，因为新村每户的面积都差不多，所以他可以知道每户该给多少砖，避免大家抱怨政府给的砖不够。而政府补贴每户蒙古族1只准公羊，郭村长就让大家先挑，自己最后拿，这样大家都很服他。

这虽然和管理学中的分粥效应出发点不同，这里郭村长是为了让大家觉得公平，所以自己自愿最后来拿，而管理学中的分粥效应是害怕分粥人有私心所以才让他最后拿。但是，这两种方法从形式上来说是一样的，而且都达到一个目的，就是公平。

哲学家罗尔斯在讨论社会财富时做的一个比喻，说明只要把制度建立在对每一个人都不信任的基础上，就可以导出合理、具监管力度的制度了。制度不但要科学，还要有针对性。制度的制定一定要有所依据，具有可操作性。制度要简单明了，便于执行。罗尔斯把财富比作一锅粥，一群人来分。那如何分呢？罗尔斯罗列了五种分粥法，方法一，拟定一人负责分粥事宜。很快大家就发现这个人为自己分的粥最多，于是换了人，结果总是主持分粥的人碗里的粥最多最好。结论是权力导致腐败，绝对的权力绝对腐败。方法二，大家轮流主持分粥，每人一天。虽然看起来平等了，但是每个人在一周中只有一天吃得饱且有剩余，其余6天都饥饿难耐。结论是资源浪费。方法三，选举一位品德高尚的人，开始时还能基本公平，但不久他就开始为自己和溜须拍马的人多分。结论是毕竟是人不是神。方法四，选举一个分粥委员会和一个监督委员会，形成监督和制约。公平基本做到了，可是由于监督委员会经常提出多种议案，分粥委员会又据理力争，等粥分完，粥早就凉了。结论是类似的情况政府机构比比皆是。方法五，每人轮流值日分粥，但是分粥的人最后一个领粥。结果每次 7 只碗里的粥都是一样多，就像科学仪器量过的一样。而罗尔斯高明的是他把品德也计算在内，这样公平就没有了风险。而郭村长以品德来感化人心，所进行的制度设计达到了同样的效果。

本章主要描述了农牧边界在牧业队是如何不断向阴山推移的，以及它的推移所带来的蒙古族和汉族之间的融合过程。笔者没有强调国家在民族的界定中起到的重要作用，以及地方政府对个人认同的强化作用，而是突出两大民族在具体生活场景中所表现出的生产方式和生活习惯之间的相互影响，以及他们之间的既有矛盾又有融合的生活逻辑。

刘正爱说国家框架内的民族认同有两种方式：国家的制度性分类将民族整齐划一为均质的民族实体，由此产生的认同属于第一种方式，这种认同方式有可能是单纯的利益性认同，也有可能由当初的利益性认同逐渐演变为对该群体的情感性认同，并随着时间的推移，逐渐产生一种同类意识，甚至还有可能重构或创造新的文化并作为其认同的依据。第二种方式是人们在面对面的生活场景中形成的彼此之间的认同方式。此类认同方式不受官方界定的限制，而是在生活场景中根据不同情境相互界定。① 这种根据不同情境，将缺乏连贯性的“碎片”随机应变地结合起来，并组成参差不齐的整体的一种努力类似于

① 刘正爱：《“民族”的边界与认同——以新宾满族自治县为例》，《民族研究》2010年第4期。

列维—斯特劳斯所说的“修补术”（bricolage）。[1] 这种修补术的概念所包含的原理恰恰就是民众在生活场域中界定彼此关系的一种方式。[2] 在牧业队的民众生活场域中他们彼此之间的关系被界定为“没有鞑子和蛮子之分”的融洽相处方式。他们在生活场景中实在而鲜活的互动过程让我们认识了在边界地区的两个民族是如何在互动中适应彼此的。

① ［法］列维—斯特劳斯：《野性的思维》，李幼蒸译，商务印书馆 1997 年版，第 21—42 页。

② ［日］小田亮：《しなやかな野生の知—構造主義と非同一性の思考》，合田涛、大塚和夫编，思想化される周辺社会，岩波书店，1996 年版，第 120—124 页。

结语　水利、移民与社会

本书围绕着从清末到现在的农牧交错地带的水利开发过程和移民社会的形成发展两个过程来展开研究。以往水利社会史的研究多集中于成熟的农业社会，本书却关注在农牧交错地带由于民间大型水利开发而形成的新的农业社会。本书在长期田野调查的基础上围绕从19世纪下半叶延续至今的水利开发过程和移民社会的形成发展过程来展开研究，试图回答在这两个相互嵌入的发展过程中，不同社会组织、信仰和地域文化如何共同被整合于三个社会和文化变迁过程，即从牧业到农业的变迁过程、移民从迁出地到迁入地的社会变迁过程和汉族文化与蒙古族文化相互融合的变迁过程。这三个变迁过程是从背景、动力、发生机制、运行机制等角度进行纵向的中观层面的区域性、过程性研究，在这样一个宏大的历史叙事中构筑起人们对当地社会是如何形成的历史想象。对水利、移民与社会三者之间关系的研究贯穿全书，其意义不仅有抢救资料的价值，更有如何实现从个案研究走向中层研究的方法论上的思考。

一　从个案研究走向中层研究

个案研究的意义建立在从微观领域可以进入宏观层次的可能，因为个体中必然包含了能反映社会普遍规律的事项。但正如布洛维指出的传统的个案研究主要面临着两个批评。第一个批评涉及个案研究的意义，个案研究可能提供非常有趣的结果，但是无法说明自己具有多大的普遍性，此所谓特殊性与普遍性的关系问题。第二个批评涉及分析层次：作为对社会处境中具体的人际互动的研究，个案研究具有微观性和反历史性。[①] 为了克服此种局限出现了两类研究，一类是扩展个案；另一类是类型研究。扩展个案在方法论上的突破在于从宏观的视角进入个案研究。如何实现宏观与微观的结合，卢晖临在对扩展个案的代表人物布洛维的介绍中这样描述："从研究策略上看，布洛维同时选择了上层官员和下层工人两个阶层进行独立研究，以便发现宏观权力对微观生活的影响，以及微观生活的变化对宏观权力的塑造。上层官员构成宏观权力的代表，下层工人则是微观生活的象征。"[②]布洛维在赞比亚的研究中，虽将扩展个案的方法论进行阐释，但所谓分析性概括是否不依赖个案的典型性选择而依赖于理论的建构，这点是扩展研究的关键，它决定了是否能从特殊性到普遍性的问题。从方法论的论证上仍有很多地方需要论证，比如扩展个案背后充满了对个案有可能"扩展过度"的理论建构和研究者对个案的选择是否服务于理论建构的嫌疑。

类型研究能否跳出个案，通过个案比较实现从特殊到普遍的雄心呢？斯考科波尔认为研究者很难选择出完全符合要求的个案，因为个案太少，变量太多，而且无法实施控制，所以有些个案的选择不得不退而求其次；其次，研究者必须假定进行比较的这些个案之间相互独立，而事实上这是不太可能的。缺乏对个案之间的相互作用的考察，必然会减弱所得结论的力量[③]。比较的基础是等值性，也就是常说的

---

① Michael Burawoy, "The Extended Case Method," *Ethnography Unbound*, Berkeley: University of California Press, 1991.

② 卢晖临、李雪：《如何走出个案——从个案研究到扩展个案研究》，《中国社会科学》2007 年第 1 期。

③ Theda Skocpol, "States and Social Revolutions: A Comparative Analysis of France," *Russia, and China*. Cambridge: Cambridge University Press, 1979, pp. 38 – 39.

有无可比性的问题，因此，如何实现从个案走向类型化研究是很难的。

因此，如何走出个案是本书方法论上讨论的一个非常重要的话题，本书希望回到默顿（Robert Merton）提出的中层理论，而不是从宏观居高临下地看待微观世界，或从微观世界牵强映射宏观理论。本书所谓中层视角包含两个方面，一是对“机制”的重视，二是对区域研究的重视。正如埃尔特斯[①]所言，在公理和描述之间还可以有一个解释层次，这个层次就是对“机制”的关注。本书试图从中观层面直接进入对一个“新”的移民社会如何形成的机制的分析性概括，通过关注“发生机制”得到对水利开发过程和移民社会形成过程两个相互嵌入过程的理解，从对机制的解释中完成对过程的阐释。这种机制主要包含两个方面的内容，一是促进水利开发成功的因素是什么，它们是如何形成系统性影响的；二是在不同时期底层群体的自组织形式是如何形成、发展、衰落和复兴的，从自组织的形成机制和运行机制的角度反映底层群体是如何应对三个变迁过程的，即牧业向农耕的变迁过程、移民从迁出地到迁入地的社会变迁过程、汉族文化和蒙古族文化的相互融合过程。

中层视角中的“区域研究”的提法并不陌生，不仅社会学、人类学，而且历史学、经济学都在做区域研究，但是如何进行区域研究不同学科是完全不同的，华中乡土派提出饱和经验法[②]，虽然调查者有充分的准备和经验但是在较为短暂的15天中，调查者能否更多地发现异质性值得商榷。其总结归纳进而在全国的地区来检验是否是证明其理论一般性的正确路径，还存在很多变量尚未讨论。因此，本书的

---

① Elster, Jon, "*A Plea for Mechanisms*", edited by P. Hedstrom and R. Swedberg, eds, *Social Mechanisms*, Cambridge: Cambridge University Press, 1998, pp. 45 – 73.

② 贺雪峰：《饱和经验法——华中乡土派对经验研究方法的认识》，《社会学评论》2014年第2期。

区域研究首先是区别于饱和经验法的思路的。本研究与其他区域研究最重要的区别在于，本书的研究视角是立足于当地区域社会，而非布洛维的宏大理论视角之下寻找的个案。此区域研究有以下三大特点。第一，这个区域社会恰恰是一个“新”的社会，在水利开发下，生计方式从牧业变农业的同时，移民开始涌入，建立新的社会秩序，可以说这个过程充满了偶然性和特殊性，因此，本书的研究目标与个案和扩展个案的研究目标都不相同，但是其意义在于如何发现一种进行区域研究的方法。

第二，如何实现对区域社会的研究，除了有历史和宏观的眼光作为背景，更需要一个有利的分析工具，正如马克思的“商品”概念一样，本书核心工具就是“水利组织”，这类组织遍布整个水利网络，而整个水利网络所达之处就是这个农业区域的边界。此外，本书也特别重视在农牧交错的地带的村落，因为除了运用历史资料和口述史来理解当地社会的形成和变迁，我们似乎找到了一个“活化石”，那就是农牧交错地带的村落，通过田野调查，可以观察它们为何选择从牧业变为农业的生产方式，如何建立一个移民社会。这可以与历史资料相联系来帮助笔者建立现场感，从而实现对“机制”的梳理。

第三，水利网络所形成的区域社会研究中，特别注意各个渠系的不同开发类型、不同管理方式、不同渠段（渠头、渠中、渠尾）的管理方式的差别，这些差别反映在不同水利组织的形成机制、管理机制和运行机制中。而且，这类组织的发展、复兴过程，是可以有完整的史料和田野资料支撑的。

本书从研究方法上实现了三个观照，一是微型研究和区域研究的相互观照；二是实现历史和当下的同时观照；三是构筑了从中观视角直接切入的一种尝试，走出个案和扩展个案，直接从区域研究和机制研究开始，从中观层面实现对微观和宏观视角相结合的观照。行文至此，各章的内容足以支撑第一个和第二个观照的结论。如何实现历史和当下的结合，本书通过对历史时期的考察得到对现在的启示，这主要通过回答以下四个问题得到回应，即清末到现在的民间水利组织如何延续的问题，通过对水利开发过程的描述如何认识国家和社会之间关系的问题，在农进牧退的过程中如何理解移民与当地人之间关系的问题以及在民族融合和文化融合的基础上如何发现当地形成的新的文化特点的问题。这四个问题从写作伊始就一直在笔者的心中盘旋，现在可以做一番梳理了。

二　民间水利组织的存在和延续

1. 民间水利组织的形成

本书试图从“水利社会”的视角来研究水利与区域社会发展变迁的内在关联。傅衣凌在其遗著《中国传统社会：多元的结构》一文中对中国传统社会时期的水利与乡族社会的关联予以特别的重视，他强调：“在中国传统社会中很大一部分水利工程的建设和管理是在乡族社会里进行的，强调不需要国家权力的干预。”① 郑振满在傅衣凌研究的基础上，对明清福建沿海农田水利制度与地方社会组织的关系作了较为系统的研究②。本书不仅想延续讨论这个问题，而且提供了水利制度还未建立之时水利开发与社会组织的密切关系，从而找到在研究水利与社会关系时一个很重要的操作性概念，它成为我们理解这一复杂关系的一个重要抓手，也成为进行中观分析的一个概念工具，这就是河套地区民间水利组织的发生机制和运行机制以及其产生、发展、衰落和复兴的过程。在此基础上试图去寻找该组织在现代社会得以延续的社会条件和文化基础，发现“重建社会”的可能。

河套地区水利开发的特殊性在于它是由民间水利组织主持开发

---

① 傅衣凌：《中国传统社会：多元的结构》，《中国社会经济史研究》1988 年第 3 期。

② 郑振满：《明清福建沿海农田水利制度与乡族组织》，《中国社会经济史研究》1987 年第 4 期。

的，在清末和民国初年以地商为中心的水利组织这里建立了基本的水利网络，使数万顷的荒地和草原变成耕地和良田。民间水利组织为何在这个时期能够存在和发展呢？大体来说可以归纳为以下三个方面的原因。①

第一，从组织方面来说，河套水利网络的雏形是由民间水利组织主持开发的，他们拥有一定的资金、技术和管理经验，其中最核心的是拥有精湛的民间开挖河道的治水技术，由此才能将资金和劳动力聚集。他们在没有现代测量工具的情况下，用实践经验获得了对于地势测定、渠线设计、渠道担挖、水流运动规律、治理大渠弯道和束窄断面、草闸设计和制作的民间方法，这些方法不仅在顾颉刚等人的调查中得到了肯定，而且水利专家对其方法的精确性和草闸技术的创新性也非常认可。地商既是地主，又是承包商，也是商业资本家，因此，农业和商业的结合也减小了土地收租的难度和降低利润损失。

第二，从制度方面来说，主要体现在水权制度、组织管理制度方面。在河套地区水权制度的特色体现在三个方面：其一是水权和地权一直处于集中状态，这使地商有勇气和动力去开发水渠；其二是水资源使用权的排他性相较于钞晓鸿所研究的关中中部地区并不显著；其三是在分水问题上产生的矛盾相较于关中中部地区并不明显，因为上下游的各干渠均可得到较为充足的水量，它们并不是此消彼长的竞争关系，所以这里“水、地、夫、役”结合得比较紧密，从组织和制度上说共同体的特征较为明显。但是在意识形态上还没有形成水利共同体意识，因此，用共同体来解释当地社会并不恰当。从组织管理制度上来说，地商采用了“公中”和“牛犋”等扁平式的管理方式来管理雇工，并采用了直接给农户提供资金、粮食、工具，以及可以用

① 以下三个方面的总结可参考笔者已经发表的文章，参见杜静元《组织、制度与关系：河套水利社会形成的内在机制——兼论水利社会的一种类型》，《西北民族研究》2019年第1期。

粮食或货币交纳地租的多样化管理地户的方式，这些方式使雇工和地户被紧紧地控制在土地上，促进了水利社会的形成。从监督功能上来说，通过邻里间的相互监督，防止了“搭便车”的行为，这对于该制度有序运行提供了保障，也是后来民间水利组织得以复兴的一个重要原因。

第三，从关系方面来说，主要从四个方面论述了水利社会中几组重要的关系。首先，是民间组织与蒙古王公的关系，地商从清代蒙古王公手中获得了永佃权和水权，并向他们缴纳租金。蒙古王公利用地商所持有的独特技术和管理经验在土地开垦方面的收益与日俱增。其次，是民间组织与教会之间的关系，圣母圣心会企图用“土地换教民”的方法获得信徒，因此他们从清政府那里获取许多土地，但是不善经营，导致渠道堵塞。地商拥有技术并善于经营，因此从教会手中重新获得开垦权和资金支持。再次，是民间组织与国家之间的关系，从 19 世纪 60 年代开始河套地区处于水利开发的兴起时期，这时民间水利组织完成了较大规模的水利开发，这时极为短暂地表现出一种强社会弱国家的关系。最后，是民间组织与当地普通蒙古族之间的关系，他们在亲密的场景互动中不断融合。在农牧结合地带表现出生产方式和生活习惯的相互影响，反映出他们之间既有矛盾又有融合的生活逻辑。

2. 民间水利组织的演变和延续

在民国时期这里出现了官督民办的民间水利组织。1912—1928 年这段时间河套地区数易其主，不管是军阀还是官员都把这个地方当作摇钱树，企图不进行任何投资就大捞一把。因此，虽然政府想尽办法让人们来租地，经历了由农户包租到灌田公社强行包租，到两大官商集团瓜分包租的时期，但最后都没有成功。在阎锡山控制河套地区时冯曦出任建设厅厅长，并代行省府主席之职，他考察了河套地区水利工作之后看到种种弊端，决心成立官督民办的水利社，提倡改变河套水利的经营方式和管理体制。此时的民间水利组织已经和地商时期不同，政府制定了一系列的水利法规和章程，对水利社的运作方式和选举办法进行了详细的规定。但是，实施的效果并不好，由于并未给水利社太多的自主权，对每个农户水费的征收都由官员通过丈量土地面积来确定，因此出现了很多的矛盾，水利社的尝试也归于失败。

在1949年之后国家对于乡村治理的方式影响着对水利管理的方式，到2001年，河套地区重新出现了民间的水利组织，即农民用水者协会。它与地商时期和水利社的运作方式有所不同，可以说继承并延续了一些好的管理方法，并在此传统的基础上进行了适应现代社会的改革和创新。诚如上面章节中提到的之所以要成立农民自己管理的用水协会有其制度转换的深层原因。国家为何选择采取群管水利事务的方式呢?

在调查中发现，乡镇一级的水利站在收取水费时存在极大困难，这是由于水利站的人不能阻止不交钱的农民享受继续浇地的收益，于是只能将水费全部转嫁给交费的农民，造成了“好”的农民的损失。这种情况的出现不仅是道德风险的问题，也是公共产品的问题，由于存在很多农民“搭便车”的行为，而政府又由于行政成本较高很难将这个公共产品进行产权划分，因此，他们必须考虑成立由农民自己管理自己的民间水利组织来解决这一问题。

政府管理的失灵并不意味着就要选择农民自组织的方式，缘何农民用水者协会能实现合作呢?在调查中可知真正起作用的是传统文化中人生向上和伦理情谊，二者促成人们能真正实现可持续的合作。

农民用水者协会与乡镇水利站的管理方式不同，首先，它们的管理者是农民，而且是威望较高的民间精英，他们能运用其威望或者“长老统治”的力量来降低他们的管理成本。村子里有谁没有交水费，巡渠人就会给他们一定的惩罚，而且这个惩罚是可以轻松地交托给他的邻居执行，有很多交了水费的人在监督那些没有交费的人。当开始淌水的时候，巡渠的人或与其土地相邻的人会把那些没有交水费的人的地里的出水口堵住，不让他们浇水。因此，这种“搭便车”的行为也就很容易通过熟人之间的互相监督而消失了。

其次，二者在水费管理上也有所不同，除了上面提到的那部分不交水费的人的钱被追缴回来以外，现在的水费是按照三年的平均数上交的，用水协会用这个办法来收费，以前因为水费分摊不合理而产生的矛盾减少了。另外，对于多收来的已经垫付的钱，用水协会的处理办法在吸取原来水利社的经验的同时进行了改进，过去的水利社有一项“特别修渠费”是要求农民们要垫付的，完全归水利管理部门来管，而现在水费中垫付的结余部分的60%返还给农民，40%留给用水协会来支配。这些都是召开大会后农民投票表决通过的管理办法。

最后，会长和协会的其他人员由于获得了农民的信任在做生意时也较为便利，保证了原料的充足供应。这与我们看到的地商将农业与商业相结合的方式有些相似，所不同的是他们和农民的关系，地商和农民是雇佣与被雇佣的关系，而协会会长与农民之间是单纯的买卖关系。

民间组织在1949年以后的消失只是一种暂时的现象，其种子一直被埋在土里，一旦得到政策上的支持就会马上发芽，显示出其生命力。民间组织不仅可以协助国家管理基层社会，还可以对生态保护起到一定的作用。这是因为，第一，用水协会自己缴纳水费自己测量，在更为公平、公正的管理制度下会让人们对于节水有更深的体会，每个人都必须为自己的行为付出代价。因此，在用水方面很少出现因为太晚放水而不管浇地多少就回家睡觉的现象。这样做的后果损失的不仅仅是水费和淹坏自己的庄稼，更重要的是乡邻们的监督所带来的道德风险和惩罚使他们在村里抬不起头来。第二，协会也有责任组织农田水利基本建设，所以也承担部分分干沟以下的一些工程，农民们会珍惜他们的劳动成果，而不会等待破坏后再由国家来修补。比如砌衬时人们对于技术和工程质量都有了监督的意识，希望一次性做好，以后就不用再花钱修补了。第三，农民们会利用以前的民间水利知识和现在的这些技术相结合来保护农田、保养渠道。比如，在挖一些很小的毛渠时，挖掘机的作用是发挥不了的，所以要人工来挖，人们还是利用在第三章介绍过的方法，如倒拉牛、褪蛇皮、撩沙、取湿垫干、二接担、三接担等。

综上所述，用水协会作为一个民间水利组织，它在短期内实现了有效运行，其所具有的信任机制、协调功能和互相监督的功能都在延续，这些功能使该组织拥有足够的在现代社会生存的养分。民间水利组织的延续让我们思考从传统中寻找种子和能量来生产社会可能是一种有效的方式。

三　以民间水利开发和水利组织为载体来看国家和社会的关系

本书以水利开发为背景，来讨论从清末到现在的移民社会是如何形成和发展的，在这期间以水利组织为载体来讨论国家和社会的互动关系是不可能回避的问题。

清末，从 19 世纪 60 年代开始河套地区处于水利开发的兴起时期，这时民间水利组织利用黄河改道之际，在这里进行了较大规模的水利开发，完成了主要渠道的修建，并取得了永佃权和水权，在农牧交错地带形成了农业社会的初步秩序。这时国家和社会的关系表现出一种强社会、弱国家的关系。辛丑条约之后，清政府为了征得庚子赔款，开始了“筹边”大计，剥夺地商的大部分财产，清政府成立垦务局，表面上看强国家之势已然非常明显，但是实际上其对于当地水利事务的管理却非常之弱，由于官员的中饱私囊，消极懈怠，对于渠道的清淤、拓宽和加固工作并不认真，因此已经垦好的熟地由于浇不上水又变成了荒地，根据钦差大臣贻谷报告的收支结果，在河套地区的垦务局不仅没有获利还出现了严重亏空。民国时期，河套地区数易其主，不管是军阀还是官员都把这里当作摇钱树，都想不投资就大捞一把，这段时间民间水利组织虽然有重新出现一点契机，即在阎锡山控制河套地区时冯曦出任建设厅厅长，并代行省府主席之职，考察了河套地区水利工作之后看到种种弊端，决心成立官督民办的水利社，提倡改变河套水利的经营方式和管理体制，但是，实施的效果并不好，由于并未给水利社太多的自主权，对每个农户水费的征收都由官员通过丈量土地面积来确定，因此出现了很多的矛盾，水利社的尝试也归于失败。在中华人民共和国成立前的十年，河套地区由傅作义管辖，他实行了短暂的军队屯垦。

笔者把1949年后国家和社会的互动归纳为四个阶段，即强国家下的民间力量隐藏期（1949—1982）、强国家下的民间力量萌动期（1982—2002）、强国家下的民间力量崛起期（2002—2005）和弱国家下的民间力量兴盛期（2005年至今）。其分界点的选择是1982年实行头轮土地承包、2002年牧业队实行井渠双灌、2005年全面取消农业税。笔者对这段时间的考察中不仅仅关注水利组织的消失、萌动、复兴和兴盛，而且把对民间社会的考察放在更广的领域，比如，家庭联产承包责任制和多种经营后农村的生产生活情况的变化，征收“三提五统”中反映的国家和民间社会之间的关系。笔者用较多的个案反映了国家和社会互动的“第三领域”——村级组织，在连接国家和社会中的桥梁和中介作用，包括对于上访、“一事一议”制度的个案研究和分析来说明国家和社会在互动中所扮演的角色。

在强国家下的民间力量萌动期，国家实行家庭联产承包责任制后，牧业队立刻爆发出了劳动致富的活力和积极性，在头轮土地承包中，农民们自己的组织办法和乡规民约就使这次土地分配做到了公平、公正，自己通过协商解决了分地的矛盾，之后通过土地承包和多种经营农村经济发展之活跃，农民收入提高之迅速，粮食产量提高之迅猛都为我们佐证了民间力量所爆发出来的活力。而其间，国家的力量比起民间的力量其实还是处于强国家的位置，从提到的“三提五统”的征收到水利段的权威，都看到了这种强国家的存在。但是，农民开始因为“三提五统”上访，通过土地政策要钱，都说明民间力量开始和国家正面接触，而且多种经营的开展，也使一些农民联合起来发展小规模的养殖业和小企业，这也说明了民间群众的自我组织能力越来越强，可称为民间力量的萌动期。在民间力量的崛起期，当地乡干部常说的话很能反映当时国家的态度：“不抱油篓，不沾油手。”这说明民间的力量越来越强大，国家想出了摆脱“公地悲剧”的办法，通过实施明确产权的方式来保证种树和修建小型的水利工程等公共事务的推行。

在取消农业税之后，农民的收入提高得很快，除了税收的减免增加了收入之外，农民种地的积极性也提高了，他们将村子里大面积的荒地开垦为耕地。由于乡财政不复存在，村干部的工资由旗县财政发放，办公经费也由旗财政拨付。不用收税金的村干部的工作量也减少了，基本就是处理一些日常矛盾，比如一些国家补贴、低保等。由于村干部工资比较低，这些工作又比较费时，所以常常不能兼顾自己家的农活，因此，在减免农业税之后的一段时间村干部不想继续做村官。于是，当地县委决定给工作满十年的村支书和村长入社保。村级组织的作用在国家力量在农村减弱的时期是怎样发挥作用的呢？笔者在调查中发现，由于国家对于民生问题的重视，信访变成地方官员的一个重要考核指标，于是，村民们喜欢用“吵”“缠”“闹”式的处理问题，这样可以获得更多的利益。而在这个过程中，针对农村出现的矛盾纠纷村官比县一级乡一级政府的干部其实更有策略处理这些问题，笔者总结了他们治理村落的三字经，即“骂”“烫”“哄”。从国家和社会的互动关系中看到，这时的国家已经表现为一种背后支持农村发展的弱的力量，而社会正在显示出其蓬勃的发展经济的活力，并在此基础上一步步实现民主自治的乡村治理方式。

四　水利开发影响下农牧边界的推移和村落社会的变化

水利开发带来了农牧交错地带的推移，农进牧退的过程当中蒙古族和汉族之间的融合趋势日渐明显，笔者以河套地区现在处于农牧交错带上的牧业队为例考察了各个时期蒙古族如何面对农进牧退的现实。根据是否过上农耕生活来划分这里历史上出现的三类人群，一是以前在牧业队生活，后来因为牧业队变为农耕区后不适应农耕生活而退入后山生活的人，这种人现在完全是牧民的生活方式。二是虽然不适应农耕的生活但仍然住在村里或村子附近，过着半农半牧的生活的人。三是完全过上农耕生活的人。当然第三类人构成这个村子的主体。在日常交往中，第三类人与汉移民的接触是最多的，他们不仅学习了汉语和农耕技术，而且生活方式也在发生改变。他们接受了汉人的饮食方式，以及婚礼和丧礼的仪式。而汉族反过来也受蒙古族的影响，他们也习惯喝奶茶、吃手抓羊肉、过祭灶神节，有些甚至改了民族身份，在当地人们把这种现象称为“徐了旗”。如果仅把“徐了旗”的原因归结为科恩所谓的“族群性具有随机性、战术性和工具性特征，是任意的和可变的”[①] 完全工具论的观点，似乎太过狭隘，笔者认为格尔茨提出“原生纽带”（primordial attachment）论更适合解释此地的现象，即认为原生纽带主要是指从社会存在的“先赋性”中产生的东西，即主要是指直接接触关系和血缘关系，以及由出生于特定的宗教集团，讲特定语言乃至某种方言，遵从特定的社会习俗中生发出来的先赋性。[②] 我们看到牧业队的汉人所表现出的个人情感和

---

① Avner，Cohen，*Introduction*：*The Lesson of Ethnicity*，A. Cohen，（ed.），Urban Ethnicity，London ：Tavistok Publications，1974.

② Clifford Geertz，*The Interpretatioan of Cultures*，New York：Basic Books，Inc，1973，p. 259.

生活习惯的改变说明了这种原生纽带的存在，这种纽带也许无法直接从血缘关系上寻找，但是可以从直接接触关系中找到。而这种纽带的作用不仅仅是利益的需要，还是一种生活的需要，一种共同承担义务的需要。从“原生纽带”的角度来看“徐了旗”的人的动机，会为我们提供一个新的有益于实践的角度，从“徐了旗”的结果而言，以民族政策为导向的户籍制度中的“民族身份”是酿造制度性归属意识的装置，它成为导致“均质的、固定的归属意识”[①]的又一个新的认同依据。我们看到这些“徐了旗”的蒙人比蒙人还蒙人的生活状态和对蒙语的重视就是他们的归属意识的证明。我们看到在农牧边界地带民族边界的模糊带来的是一种相互理解。

从退入山里的蒙古族和已经学习了农耕技术的蒙古族之间的对比中，笔者发现蒙古族在学习农耕技术的过程中所遇到的困难，可是他们有一个很好的心态去接受汉族比蒙古族会种地的事实，这与在一个移民社会中人们为了能在这里生存下去，为了共同的利益而更注重团结有关，也与在这个移民社会的形成过程中所逐渐形成的开放包容的移民文化有关。在这里不论是蒙古族还是汉族很少有人是这里的所谓“土著”，都是从其他地方迁移过来的，因此，几乎每个人的身份是“客人”，只不过来做客的早晚有别，在进入如此“自由”的一片天地之后，一定会向往摆脱统一的思想、习惯的束缚、阶级的观念，甚至在一定程度上摆脱民族的偏见。

五　水利开发与移民文化

河套地区因水利开发而迁移的移民社会中所形成的移民文化的特点是笔者最后想探讨的一个问题，也是以后进一步去深入研究的一个问题。

---

① ［日］松田素二：《アフリカにおける部族・民族・国家、再び—政治社会再編成の可能性を探る：国民国家型から生活共同型民族へ. アフリカ研究》，2001 年第 58 期。

汉族移民把传统视为一种习得的知识，而且更加注重实践，将现存的实践视为改进和创新的学习材料，依靠自己的力量凭借自己的实践去探索事物的成因。在这里的人们具有一种开放和包容的心态去接受别人，因为自己也是外来客；这里的人们有一种勤奋进取的性格去“开疆拓土”，为自己争得一席之地，因为若非如此就无生存机会；这里的人们有一份正直勇敢，去抵抗各种压迫，因为这是他们的家园，他们要誓死守卫。这些精神在王同春的身上有充分体现。他的开放和包容心态，让他不断帮助各地到此谋生的饥民和灾民，有了王善人的美名。他的包容让他在清政府收缴财产后仍接受他们的邀请，为他们尽职尽责地办事，陪同张謇为淮河治理、海门的垦殖和晋北的水利网络建设带来了转机。他的勤奋进取使他在毫无科学知识的情况下总结出一套精湛的治水技术。他的正直勇敢在各种斗争中表现得淋漓尽致。在抗日战争中，受王同春榜样作用的影响，河套人性格中的勇敢和血性被激发出来。他们牺牲自己的良田和房产齐心合力用水攻的方式抵抗日本的侵略。王同春因生前的治水功绩在死后被当地人尊为“河神”。

我们更为看重的是当地这种合作观念是如何形成的，研究发现，这一方面来源于在移民社会中人们为了生存需要为共同的目标而进行合作，在这种水利工程的建设中巩固了他们在传统文化教育下所形成的集体观念，也培养了他们的合作意识。另一方面，通过代际的传承，激励了下一代人不懈努力，正是一代又一代人的不断开发使民间水利建设获得了成功。此外，佛教、萨满教和基督教等多元宗教信仰在这里的集聚对当地人移民心态也起到了积极的作用，人们所表现出的宽容心态，与这些宗教信仰的影响不无关系。钱穆对佛教、天主教和儒家思想做过对比，他说：“人有两大限，人我之限，生死之限。人生所有痛苦皆从这两大限生。释迦牟尼曰无我涅槃，耶稣曰上帝天堂，大旨意在逃避此生之有限为儒家主张在此有限人生中觅出路，求解脱。怎样做到的呢？身量有限，而心量则无限，人当从自然生命转入心灵生命，即获超出此有限，解脱痛苦。我之为我，不在我身与别人有别，而在我心与别人有同，具有了我之心性才始成为我。此我并非西方个人主义之超绝的理想我，而是中国人伦观中所得出的中庸的实际我，旨在求在人之心性中完成我。此心之量扩大可至无限，故于心起见之我，亦属于无限。生死之限，未知生，焉知死。人生观有人死观而来。中国人不想涅槃，不想天堂，也不想在生前尽量发展个人自由与现世快乐。而是想死后留名，活在别人心中。人们误看作孔子的道义之死和一般人的自燃之死一样，没有想到孔子是君子，君子早已将生死置之度外，时刻准备死，死而无憾，因为一直在尽职责。因此，在中国民间，除了文圣还有武圣，中国人时时以军人道德之殉难成仁为道义之死之一种榜样。”①

佛教和天主教并非在逃避此生之有限，而是在用来世或永生来约束人们在现世或今生的行为甚至思想。在河套地区，佛教、天主教和儒家思想对该地移民们的影响更多的是起到一种促进和谐的作用。从上面的举例中看到，佛教的教义中，众生的忧悲苦恼和生老病死，均由于对人世幻景的贪求、嗔拒和无智慧，人们被幻景所左右，以至于身陷幻景的有限之中，因此要遵循一定的方法让众生从幻景之中走出来。而面对现在的贫富差距和市场经济中带来的物质利益的诱惑，人们需要用信仰来化解心中的不平衡，其实就是一种“忍”和“宽容”的处世心态。儒家从关系本位的自我出发，强调人与人、人与自然、人与社会的和谐相处，而达到和谐的方法在于“克己复礼”，克己是为了确立道德主体，复礼是为了维护社会秩序。从个人角度讲，在德行和品格上要实现“克己”，在事业和行为上要实现“复礼”。透过这样克己的功夫，将社会的规范通过“礼”内化在“自己”之中，这

① 钱穆：《人生十论》，生活·读书·新知三联书店2009年版，第46—60页。

也就是所谓的“克己复礼为仁”。“礼的主要目的在于约制人的私欲，使之合乎情境的要求，个体不能按照自己的情感、愿望来做事，而要按照社会伦理道德，依当时的情境，按道德和情境所指定的合理合宜的行为来做事。”[①] 其中就包含着对不平等现象的忍耐力。

另外，从中国人的集体观念的角度讲，儒家文化中蕴含的“推己及人”和家、国、天下之心也是包含着对不平等现象的忍耐力，因为儒家的终极关怀在于建立和谐的社会秩序。这与当地的民族融合和社会秩序的和谐稳定以及在移民社会中形成的一种开放包容的心态关系密切。

在1949年后实现了国家认同的前提下所产生的恰恰是一种促进融合的作用，这样一个移民社会中，每个人几乎不能自称“主人”或“土著”，大家是外来“客”，所以人们要想在这种环境中生存，发展农业，就必须实现水利工程的开发，而开发的前提就是人们必须合作，这种合作无论是民间组织也好，政府组织也罢，必须有统一的调度和管理才能实现水利工程的成功建设，所以人们在这种需要之下，移民文化中就自然而然产生一种开放和包容的文化性格或者说被潜在地激发出来。如果不开放，那么就没有足够的人来进行这项工程，如果不包容，就没有足够的管理能力来实现工程的正常运转和建设。当然，这是移民社会形成初期所要具备的。而在现代社会中，这种文化性格被几代人所传承，虽然和现代社会中市场经济的价值观有所不同，但是在这里也恰恰使我们看到其在现代社会产生的“隧道效应”中所能发挥的调解和促进社会宽容的作用。因此，我们说这种以水利开发为背景的包容和开放的文化性格是河套地区移民社会的重要文化特质，不过其延续性在现代社会的

---

① 杨国枢、陆洛：《中国人的自我：心理学的分析》，重庆大学出版社2009年版，第134—153页。

冲击下令人担忧，笔者将在今后的追踪调查中去关注这个问题。如何做到把偏重于观念研究的文化取向与作为社会实际存在的社会生活有机地结合起来，即做到文化传统与社会结构的结合将是笔者在以后的研究中将要继续探寻的方向。

附　　录

附录一　河套地区农作物的种植活动表

农作物	选择土壤	播种时间（按照传统农历排序）	浇水时间和次数	施肥时间和次数	所用机械
小麦	红泥地	惊蛰到春分之间，先扎根后发芽	头水深（把梢子没过）（4月15日前后），二水浅（5月10日前后），三水洗洗脸，灌浆水（浅）（6月15日前后），四水麦黄水（6月25日前后），五水井水一般都不浇了	分层播种机，下面是肥，上面是种子，就用施一次肥	播种机 除草机 收割机
玉米	红泥地	4月15—25日	浇5—6次水。5月15蹚一水，半个月一水	底肥， 表肥（头水） 玉米专用肥	金粒点播机，密质玉米用手工种
葵花	红泥地/沙窝地	5月25日—6月10日	三水，头水4月底，热水，淌过水再种。7月5—15日，二水，8月初淌三水	一次，葵花专用肥，头水追肥，7月10日前后	金粒点播机，每个窝里一个
葫芦	沙盖地	4月25日后过了气温回升期	红泥地，井水，2水，6月10日，半个月6月底淌二水	底肥	脱葫芦机

续表

农作物	选择土壤	播种时间（按照传统农历排序）	浇水时间和次数	施肥时间和次数	所用机械
籽瓜	沙盖地	4 月 25 日	井水，2 水，6 月 10 日，半个月 6 月底淌二水	底肥	脱籽瓜
番茄	沙盖地	4 月 28 日	沙窝地，4 水，摘时淌一水 6 月 20 日后二水，7 月初三水，7 月底再淌一水，8 月 20 日再淌一水	底肥	人工摘
辣椒	沙盖地	如果是用种子，和小麦一起种，要是用苗来移植栽培，就和番茄一起种	4 水，摘时淌一水 6 月 20 日后二水，7 月初三水，7 月底再淌一水	底肥	人工摘

附录二　三种历法和民谚

农历（二十四节气）	公历	阴历	节日	帮助人们记忆节气的民谚	与农事活动相关的民谚
立春 太阳位于黄经 315 度	2 月 2—5 日	正月	春节 元宵节	春打六九头，遍地有黄牛	正月不冻，二月冻，豌豆大麦憋破瓮
雨水 太阳位于黄经 330 度	2 月 18—20 日				
惊蛰 太阳位于黄经 345 度	3 月 5—7 日	二月	二月二	二月二龙抬头	雨打惊蛰前，放下生意去种田。 春分麦入土。惊蛰开始种地，产量更高
春分 太阳位于黄经 0 度	3 月 20—22 日				

续表

<table>
<tr><th>农历（二十四节气）</th><th>公历</th><th>阴历</th><th>节日</th><th>帮助人们记忆节气的民谚</th><th>与农事活动相关的民谚</th></tr>
<tr><td>清明
太阳位于黄经15度</td><td>4月4—6日</td><td rowspan="2">三月</td><td></td><td></td><td rowspan="2">清明黄土刮满渠，秋天糜子压马驴。二月清明遍地青，三月清明没一根。清明前种胡麻，九股八圪叉；清明后种胡麻，至死不开花。谷雨以前有大雾，麦子一定减收成</td></tr>
<tr><td>谷雨
太阳位于黄经30度</td><td>4月19—21日</td><td></td><td></td></tr>
<tr><td>立夏
太阳位于黄经45度</td><td>5月5—7日</td><td rowspan="2">四月</td><td></td><td></td><td>立夏不热，五谷不结。立夏不起尘，起尘活埋人</td></tr>
<tr><td>小满
太阳位于黄经60度</td><td>5月20—22日</td><td></td><td></td><td>小满前后，按瓜种豆</td></tr>
<tr><td>芒种
太阳位于黄经75度</td><td>6月5—7日</td><td rowspan="2">五月</td><td>端午（五月初五）
祭敖包（五月十三）</td><td></td><td>芒种糜子急种谷，五月的糜子争前后晌</td></tr>
<tr><td>夏至
太阳位于黄经90度</td><td>6月21—22日</td><td></td><td></td><td>夏至不种高三黍，还种十天小红糜</td></tr>
<tr><td>小暑
太阳位于黄经105度</td><td>7月6—8日</td><td rowspan="2">六月</td><td></td><td></td><td></td></tr>
<tr><td>大暑
太阳位于黄经120度</td><td>7月22—24日</td><td></td><td></td><td></td></tr>
</table>

续表

农历（二十四节气）	公历	阴历	节日	帮助人们记忆节气的民谚	与农事活动相关的民谚
立秋 太阳位于黄经135度	8月7—9日	七月	七月十五		七月十五定旱涝，八月十五定收成。 处暑不出头，割上喂老牛
处暑 太阳位于黄经150度	8月22—24日				
白露 太阳位于黄经165度	9月7—9日	八月	中秋节（八月十五）		白露不秀（穗），寒露不收。 秋分的糜子，寒露的谷，霜降的黑豆没生熟。
秋分 太阳位于黄经180度	9月22—24日				
寒露 太阳位于黄经195度	10月8—9日	九月			
霜降 太阳位于黄经210度	10月23—24日				
立冬 太阳位于黄经225度	11月7—8日	十月			
小雪 太阳位于黄经240度	11月22—23日			小雪流凌一月东，四十五天定打春	
大雪 太阳位于黄经255度	12月6—8日	十一月			
冬至 太阳位于黄经270度	12月21—23日			冬至后十天阳历过大年	
小寒 太阳位于黄经285度	1月5—7日交节	腊月	腊八（腊月初八）祭灶神（腊月二十三）		腊月有雪，雪不多，明年定有好田禾
大寒 太阳位于黄经300度	1月20—21日				

参考文献

一　中文论著

（一）专著及论文集

陈耳东：《河套灌区水利简史》，水利电力出版社 1988 年版。

陈锋主编：《明清以来长江流域社会发展史论》，武汉大学出版社 2006 年版。

陈赓雅：《西北视察记》，甘肃人民出版社 2002 年版。

邓启耀：《变迁中的高原蒙女：蒙古族》，云南大学出版社 1995 年版。

费孝通、张之毅：《云南三村》，社会科学文献出版社 2006 年版。

费孝通：《江村经济　中国农民的生活》，商务印书馆 2006 年版。

费孝通：《乡土中国　生育制度》，北京大学出版社 1998 年版。

费孝通：《中国绅士》，惠海鸣译，中国社会科学出版社 2006 年版。

冯际隆编：《河套调查报告书》，文海出版社有限公司 1971 年版。

葛剑雄、曹树基、吴松弟：《简明中国移民史》，福建人民出版社 1993 年版。

顾颉刚：《王同春开发河套记》，平绥铁路管理局，民国二十四年（1935）版。

胡朴安：《中华全国风俗志》，河北人民出版社 1988 年版。

黄应贵主编：《时间、历史与记忆》，中研院民族学研究所 1998 年版。

金耀基：《从传统到现代》，中国人民大学出版社 1999 年版。

林美容：《祭祀圈与地方社会》，博扬文化事业有限公司 2008 年版。

刘海源主编：《内蒙古垦务研究》，内蒙古人民出版社 1991 年版。

刘晓春：《仪式与象征的秩序：一个客家村落的历史、权力与记忆》，商务印书馆 2003 年版。

麻国庆：《家与中国社会结构》，文物出版社 1990 年版。

麻国庆：《永远的家：传统惯性与社会结合》，北京大学出版社 2009 年版。

麻国庆：《走进他者的世界　文化人类学》，学苑出版社 2001 年版。

彭雨新、张建民：《明清长江流域农业水利研究》，武汉大学出版社 1992 年版。

钱穆：《人生十论》，生活·读书·新知三联书店 2009 年版。

沈关宝：《一场静悄悄的革命》，上海大学出版社 2007 年版。

王建革：《农牧生态与传统蒙古社会》，山东人民出版社 2006 年版。

王伦平、陈亚新、曾国芳等编著：《内蒙古河套灌区灌溉排水与盐碱化防治》，水利电力出版社 1993 年版。

王守礼：《边疆公教社会事业》，傅明渊译，上智编译馆 1950 年版。

王卫东：《融会与建构：1648—1937 年绥远地区移民与社会变迁研究》，华东师范大学出版社 2007 年版。

行龙：《多学科视野中的山西区域社会史研究》，商务印书馆 2005 年版。

行龙：《近代山西社会研究——走向田野与社会》，中国社会科学出版社 2002 年版。

阎天灵：《汉族移民与近代内蒙古社会变迁研究》，民族出版社 2004

年版。
杨国枢、陆洛：《中国人的自我：心理学的分析》，重庆大学出版社2009年版。
郑肇经：《中国水利史》，上海书店出版社1939年版。
周大鸣：《凤凰村的变迁》，社会科学文献出版社2006年版。
庄孔韶：《银翅：中国的地方社会与文化变迁：1920—1990》，生活·读书·新知三联书店2000年版。

（二）论文

包智明：《关于生态移民的定义、分类及若干问题》，《中央民族大学学报》（哲学社会科学版）2006年第1期。
蔡骥：《地域社会研究的新范式——日本地域社会学述评》，《国外社会科学》2010年第2期。
钞晓鸿：《灌溉、环境与水利共同体——基于清代关中中部的分析》，《中国社会科学》2006年第4期。
钞晓鸿：《清代汉水上游的水资源环境与社会变迁》，《清史研究》2005年第2期。
巢传宣：《从水文化的起源探寻我国集体主义幸福观的生成》，《农业考古》2010年第2期。
傅衣凌：《中国传统社会：多元的结构》，《中国社会经济史研究》1988年第3期。
高丙中：《社会团体的合法性问题》，《中国社会科学》2000年第2期。
高丙中：《社团合作与中国公民社会的有机团结》，《中国社会科学》2006年第3期。
顾颉刚：《王同春开发河套记》，《禹贡》1935年第2卷第12期。
郭亚丽、孟新洋：《从内蒙古漫瀚调民歌中看蒙汉音乐文化的融合》，《大众文艺》2011年第6期。

韩茂莉：《近代山陕地区基层水利管理体系探析》，《中国经济史研究》2006 年第 1 期。

侯仁之：《旅行日记》，《禹贡》1936 年第 6 卷第 5 期。

佳宏伟：《水资源环境变迁与乡村社会控制——以清代汉中府的堰渠水利为中心》，《史学月刊》2005 年第 4 期。

李宗新：《浅议中国水文化的主要特性》，《华北水利水电学院学报》（人文社会科学版）2005 年第 1 期。

刘正爱：《“民族”的边界与认同——以新宾满族自治县为例》，《民族研究》2010 年第 4 期。

刘忠和：《“走西口”历史研究》，博士学位论文，内蒙古大学，2008 年。

麻国庆《作为方法的华南：中心和周边的时空转换》，《思想战线》2006 年第 4 期。

麻国庆：《“公”的水与“私”的水——游牧和传统农耕蒙古族“水”的利用与地域社会》，《开放时代》2005 年第 1 期。

麻国庆：《汉文化影响下阳春排瑶的宗族家庭与宗教》，《广东民族研究论丛》1991 年第 5 辑。

麻国庆：《汉族的家观念与少数民族——以蒙古族和瑶族为中心》，《云南民族学院学报》2000 年第 2 期。

麻国庆：《家族化公民社会的基础：家族伦理与延续的纵式社会——人类学与儒家的对话》，《学术研究》2007 年第 8 期。

蒙思明：《河套农垦水利开发的沿革》，《禹贡》1936 年第 6 卷第 5 期。

潘杰：《以水为师：中国水文化的哲学启蒙》，《中国水利》2006 年第 5 期。

沈原：《 社会的生产》，《社会》2007 年第 2 期。

施国庆、陈阿江：《工程移民中的社会学问题探讨》，《河海大学学报》（社会科学版）1999 年第 3 期。

史念海：《司马迁规划的农牧地区分界线在黄土高原上的推移及其影响》，《中国历史地理论丛》1999 年第 1 期。

孙捷、廖艳彬：《传统基层水利设施管理的近代化——以槎滩陂水利工程为例》，《江西社会科学》2009 年第 12 期。

孙九霞：《藏区城镇、农业、牧业社区文化比较研究——以甘南夏河县为例》，《青海民族研究》2006 年第 3 期。

王建革：《河北平原水利与社会分析（1368—1949）》，《中国农史》2002 年第 2 期。

王建革：《清末河套地区的水利制度与社会适应》，《近代史研究》2001 年第 6 期。

王建新：《宗教民族志的视角、理论范式和方法》，《广西民族大学学报》（哲学社会科学版）2007 年第 2 期。

王建新：《宗教文化类型——中国民族学·人类学理论新探》，《青海民族研究》2007 年第 4 期。

王铭铭：《水利社会的类型》，《读书》2004 年第 11 期。

王日蔚：《绥远旅行记》，《禹贡》1936 年第 6 卷第 5 期。

王雅林：《生活方式的理论魅力与学科建构——生活方式研究的过去与未来 20 年》，《江苏社会科学》2003 年第 3 期。

王喆：《后套渠道之开浚沿革》，《禹贡》1936 年第 7 卷第 8、9 合期。

萧正洪：《历史时期关中地区农田灌溉中的水权问题》，《中国经济史研究》1999 年第 1 期。

肖鲁湘、张增祥：《农牧交错带边界判定方法的研究进展》，《地理科学进展》2008 年第 2 期。

行龙：《从“治水社会”到“水利社会”》，《读书》2005 年第 8 期。

行龙：《晋水流域 36 村水利祭祀系统个案研究》，《史林》2005 年第 4 期。

行龙：《明清以来山西水资源匮乏及水案初步研究》，《科学技术与辩证法》2000 年第 6 期。

熊元斌:《清代浙江地区水利纠纷及其解决办法》,《中国农史》1988 年第 4 期。

姚伟钧:《水利灌溉对中国古代社会发展的影响——兼析魏特夫治水专制主义理论》,《华中师范大学学报》(哲学社会科学版)1996 年第 1 期。

张国雄:《“湖广熟,天下足”的经济地理特征》,《湖北大学学报》(哲学社会科学版)1993 年第 4 期。

张家炎:《十年来两湖地区暨江汉平原明清经济史研究综述》,《中国史研究动态》1997 年第 1 期。

张建民:《试论中国传统社会晚期的农田水利——以长江流域为中心》,《中国农史》1994 年第 2 期。

张俊峰:《介休水案与地方社会:对泉域社会的一项类型学分析》,《史林》2005 年第 3 期。

张亚辉:《灌溉制度与礼治精神——晋水灌溉制度的历史人类学考察》,《社会学研究》2010 年第 4 期。

张研、毛立平:《从清代安徽经济社区看基层社会乡族组织的作用》,《中国农史》2002 年第 4 期。

张植华:《清代河套地区农业及农田水利概况初探》,《内蒙古大学学报》(人文社科版)1987 年第 4 期。

郑振满:《明清福建沿海农田水利制度与乡族组织》,《中国社会经济史研究》1987 年第 4 期。

钟涨宝、杜云素:《移民研究述评》,《世界民族》2009 年第 1 期。

二 译著

[德] 马克思:《路易·波拿巴的雾月十八日》,《马克思恩格斯选集》第 1 卷,人民出版社 1972 年版。

［法］蓝克利：《不灌而治：山西四社五村水利文献与民俗》，董晓萍译，中华书局2003年版。

［法］米歇尔·福柯：《知识考古学》，谢强、马月译，生活·读书·新知三联书店1998年版。

［法］托克维尔：《论美国的民主》（下卷），董果良译，商务印书馆1988年版。

［美］波拉尼：《钜变：当代政治、经济的起源》，黄树民等译，台北：远流图书公司1989年版。

［美］德布拉吉·瑞：《发展经济学》，陶然等译，北京大学出版社2003年版。

［美］杜赞奇：《文化、权力与国家》，王福明译，江苏人民出版社1996年版。

［美］费正清编：《剑桥中国晚清史》（上），中国社会科学院历史研究所编译室译，中国社会科学出版社1985年版。

［美］克利福德·格尔兹：《尼加拉——十九世纪巴厘剧场国家》，赵丙祥译，上海人民出版社1999年版。

［美］施坚雅：《中国农村的市场和社会结构》，史建云、徐秀丽译，中国社会科学出版社1998年版。

［美］魏特夫：《东方专制主义》，徐式谷等译，中国社会科学出版社1989年版。

［美］阎云翔：《私人生活的变革：一个中国村庄里的爱情、家庭与亲密关系（1949—1999）》，龚小夏译，上海书店出版社2009年版。

［日］好并隆司：《中国水利史论考》，冈山大学文学部研究丛书1993年版。

［日］森田明：《清代水利社会史研究》，郑樑生译，（台湾）国立编译馆1996年版。

［日］森田明：《清代的水利与地域社会》，福冈中国书店2002年版。

［日］森田明：《清代水利史研究》，亚纪书房 1974 年版。

［日］斯波义信：《宋代江南经济史研究》，江苏人民出版社 2001 年版。

［日］天野元之助：《察·绥农业经济の大观》，满蒙，昭和十六年（1941）。

［英］冀朝鼎：《中国历史上的基本经济区与水利事业的发展》，朱诗鳌译，中国社会科学出版社 1981 年版。

［英］马林诺夫斯基：《两性社会学》，李安宅译，上海人民出版社 2003 年版。

三 英文论著及论文

Avner, Cohen, *Introduction: The Lesson of Ethnicity*, London: Tavistok Publications, 1974.

Bourdieu, Pierre, The Forms of Social Capital. In Handbook of Theory and Research for the Sociology of Education, (ed.) by John G. Richardson, Westport, CT.: Greenwood Press, 1986.

Coward, E. Walter, Jr., Ahmed, Badaruddin. Village, Technology, and Bureaucracy: Patterns of Irrigation Organization in Comilla District, Bangladesh, the Journal of Developing Areas, Jul 1979.

Daniel W. Gade, Water and Power in Highland Peru: The Cultural Politics of Irrigation and Development, Paul H. Gelles, New Brunswick, N. J.: Rutgers University Press, 2000.

David Guillet, A New Era for Irrigation, National Research Council, Washington, D. C.: National Academy Press, 1996.

David Guillet, Water – Demand and Management and Farmer – Managed Irrigation Sustems, Culture & Agriculture, Vol. 19, Nos. 1/2, 1997.

David Sneath, Changing Inner Mongolia: Pastoral Mongolian Society and the Chinese State, Oxford: Oxford University Press, 2000.

De Munck, Victor. Love and Marriage in a Sri Lankan Muslim Community: Toward a Reevaluation of Dravidian Marriage Practices. American Ethnologist, 23 (4), 1996.

Esther S. Goldfrank, Irrigation Agriculture and Navaho Community Leadership: Case Material on Environment and Culture, N. S. , 47, 1945.

Gelles, Paul Humphreys, Channels of power, fields of contention: The politics and ideology of irrigation in an Andean peasant community (D) , Harvard University, 1990.

J. S. Lansing, Irrigation Societies (D), University of Michigan, 2002.

Kipnis, Andrew, Producing Guanxi: Sentiment, Self, and Subculture in a North China Village, Durham: Duke University Press, 1997.

Liu Xin. *In One's Own Shadow*: *An Ethnographic Account of the Condition of Post – reform Rural China*, Berkeley: University of California Press, 2000.

Matt Cartmill, Irrigation's Impact on Society, Theodore E. Downing and McGuire Gibson, eds. Anthropological Papers of the University of Arizona, No. 25. Tucson: University of Arizona Press, 1974.

Melvyn C. Goldstein. *Cowboys & Cultivatiors*: *The Chinese of Inner Mongolia*, Oxford: Westview Press, 1993.

Michael J. Sheridan, An Irrigation Intake Is like a Uterus: Culture and Agriculture in Precolonial North Pare, Tanzania, American Anthropologist 104 (1): 79 – 92, 2002.

Nina Glick Schiller, A Global Perspective on Migration and Development, Social Aanalysis, Volume 53, Issue 3, Winter 2009, 14 – 37 Berghahn Journals doi: 10. 3167/sa. 2009. 530302.

Potter, Sulamith Heins and Jack M. Potter, *China's Peasants*: *The Anthropology of a Revolution*, Cambridge and New York: Cambridge University

Press, 1990.

Robert F. Gray, The Sonjo of Tanganyika: An Anthropological Study of an Irrigation – based Society, Oxford University Press, 1963.

Robert Lekachman, Thorsten Veblen, The Theory of the Leisure Class, London: Penguin Classics, 1994.

Shelton H. Davis. *Drought and Irrigation in North – East Brazil.* Anthony L. Hall. Cambrige Latin American Studies Series, New York: Cabrige University Press, 29, 1978.

Shinn, Edwin Franklin, *The Social Organization of Irrigation in the Niazbeg Command Area: The Punjab, Pakistan*, Colorado State University, 1987.

Sonja Haug, "Migration Networks and Migration Decision – Making", *Journal of Ethnic and Migration Studies*, Vol. 34, No. 4, May 2008.

Stephen Castles, *Development and Migration – Migration and Development*, Theoria, September 2009.

Susan Martin, *Climate Change Migration, and Governance*, *Global Governace* 16, 397 – 414, 2010.

Tan – Kim – Yong, *Uraivan. Resource Mobilization in Traditional Irrigation Systems of Northern Thailand: A Comparison between the Lowland and the Upland Irrigation Communities*, Cornell University, 1983.

Tim Elrick, "The Influence of Migration on Origin Communities: Insights from Polish Migrations to the West", *Europe – Asia Studies*, Vol. 60, No. 9, November 2008.

Weber, Max, *From Max Weber: Essays in Sociology*, New York: Oxford University Press, 1946.

Zhang Xiaohong, "Tao Sun and Jingshu Zhang, The Role of Land Management in Shaping Arid/Semi – arid Landscapes: the Case of the Catholic Church (CICM) in Western Inner Mongolia from the 1870s (Late Qing Dynasty) to the 1940s (Republic of China)", *Geographical Research*, 2009.

四 日文著作

[日] 安斋库治:《蒙疆に於ける土地分割所有制の一类型——伊克昭盟准噶尔河套地に於ける土地关系の特质》,《满铁调查月报》,昭和十七年(1942 年)5 月号。

[日] 松田素二:《アフリカにおける部族・民族・国家、再び—政治社会再編成の可能性を探る:国民国家型から生活共同型民族へ》,《アフリカ研究》2001 年第 58 号。

[日] 小田亮:《しなやかな野生の知—構造主義と非同一性の思考》,合田涛、大塚和夫编《思想化される周辺社会》,岩波书店 1996 年版。

五 典籍方志

《包西水利辑要》,包西水利会议记录,天津图书馆收藏,1929 年编印。

《调查归绥垦务报告书》,系民国 3 年财政部特派员甘鹏云调查和编述。该书于 1916 年晋北镇守使署石印。

《杭锦后旗志》,中国城市经济社会出版社 1989 年版。

《晋政辑要》卷十八《户制》,户口二《保甲》。

《临河县志》,吕咸等修,1931 年出版。

《绥远通志稿第七册》,卷五十《民族》,内蒙古人民出版社 2007 年版。

常非:《天主教绥远教区传教简史》,内蒙古图书馆藏抄本。

陈延光、洪绍统等:《包临段经济调查报告书》,1931 年由铁道部组织调查队调查后所写。

赤峰市政协编:《赤峰市文史资料选辑》第 7 辑。

丁治国：《伊南边区调查报告》，1944 年 9 月，南京第一历史档案馆编，代号 141，档号 854。

范昭逵：《从西纪略》（康熙五十九年），《小方壶斋舆地从钞》第二帙。

韩梅圃编：《河套调查记》，绥远省民众教育馆刊印。

何炳勋：《增修怀远县志》卷二《种植》，道光二十二年刻本。

蒙藏委员会调查室印行：《伊盟左翼三旗调查报告书》。

山西政协文史资料研究委员会编：《阎锡山统治山西史实》。

山西政协文史资料研究委员会编：《阎锡山在河套办屯垦》，《阎锡山统治山西史实》，《巴彦淖尔文史资料选辑》第二辑。

绥远省绥远通志馆编撰：《绥远通志稿·水利》卷二十四（上），内蒙古人民出版社 2005 年版。

五原县委党史办公室编：《关于党在五原战役中的工作》，《五原史料荟要》。

中国人民政治协商会议全国委员会文史资料研究委员会编：《傅作义生平》，文史资料出版社 1985 年版。

后　　记

本书雏形为我2012年完成的博士学位论文。此后8年中，我一直进行新的田野调查和文稿的修改、补充工作。从2017年开始幸得北京师范大学中国社会治理智库“百村社会治理调查”项目的资助，继续开展调查和研究，终成此稿。

文字是一种媒介，它在光的世界中为在不同时代和地点的人们之间架起一座沟通的桥梁，如果能够触动他人的心弦、产生共鸣，引发思考，推动产生的激情和思想荡漾起来伸向远方就是写作的一大幸事和乐事了。在整本书的写作过程中，我充分感受到将田野资料整理为可用的文本，再从文本出发悉心撰写出书稿的艰辛和快乐的过程。如果不能将自己的心情归于平静，将写作的状态调整到如入无人之境并且享受这份快乐，我就无法去做到真正的思考，无法在死板的材料上演奏出一曲宏大美妙的交响乐。在此我要说六个感谢。

第一，特别感谢恩师麻国庆教授对我的指导和培养。一谢恩师当年的醍醐灌顶让我感受到人类学这门学科的巨大魅力。恩师严谨的治学态度、深厚的学术功底、宏大的学术眼光和包容谦和的人格魅力深深地影响着我，激励着我。二谢恩师在我研究生培养阶段的细致指导，从整体素质的培养到博士论文的选题、田野地点的确定、开题和写作，每个过程中都有恩师的循循善诱和耐心指导，更有恩师拨云见日的点拨和精准到位的修正。三谢恩师推荐和鼓励我去美国加州大学伯克利分校人类学系访问。这是我人生的又一次转折，也是影响我一生的一次经历。四谢恩师在我博士毕业之后仍一直关心我的书稿修改过程，并提供了很多很有价值的修改意见。

第二，特别感谢美国加州大学伯克利分校的刘新教授对我的指导和培养。刘老师让我体会到了更宽广的学术视野，整个社会科学、人文科学以及一些自然科学都可以成为我们汲取养料的来源，从而实现人类学理论建构的可能。恩师指导我探究这些学科的研究方法与人类学的研究方法有何异同和联系。在伯克利参加的研究生课程不仅让我了解到美国人类学的发展方向和研究方法，还接触到心理学、生命科学、历史学、宗教学、政治学、哲学、地理学等学科，拓宽了我的研究视野，使我有了更多的想法去钻研关于水利社会的研究。与刘新老师每周一次的谈话让我受益匪浅，他总能解答我的疑虑和问题或者能启发我去自己寻找答案。对于我的书稿刘新老师也给予了很多的帮助！在此衷心感谢刘新老师的关怀和指导！此外，还要感谢加州大学伯克利分校地理学系的邢幼田教授，加州大学戴维斯分校的张鹂老师，他们为我的论文也提出了很多宝贵的建议。

第三，特别感谢中山大学人类学系对我的培养。在中山大学学习的五年是我人生在求学过程中最重要的五年。正是有了这个平台才能让我在人类学这条道路上坚定踏实地找到人生的方向和事业发展的方向。在这个大家庭中，每一位老师都是那么认真严谨地对待学术，那么和蔼正直地对待学生。这里是一个自由、开放、包容的学术殿堂，她激发了莘莘学子的学术热情和潜力，开拓了有志者的眼界和胸怀，永难忘中大对我的培养和爱护！衷心感谢周大鸣老师、吴重庆老师、张应强老师、郭立新老师、刘志扬老师、刘昭瑞老师、何国强老师、邓启耀老师、王建新老师、谭同学老师等诸位老师给予我的帮助、关心和指导！感谢答辩委员沈关宝老师、庄孔韶老师、邓启耀老师、刘晓春老师、孙九霞老师给予我的建议和鼓励。感谢师兄马文均、范涛、陈杰、黄志辉、刘家佶，师姐冯智明、杨帆、汪丹、姜娜，同窗好友张亮、李婧、周如南、徐凯和师弟何海狮、张少春、牛冬等人对我的鼓励和帮助。

第四，特别感谢在田野调查中帮助过我的各位老师。感谢当地退休老干部李老师的帮助，在他的讲解和指导下，我从对水利知识一知半解变为现在能自如运用水利工程的术语和知识来解释一些现象，这对我更好地理解当地的民间水利知识体系和更好认识水利社会都有很大益处。感谢郭村长，在他的介绍下我认识了村里每一个人，也在他的帮助下我较为顺利地获得了当地人的信任，和他们能较好地交谈和相处。感谢同我一起到山里调查的汪叔叔和他的朋友，在那样凛冽的寒风中，若不是他们的指引我们就迷路了。

第五，特别感谢我工作单位的领导和同事，有了他们的支持和帮助，我才能认真完成好整本书稿的写作。

第六，特别感谢我的家人，感谢我的父母、我的丈夫、我的女儿和儿子对我一直以来的支持和鼓励，这让我在每个困难面前都能坚强勇敢，在每个梦想面前都能全力以赴。

千言万语汇成一句话，我唯有怀着一颗感恩的心在学术的道路上继续前行才能回报他们之万一！

杜静元

2019 年 12 月 23 日于北京润园书房